对先前版本的《高级摄影器材DIY宝典》的相关评价

"本书惊艳之处在于Selakovich先生的亲力亲为让每一页内容都清晰明了。"

——Michael Ferris，摄影师（电影：《虎胆龙威》、《巡弋飞弹》）

"伟大的影片需要伟大的装备。在出现摇臂之前，D.W.Griffith用气球拍摄了他最伟大的电影。Francois Truffaut用轮椅完成了他最伟大的跟拍镜头。后来斯坦尼康问世了。而现在我们有了《高级摄影器材DIY宝典》。阅读这本书，制作书中所介绍的设备，然后动手制作一部伟大的电影吧！"

——Peter Medak，导演（电影：《豪门怪杰》、《英伦小霸王》、《染血罗密欧》）

"对那些想拍摄运动镜头又不想花太多费用去租赁设备的电影人而言，本书确实是一份恩赐。书中清晰的表述和对拍摄常识的普及值得推荐。"

——Kris Malkiewicz，摄影师/作家（著作：《电影摄影》、《电影照明》）

"Dan居然把各种摄像器材的制作方法都写了出来！这是个了不起的壮举！现在可找不到任何借口了！即使用预算最小的DV，也可以拍摄出了不起的镜头。很显然，天赋是一回事，但从Dan的书中，你能更容易地学到如何使用工具，也能开拓你的眼界。我为这本书的出版而欢呼。书中介绍的方法可以让我们在预算额度内拍摄出了不起的电影！"

—— Judy Marks，摄影师经纪人

"当然，我们希望拍出像好莱坞影片那样华丽的移动镜头。但是，如果没有昂贵的摄影器材、推车、稳定支架和其他制作装备，我们就只能在办公室里说说而已。如果你能熟练使用工具，并可以按照说明进行操作，Dan Selakovich老师会让你选择制作自己的摄影器材。在《高级摄影器材DIY宝典》一书里，Selakovich编入了大量的图片，一步步指导你建造自己的摇臂、推车、支架以及其他器材，而其中用到的材料都能在当地的五金商店买到。"

——Kelly Lunsford，《麦客世界》（*MacWorld*）杂志，2004年3月

"我们多次在《摄影机》（*VideoCamera*）杂志中讨论如何通过使用三脚架、推车、托架以及其他小玩意，让你的镜头更稳定，更有趣，更安全。但在许多情况下，这些商业设备对于业余电影制片人或爱好者来说成本过高了。

然而我们多才多艺的Mike Jones导演，在没有使用摄影推车的情况下，仅用一块滑板来支撑佳能XM-2摄影机，就能穿梭于悉尼新城的街道进行拍摄！

所以，在一个专门讨论小发明创造的Digital Media 网站上，当《高级摄影器材DIY宝典》在其中

的Sony Vegas软件论坛上被提及时（相信我，无论你用什么样的非线性编辑软件，它们都会有自己的论坛，如（www.dmnforums.com），我就赶紧给自己买了一本。

在接下来的一周时间里，我完全被这个本书震撼了。为了在制作过程中便于翻阅，本书设计成A4大小。书中包含超过1 300张照片，一步一步说明如何创建这些器材，包括摄影推车、摇臂、稳定支架、车载支架等，所有的制作材料在当地的五金店很容易就能买到。

……这本书超过400页，读起来非常有趣，我强烈推荐。"

——David Hague，澳大利亚《摄影机》（*VideoCamera*）杂志，2004年7月

"……我真的没空，除非让我向你介绍一本Dan Selakovich的新书，这将为你的电影制作节省大量金钱，同时让你得到一些很酷的镜头。

《高级摄影器材DIY宝典》是一部关于如何容易而且省钱地制造自己的摄影器材的杰作。Selakovich的介绍生动有趣，并配有大量照片，这些照片详细地介绍了每个电影项目。这些项目是什么？好的，让我们来看看《逃狱雪冤》式摄影推车，它能让你完成那种令人惊叹的镜头，你的朋友则会因此发问：'你到底是如何完成的？'然后这里还有《大爵士乐队》式摇臂、《杀手之吻》式摇臂、《卡车斗士》式车载支架、《历劫佳人》式摄像支架——这些标题很奇怪吧？尽管名字听起来很傻，但每一个项目看起来都非常成功。"

——Rob Gregory-Browne，《聊电影》（*ScreenTalk*）杂志，2004年5—6月

写给未来的电影人

高级摄影器材DIY宝典
自己制作摇臂、支架、推车等拍摄设备（第3版）

[美] Dan Selakovich 著

周令非 张若琦 何洋 译

黄裕成 审

人民邮电出版社

北京

图书在版编目（CIP）数据

高级摄影器材DIY宝典：自己制作摇臂、支架、推车
等拍摄设备 /（美）瑟拉克维奇（Selakovich,D.）著；
周令非，张若琦，何洋译. -- 3版. -- 北京：人民邮电
出版社，2013.7
　（写给未来的电影人）
　ISBN 978-7-115-31433-8

Ⅰ. ①高… Ⅱ. ①瑟… ②周… ③张… ④何… Ⅲ.
①电影摄影－摄影设备－基本知识 Ⅳ. ①TB853

中国版本图书馆CIP数据核字（2013）第064613号

版 权 声 明

◆ 著　　　[美] Dan Selakovich
　 译　　　周令非　张若琦　何　洋
　 审　　　黄裕成
　 责任编辑　宁　茜
　 责任印制　彭志环　杨林杰

◆ 人民邮电出版社出版发行　　北京市崇文区夕照寺街 14 号
　 邮编　100061　电子邮件　315@ptpress.com.cn
　 网址　http://www.ptpress.com.cn
　 北京天宇星印刷厂印刷

◆ 开本：889×1194　1/16
　 印张：26.5
　 字数：486 千字　　　　　　　2013 年 7 月第 1 版
　 印数：1 – 3 000 册　　　　　　2013 年 7 月北京第 1 次印刷

著作权合同登记号　图字：01-2011-4664 号

定价：129.00 元

读者服务热线：**(010) 67132837**　印装质量热线：**(010) 67129223**
反盗版热线：**(010) 67171154**
广告经营许可证：京崇工商广字第 0021 号

内容提要

　　对那些想拍电影又不想花很多钱租赁设备的电影人而言，本书确实是一件丰厚的礼物。清晰的表述和对拍摄常识的普及使本书成为众多专家推荐的读物。本书的惊艳之处在于作者Selakovich先生的亲历亲为让每一页内容都清晰明了。根据本书全面的、详尽的制作指南构建属于自己的电影设备，而不用再在购买和租赁设备上过多花费金钱。自己动手制作它们吧！Dan Selakovich将教你制作摇臂、摄影推车、轨道、车载支架、沙袋和三脚架等设备。

　　本书还有以下几大特点：

　　• 制作廉价但足够可靠和坚固的电影设备，包括摇臂、摄影推车、稳定器和车载支架等。

其中大部分设备的成本不到100美元（约合人民币631元）！即使只照着书中的教程做了两个沙

袋，你也能把买书的钱省出来。

　　• 包含超过2 000张图片，附有分步制作说明、安全准则。

　　• 每个设备都有独立的物料清单和工具列表。

　　• 英制和公制双重计量单位。

　　• 还包括一个合作网站：http://dvcamerarigs.com/。

　　本书作者Dan Selakovich几乎在专业电影、电视摄制组的每一个岗位上工作过：摄影师、摄影助理、摄影掌机、装卸员、灯光、摄影组管理员，甚至还当过摇臂操作员。1986年后，他成为剪辑师和第二组导演。作为剪辑师，Dan可以把没有拍好的电影"修好"，这可是在电影界失传已久的技能。这使他获得了"化腐朽为神奇"的赞誉。

如果没有以下这些人对我坚定不移的支持，我的生活将是一团糟。

本书谨献给：

我的母亲Beth Selakovich

我最亲爱的朋友Bo Harwood和Paola Rauber

是他们使我的生活变得更美好，也让本书得以完成。

关于Michael Ferris

嘿，Dan，为什么你找个默默无名的人为你写序？Michael Ferris是谁？

是的，我被问到过这个问题。在某些圈子里，Michael其实是颇负盛名的摄影师。虽然他的大部分作品已经被电影界遗忘，但也许你看过这些鲜为人知的小制作电影：《虎胆龙威》、《未来水世界》、《魔鬼末日》、《双面女蝎星》、《流氓警察》、《回到未来第二部》、《彩色响尾蛇》、《巡弋飞弹》……我还可以一直说下去。他参与的影片列表和我的胳膊一样长。是的，他知道他在做什么。他接触过所有的电影制作设备。因此，为介绍电影设备的书作序，他的确是不二人选，不是吗？

然而，请他写序言的主要原因则是他与John Cassavetes有长期合作的经历。Cassavetes可以称得上是美国独立电影之父。（电影《影子》发行15年后我才看到它，但它仍然是一部令人难忘和向往的电影，也为我自己的创作带来了灵感，尽管我知道我永远都做不出像它那样优秀的影片。）我就是为独立制片人写这本书的。如今，我们不必因为租不起摇臂、摄影推车、车载支架或稳定支架而在拍摄时将就了事。现在，当灵感来临时，我们可以随时拥有这些设备。对此我并不十分确信，但我认为John会喜欢这样一本书。与其花500美元（约合人民币3 156元）租推车，他可能更愿意买些影片看。在了解一些Michael与Cassavetes一起工作的奇妙故事之后，我发现Michael的这种品质难能可贵。

我是通过Bo Harwood（Cassavetes的另一个长期合作者）认识Michael Ferris的。我要告诉你关于我们第一次会面时的情形。那次会面是在洛杉矶的一个电影器材展示会上，Bo和我在入口处见到了Michael。在我们进入会场还不到100英尺（约30米）时，Michael就得到了在3部大片里任职的机会——他的朋友和合作者恰好也参加了那次展会（看上去Michael认识里面的每个人！）。我没有开玩笑。10分钟之内，他又获得了3个工作机会！真的，我对他佩服得五体投地，这就是我对他的第一印象。

所以我邀请Michael来撰写序言。没有其他问题了吧？

序 言
—— **Michael Ferris**

当Dan Selakovich让我为一本关于电影制作设备和技术的书写序言时,我问他:"为什么是我?"

我们俩没见过几次面,并且我很容易就能想到许多比我更有资格来评论这个主题的人。

我确实花了多年时间去实践当代电影人所获得的技术奇迹。在这段时间内,我的工作是把直觉和渴望与何时、何地以及如何使用先进、复杂的机器设备联系起来。不过,我也想过,自己是否有资格给一本致力于描述电影制作技术的书撰写序言呢?

Dan回答了我的问题。他的答案让我明白了我能够胜任的原因。他说:"Michael,你曾经和John Cassavetes一起工作,他是独立电影真正的创始人,是他为所有人打开了这扇门。这本书真正关注的不是如何制作摄影设备,而是如何能不受预算局限而自由地进行创作。"

我与John Cassavetes在20世纪70年代相识,一起共事,直到他1989年2月去世。我作为他的摄影师参加了《权势下的女人》、《买起唐人经纪》、《麦基与尼基》以及《首演之夜》等电影的制作。我还参与摄制了一部由John编剧、其子Nick执导的电影《她是如此可爱》(*She's De Lovely*)。

这本书编写细致,作者显然受了John Cassavetes的启发。这是一个需要想象力、毅力和自我牺牲的工作,这些共性都在John创作的电影中得到了体现。

John的作品还在继续激励着后继者,Dan Selakovich用他的经验缩小了可负担的电影和高成本电影之间的差距。我认为John对这点会深表赞赏的。

John和其他人的差别在于他的个人生活和职业生涯之间的差别。明确划分私人生活和工作行为对于John来说是不可能的。当我们大多数人离开家出去工作,并得到公众的评价时,John却在家里拍电影。他让家人和朋友来出演他的电影,他先把大家引进他的世界,再让大家帮助把自己的想法实现到电影中。John之所以能如此成功,是因为他将天赋和人的个性进行了有效的结合。

这些与制作电影所使用的设备又有什么关系呢?

在John制作电影的早期,他的摄像平台和推车的移动幅度基本上局限在自己的肩膀、腿或后背所能触及的范围,他的预算限制了所使用的设备。毫无疑问,他会热情地投入到他的电影项目中,即使只是在本书中所介绍的那些简单有效的设备上。我可以想象他会和Dan就书稿中描述的齿轮的制作和使用畅谈数小时(就像他和我们中很多人那样)。

这本书的美妙之处在于Selakovich先生成功地做到了每一页内容都清楚阐述,设备制作的每一个细节都被详细地阐述出来。将具体构建图示化,纠正其中的错误,并重新测量、重新建造,其中的困难迎刃而解。只要愿意,任何人都可以用便宜的零部件,制作出具有实践功能的、值得信赖的创新型电影拍摄器材。由此可以挣脱物质和时间的限制,为影片故事进行更富有创造力的创作活动。

我赞赏Dan对电影人遇到的技术困境进行开创性的解决。我还要向你们——尊敬的读者们致敬,为你们在探求解决那些会困扰人们获得娱乐、收获启发和提示以及与他人进行沟通的障碍的方法上所做出的努力。

之前,John Cassavetes通过改造摄影机来实现自己的价值,认识到世上没有技术界限,并从纯粹的顽固中提取出一种视觉语言。如今,和Cassavetes一样,电影人正向一切"不可能"宣战。

本书不但告诉你可以自己制作摄影器材,而且还一步步教你如何制作。

Michael Ferris
于加州马利布市

译者序

电影是艺术，是娱乐，也是技术，现在或许很容易就能在电视、电脑，甚至手上欣赏电影，但对于电影创作而言，想必大多数人还是会因为巨大的资金、设备投入望而却步。特别是很多想要创作独立作品的电影人和电影爱好者们，精心的构思、巧妙的设计，往往遗憾地止步于拍摄设备的局限。如果你正巧踌躇于此，又或者你已经是一个专业人士，想找到更加简便、低成本又富于新意的拍摄方式，那么，这本书中所提供的方法一定会让你打开新的思路，"原来这样也可以拍摄电影"——这正是我们翻译这本书的原因。对于越来越多的喜爱电影、尝试拍摄电影的中国读者而言，或许你曾在互联网上看到过相关的DIY教程，但如此具体地帮助读者一步步打造自己理想拍摄工具的书籍，在中国乃至全世界都还并不多见，尤其本书中所介绍的方法极其丰富详实，这正是作者Selakovich先生写作本书的诚意所在。

Selakovich先生凭借他在电影拍摄领域的丰富经验与对每一页内容的亲身实践，确保每项设备制造过程的可行性与使用的可靠性。书中配有大量丰富的插图，都是Selakovich先生在自己制作和使用设备的过程中记录下来的，为的是方便读者在独立制作设备时进行对比和参考，从中读者将获得小到如何选择材料、如何为金属打孔，大到如何建造高级摇臂这样巨细全揽的详细指导。也正因为强大的实用性与可靠性，使本书头版问世就在全世界受到广泛欢迎，到目前已发行第三版，译者有幸将其介绍给中国的读者朋友们，希望本书能成为您拍摄影视作品的有效助力。

很多伟大的作品都诞生于看似"不专业"的设备，不要让"不专业"成为好作品的限制。我们的目的是用最有可能实现的方法，达到想要的最好效果，如果你也是这么想的，那么就开始阅读本书吧。

本书的翻译工作由周令非、张若琦、何洋共同完成。其中，第1~4章由张若琦负责，第8~14章由何洋负责，第5~7章、第15~26章及附录部分由周令非负责。

感谢Selakovich为我们带来的这本全球销量过百万、修订3版的力作。对于翻译中有不妥之处，欢迎读者朋友指正。

译者
Amoreal@vip.sina.com
2013年3月

关于第3版的介绍

（嘿，阅读本介绍可能比你想象的更重要！）

感谢数字视频（DV）革命，是它把拍电影带到我们这些普通人可以触及的范围，余下的困难则在于固定或移动摄影机的摄影推车、稳定支架、摇臂以及其他拍摄电影的必需器材，这些器材的租金出奇地昂贵，就更别提自己购买了（我不知道你的状况，但一个好的摇臂都会超出我的购买能力）。这本书将改变这一切。我将告诉你如何制造这些设备，这真地不难。总的来说，只要你会钻孔，就可以制造本书介绍的大部分设备。你甚至不需要专门的制造场所（在本书的第1版中，我在自己的厨房里制造了所有设备）。我也试过用一些东西制造齿轮，这些东西在五金店或体育用品店都是现成的。DV摄影机另一大优势是它们的尺寸。它们体积小、重量轻，这意味着其他的拍摄设备也能做得很小（《逃狱雪冤》式摄影推车已被用来拍摄移动镜头，只需放在汽车后座即可。但好莱坞就不是这样操作的了！）。设备越小，意味着能在更短的时间内能拍摄出更多富有创意的镜头。

只要按照说明来操作，制造本书大部分设备都不会超过100美元（约合人民币631元）！换句话说，你无需为昂贵的制造失误而埋单，更不用为频繁光顾五金店而浪费时间——这些我都帮你经历过了。相信我，当你制造出自己的第一台摇臂后，就会发现这本书是多么物超所值。你还可能注意到，在制造设备时，我选择了很多铝质材料。请不要惊慌！虽然它是一种金属，但是很轻，相对来说比较容易加工。所以不用担心，我们将一步一步地完成这件事。在做涉及金属的工作之前，请阅读附录"金属加工"！

第3版会为大家介绍更多新的设备，它们中的大部分都是应先前版本的读者的请求而设计的。我时刻听取大家的反馈！如有任何问题，欢迎随时给我E-mail，提出在未来版本中你希望看到什么样的设备，或是写信夸赞我有多天才（萌萌地眨眨眼），这是我最喜欢的了。你可以通过Dan@DVcameraRigs.com与我联系。

"专业"拍摄器材vs. 我打造的拍摄器材

首先，我并不是很了解什么样的拍摄器材才能被称为"专业"，但我经常听到有人说我书上介绍的拍摄器材看起来不专业（虽然它们工作起来和专业器材一样好，甚至优于专业器材！）。在拍摄《鬼玩人2：活死人黎明》时，导演Sam Raimi曾将摄影机与一块宽长为2×4的木板绑在一起，并推着它在树林中穿梭。在拍摄《法国贩毒网》时，摄影师Enrique Bravo坐在轮椅上被推来推去，好莱坞总是充斥着类似的故事。

大约在1987年，我设计在摄影推车上装一些直排轮。在本书第1版出版以前，这样的设计还从未真正流行过。而现在，这种推车的某些版本却无处不在。我曾见过一种摄影推车，每边有6副轮组（我的一般是两副，极少有3副的）。当我问这款推车的制造者为什么安这么多轮子时，他回答："因为这是专业的。"尽管他并没有解释为什么在实际拍摄中需要这么多车轮，但我猜测是："传统。"看看那款名为Fisher的摄影推车，它是好莱坞最标准的推车。有时它需要被一大组轮子驱动，从而能在轨道上活动。为什么需要这么多的轮子呢？因为Fisher摄影推车一般负载为445磅（1磅=0.453 6千克），最大负载是900磅。这是一款重型机械，因此需要更多轮子支撑。本书介绍的小型平台推车最大负载是400磅，这取决于摄像师本人体重，但确实没有必要安装12副车轮组。不过，嘿嘿，这可是你的摄影推车。如果你想多加点就随便吧！

这是个非常典型的例子，每次碰到时，我都会想起小时候我父亲讲的一个故事：妻子在做烤肉，丈夫问她为什么在送入烤箱之前要切掉肉的两头。妻子回答："哎呀，我还真不知道，但我妈妈一直都是这么做的。"出于好奇，她给母亲打了个电话。母亲说："我不知道。我妈妈一直就是这么做的。"于是妻子打电话给外祖母，问她为什么要切掉烤肉的两头。外祖母回答："我们可能永远买不起一个新锅，而这个锅太小了，所以要切掉肉的两头，以配合锅的大小。"这就是"传统"的实质，那些缘由都已经过时了。分享这些，是因为许多读者要根据本书来制造适合自己具体需求的器材设备。如果你想用10磅（1磅=0.453 6千克）重的小摄影机复制好莱坞规模的拍摄，那么你有点异想天开了，会浪费很多钱，而这些钱可以让你的电影拥有更好的音质！

"看起来不专业。"谢天谢地，这样的意见反馈是非常少的，但我听到它时还是感到很惊讶。我个人并不关心设备的外表，我只希望它能正常地工作。毕竟，像Sam Raimi所说的那样："我们拍不了那个镜头，因为这块2×4的木板太不专业。"实际上，我曾在一个月之内收到过3封来自电影人的电子邮件，其中提到他们购买的所谓"专业"设备其实并没有如其设计的那般工作。最常见的问题出自推车轨道，每当车轮运行到轨道接点时，推车都要颠簸一下。他们问我如何解决这个问题，而我只能说，这没法解决。因为，只要推车在一个轨道接点处发生颠簸，在其他接点处同样会颠簸。我最喜欢的轨道是用PVC管制成的。它不但很便宜，而且连接得很好，不会凹凸不平，在任何地方都能买到。如果你正在拍摄中，且只租了15英尺（1英尺=0.304 8米）长的专业轨道，而你需要20英尺长的，那就倒大霉了。而PVC管在最近的五金店就能找到。

但正如我所说，我乐于听取电影人的意见，所以你会在新版本中发现"专业"版的全套器材和轨道。它们更难制造，而且工作起来并不比任何"非专业"的好，但如果你想让拍摄看起来更专业，那就用它好了。

在动手制造设备之前您所需要了解的事项

工具

你看过《木工坊》这样了不起的节目吗？它是真人秀节目《老房子》的一部分，由美国PBS广播公司出品。节目中，著名木匠Norm Abram向我们展示了如何制造各种精良的家具，以及如何利用剩下的木料制造其他物品。节目唯一不足的地方在于他使用的工具并不是一般人所能拥有的。

我经常会看见Norm在他的节目中说："下面，我们要使用激光切割机和浸胶机组……"激光切割机？浸胶机组？嘿，Norm，它只是一个茶几啊，我该去哪儿才能买到激光切割机或浸胶机组呢？

你不会在本书中碰到这样的困难。虽然你需要用到一些基本工具来完成书中的项目，但我会给你提供比最佳方案更便宜的选择。使用钻床会是个不错的选择吗？是的。那么你非使用它不可吗？并非如此，我讲的只是一般情况。制造"专业"的推车轨道和《双重赔偿》（1944年）式摇臂需要一些专门的工具，但它们终归都不怎么贵。因此，在每个项目开始时会有一个工具列表，列出所有需要用到的工具。

物料

正如我刚才所说的，在制造这些设备时，我已尽最大努力去使用那些在几乎任何一个城市都能买到的物料（有时是令人沮丧的）。比如对工具的介绍，在每个项目开始时都有一个工具列表，上面列出了你所需的工具，并会配上相应的图片，对工具和测量值进行说明。你还不知道锁紧螺母是什么，对吗？那就请看图片吧，很容易就明白了。此外，在去五金店之前，请先通读一下你将要进行项目的介绍，因为有些地方是留给你自己思考的。例如，如果你使用的螺栓大小和我的不同，那你就需要使用与之匹配的其他尺寸的钻头了。

当谈到买东西时，我发现那种又奇特又偏僻的小型五金店是最好的去处，你能在里面找到一大堆稀奇古怪的小玩意儿。至于大型建材店，则是购买最常见物料的理想场所。至少在洛杉矶地区，Orchard Supply Hardware（加州）和Ace Hardware®是挑选"边角料"的最好场所。在多数情况下，那种独立经营的小商店是你更好的选择，并且相对于那种大型店来说，小商店往往还能节省开支。

"打造完美器材"选项

你要制造的很多设备都有一个基本的构造,我称之为"基本结构",可以给这样一个"基本结构"添加一些配件,让它看上去更加完美。例如,与《大爵士乐队》式摇臂配套的摄影机支架是不能移动的,可以通过"打造完美"选项,为其添加一个可移动的托架,这样你就可以上下摇动摄影机了。

公制测量

美国人是一群顽固分子。在我看来,美国人一直固执地采用英式测量。其他一些国家的电影人喜欢在新版书中,看到公制数值。我已尽力做到换算的正确,但是,我可是住在美国的,所以换算也有可能不准确。多了或少了1毫米通常没什么差别,只是在极少数情况下会要求精确些。此时我能想到的,是《逃狱雪冤》式摄影推车和《恐怖走廊》式稳定支架轴承上的螺栓。如果没有直径8毫米的螺栓,那就用一个能穿过轴承且不留空隙的螺栓。此外,在一些国家,或许只能找到书中所提的"专业"器材的物料,比如用于制造《双重赔偿》式摇臂吊架的物料。我已经尽最大努力使用在世界范围内都能买到的材料了。

阅读以下提示,小心别弄伤了眼!

请务必要阅读电子工具的相关安全说明,并遵循说明进行操作!此外,购买一些安全防护眼镜,任何一个金属碎片溅入眼睛都将结束你的电影生涯。如果眼睛失明了,你就再也不能拍电影了!我是认真的,大家千万别犯傻。请一定要带上防护眼镜。

关于设备的命名

我知道乍一看,本书的设备名称似乎有些奇怪。事情是这样的,我是黑色电影的忠实粉丝,因此我将本书制造的所有器械都以黑色影片名来命名,这些影片大多诞生于20世纪40年代。虽然这只是我自娱自乐的结果,但它确实非常受欢迎:因为学生、电影人都会看这些电影。通常情况下,我对现在的电影很没有感觉,因为制片人似乎从来没有学习过或是干脆忽略基本的电影法则。这些老电影现在作为必修课被灌输给当今一代的电影人,我希望你能通过它们找到一些规律。本书的结尾处有一份电影列表,上面列出了所有用于设备命名的电影名称、电影的导演及其制作年份。

目录

第四部分 你会爱上的拍摄工具

第一部分　摄影推车

第1章　《逃狱雪冤》式摄影推车

《逃狱雪冤》式摄影推车简介

　　《逃狱雪冤》式摄影推车的一大优点在于它的功能很多。推车的平台可以设计成任意大小（当然，必须在合理范围之内），因此只需花点钱再买一块胶合板，你就可以制造出适用于不同情况的推车。此外，由于独特的车轮设计和连接方式，这款摄影推车甚至可以安装在悬空的轨道上！一旦装配好车轮组，你还可以将它们装到不同尺寸的胶合板上。这样就不必为给不同大小的摄影推车配备不同的车轮组而花

费大笔费用了！稍后将介绍的《杀手之吻》式摇臂，可以与《逃狱雪冤》式摄影推车完美组合使用。请务必阅读书中提到的所有关于摄影推车以及推车附件的相关知识，这有助于你决定自己摄影推车的大小和样式。如果希望摄影推车能够承受更多负载，你可以用两块胶合板来加大厚度，或者制造下一章介绍的《绣巾蒙面盗》式摄影推车，我经常使用这两种摄影推车！

物料清单

☐ 直排轮 8 个。直排轮的大小并不重要，只要有的卖就行了！（请确认这些直排轮是带轴承的，或者单买轴承也行。每个轮子带有两个轴承，所以 8 个轮子一共有 16 个轴承。这些轴承在你建造《恐怖走廊》式稳定器时同样会派上用场）。鉴于这款摄影推车设计上的特点，你还可以给它装上更大的 Razor® 滑板车车轮。这两种车轮都不错。

☐ 内孔直径为 $5/16$ 英寸（8mm）的垫圈 8 个。这些垫圈的内孔直径并不一定必须是 $5/16$ 英寸，但至少得非常接近。

☐ 直径为 $5/16$ 英寸（8mm）、长为 3 英寸（70mm）的螺栓 4 个，这种螺栓用来穿轮轴，因此请确保它能够紧贴轮轴（所有滑冰式轮轴的内孔直径都是 $5/16$ 英寸）。我还没见过哪个轮轴不包含 $5/16$ 英寸直径内孔的，所以无论你购买哪种轮子都没问题。

☐ 直径为 $5/16$ 英寸（8mm）的锁紧螺母 4 个。自锁螺母上有个尼龙环，这个尼龙环可以将螺母和螺丝固定在一起——这很重要！

注意：

如果你想使用 4 对以上的车轮组，每对轮组需要在推车两侧配上两个车轮，而每一对轮组所需的物件数也相应增加。具体内容在阅读操作指南之后你就会清楚了。

☐ 内孔直径为 $5/16$ 英寸（8mm）的螺母 8 个。请尽量使用厚度小于普通厚度的螺母。这些螺母被称为防松螺母。

☐ 角铁 4 个。这种角铁与其他角铁有所区别，它们由 Simpson Strong-Tie 公司制造，专门用于打造桌子，型号为 HL-33，在五金店够买时请首先确认型号是否一致。这些托架是真正的承重部件，要用直径为 $1/2$ 英寸（14mm）的螺栓固定在推车平台上（详见下一页）。如果不是生活在地震和飓风频发的国家，你一般也碰不上这些情形。所以大可不必担心，只需根据稍后介绍的《绣巾蒙面盗》式摄影推车的制造方法来操作就可以了。

☐ 直径为½英寸（14mm）、长为2英寸（50mm）的螺栓4个。用来将轮子安装在推车甲板上。

☐ 内孔直径为½英寸（14mm）或者更大点的垫圈8个［这是为直径½英寸（14mm）的螺栓准备的］。

☐ ½英寸（14mm）的自锁螺母4个（同样为直径½英寸的螺栓准备的）。

☐ 厚度为¾英寸（19mm）的胶合板，大小随自己决定。我使用的有这几种，一块边长为12英寸（30cm）的正方形板，我通常在比较拥挤的地方使用它；一块边长为24英寸的正方形板，以及一块宽26英寸、长40英寸的长方形板，上面有足够空间让摄影师站在上面进行拍摄操作。当然，你也可以做得更大一些，但是如果想通过一个宽32英寸标准的门道，你的推车宽度一定得比这种门道的宽度窄。

☐ 横截面直径为¾英寸（19mm）的PVC管。你可以在水暖供应部门找到它。这是用来做摄影推车移动轨道的。你也可以根据实际情况使用其他材料。PVC管的优点在多根管子连接时会更加明显。按需要挑选管芯较厚的管子（不用担心，这些在五金商店都有的卖，只管挑最厚的行）。先挑选4根10英寸（3m）长的吧。你还可以选用直径为1英寸（25mm）的PVC管，但此时必须得配直径是¾英寸（19mm）的螺纹管接头（见下一项）。稍后在介绍轨道制造时会对轨道进行更详细的阐述，但在五金店买两段电导管或是PVC管并不会造成什么损失，所以买点回来，在上面检验你的推车。

☐ ½英寸（14mm）的金属螺纹管接头（一个接头连接两段PVC管）。这些螺纹管接头能很好地将PVC管拧在一起以制造更长的轨道。从我写这本书的第1版开始，就出现了为推车PVC管轨道而设计的商用型连接器，它们都很贵，并且没有这种简单的螺纹管接头好用。

制作轨道的其他可选材料

我们会在稍后的独立章节分别介绍各种不同的推车轨道制造材料，现在我们只稍作介绍。等下次你再去逛家居建材店的时候请多留意周围，我相信你会发现数以吨计的物品可供你用来制造推车轨道！在此同时，请拿一些PVC管来。

如果要求推车轨道的负重能力足够大，且能用在某些特殊的地方，长段的L型角铝将会是做推车轨道的不错材料（比如：在两架梯子间悬空运动）。

另一种可选择的材料是横截面直径为¾英寸（19mm）的电导管。它一般长度在10英尺（3m）左右，但左右轨间很难接在一起，至少移动摄影机时你不会被绊倒了。我在用这种类型的轨道来拍摄时，移动距离不会超过10英尺。

工具清单

☐ 电钻。请选择带有可变速功能的（别担心，大多数电钻都有这种功能）。如果你打算进行其他涉及钻金属的项目，就不要买无绳电钻，因为它们钻金属的能力不够强。不过就本章要进行的项目来说，无绳电钻还是可以胜任的。

☐ 直径½英寸（14mm）的钻头一根

☐ 鱼嘴大力钳。如果你不打算使用套筒扳手的话，请准备两副。

☐ 套筒扳手一套。它并不是非用不可，但是用起来非常方便。

☐ 夹钳数把。这在本章中也不是必需的，但是用起来总是很方便，并且在其他章节的项目及通常的电影制作中它将是非常必需的工具。

☐ 组合角尺一把。这个必须有！

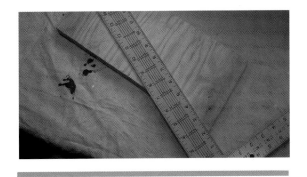

☐ 大型木工角尺一把。既能用于本章的项目，也能用于其他章节设备的制造。

开始动手吧

① 首先，我们需要确定车轮托架的安装位置。这里我使用了3英尺x2英尺（1mx0.6m）大小的胶合板，这样的大小足够承担一个三脚架或一台小型的摇臂的重量。

车轮托架距胶合板顶端距离应该在0~5英寸（0~127mm）。用木工角尺确认托架与推车甲板保持齐平，且紧贴托板的边侧。如果使用的板子较小，我们可以将托架装在离甲板边缘2英寸（50mm）左右的地方。其实，就本款推车来说，将车轮托架放在距甲板底边0~5英寸都是可以的。

如上图所示，将车轮托架装在了离底边非常近的地方。

重要提示：
请确保所有车轮托架都对齐了，否则无法在轨道上顺利移动！

将一块长度与甲板相仿的铝条靠着木工角尺放置，以获得一条直线，这样我就很容易知道应该把车轮托架装在另一端的什么地方了。还有一个不错的方法，即用铅笔沿着铝条画一条贯穿全板的直线，再将两块车轮托架分别紧贴这条线和甲板长边放置。

确定车轮托架的位置后，用铅笔在甲板上托架孔的地方做上记号，并在上面钻孔，插入螺栓后就可以将托架与甲板固定在一起。在其余3个托架的地方进行相同的操作。本图中，我用的甲板较小，托架有两个孔，不过方法是相同的。我只是想告诉大家，不一定非用物料清单上所列的材料不可。只要这些车轮托架的厚度能足以承受你要求的重量即可。

② 让我们开始钻孔。用夹子将板和工作台夹在一起，将直径为½英寸（14mm）的钻头插入电钻。钻孔的时候请务必对准之前标记的记号位置。钻完一个角后在其余的3个角上进行同样的操作。

安装车轮托架

3 这一步你要用到的材料包括一个直径为 $\frac{1}{2}$ 英寸的螺栓、两个垫圈以及一个锁紧螺母（内部自带一个尼龙垫圈）。操作起来非常简单。在将螺栓插入垫圈孔时一定得竖直插入（螺栓的头部必须朝推车甲板的顶部）。将车轮托架、垫圈依次套在螺栓上，最后用锁紧螺母将其全部拧紧。

在拧紧螺母之前，将组合角尺（你肯定记得准备了一把，对吧？）分别顶住胶合板和托架的边缘，以检测托架是否与胶合板边缘齐平。如果没对齐，先别拧紧螺母，调整托架位置，将其挪到如右图所示的位置）这时可以将螺母拧上了。按同样的方法完成其他3个车轮托架的安装。嘿嘿，我们快做完了，很简单吧？

安装车轮

4 这一步你将用到的材料包括一个直径为 $\frac{5}{16}$ 英寸（8mm）、长3英寸（76mm）的螺栓，两个防松螺母，两个垫圈，一个锁紧螺母以及两个带有轴承的滑板车轮。将垫圈套在螺栓上，并将螺栓插入托架上的孔，将另一个垫圈从托架的另一面套上螺栓，如右图所示。

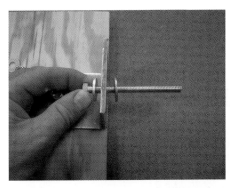

5 用螺母将全部材料拧紧。嘿嘿，瞧，你的轮轴已经完成了！（请确保螺栓的头是朝甲板内侧的，这样可以防止它滑动。图中看上去好像外侧使用了两个垫圈，其实不是，那只是外侧垫圈的影子罢了。）

6 将一只车轮套上螺栓装好，并从车轮的右侧将另一个螺母套上螺栓。不要拧得太紧，不过也别太松，你肯定不希望车轮行进时总摇摇摆摆的。

嘿，Dan！我的车轮套不上轮轴了！这是怎么回事？！

你买的这些车轮其实已经自带轴承了，不是吗？别担心，因为它里面有个小的塑料轴，用螺丝刀将其中一个轴承打开，然后将塑料取出，再将轴承重新安装到车轮上。现在你可以继续了。

7 将第二个车轮装在螺栓上，并同样用螺母拧紧。同样，不要拧得太紧。搞定！重复以上操作把其他3个托架安装好，然后就大功告成了！

如果你在五金商店找不到长度合适的螺栓，可以买稍微长一点的，然后如右图所示，用钢锯将多余的部分锯掉。

左图是装好车轮之后，推车底部的情形。

右图是一个小型的摄影推车，中间装有一个液压云台。我经常使用这款推车，我们在稍后章节将进行具体介绍。

在把安装好的推车放在轨道上时，请确保其轮槽大小与轨道相匹配。

左图所示的轨道由电导管做成，上面的摄影推车正移向窗户。用一个小型轻量级摄影推车就能拍出许多好的镜头。

现在，让我们跳到稍后介绍轨道制造的章节。车轮独一无二的设计（好吧，现在看来也不是那么独一无二了）为轨道的制造打开了一个全新的世界。如果使用好莱坞规格的滑轮来制造，那轨道可选择的材料就会变得极少。不用谢我告诉了你这点。

第2章 《绣巾蒙面盗》式摄影推车

《绣巾蒙面盗》式摄影推车简介

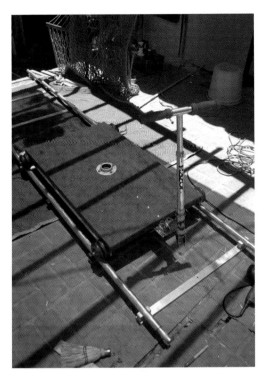

如果你想建造一部真正结实的摄影推车，那么就做这款《绣巾蒙面盗》式摄影推车。它的车轮附件是固定的，因此你不能像移动《逃狱雪冤》式摄影推车的车轮那样，把它的车轮移到另一辆车的甲板上。一旦你做好了这样一个摄影推车，它的样子就如左图所示。如果你希望与一部承载了超过8磅（1磅＝0.453 6千克）的摄影机的小型摇臂（一种摄影升降机）一起配合使用，那就需要建造这款摄影推车。我知道8磅听起来并不算很重，但因为是摇臂，摄影机的重量越重，你所需要的配重也就越大，因此，整体重量很快就上来了。如果想在你的摄影推车上装一个摄影机台座（关于台座的内容稍后我们会介绍），那么建造这款摄影推车同样是一个不错的选择。最后，如果你希望摄影师和调焦员能坐在推车上进行工作，你也需要建造这款《绣巾蒙面盗》式摄影推车。

此外，我还会向大家介绍如何在没有三角撑的情况下，为摄影推车装上操作握柄以及三脚架。这两种安装方案不但能在《绣巾蒙面盗》式摄影推车上得到实现，同样也能在《逃狱雪冤》式摄影推车上付诸实践。所以，尽情地装配你的《逃狱雪冤》式摄影推车吧！

> **重要提示：** 在开始干活之前，请务必先阅读本书附录部分的"金属加工"一章。

物料清单

哦，等等！还有一些事情需要考虑在先，包括你的摄影机重量是否超过了8磅，以及你是否会在《绣巾蒙面盗》式摄影推车上使用摇臂和摄影机底座。如果回答是肯定的，你就需要做一块由两张¾英寸（19mm）厚的胶合板粘叠在一起的摄影推车甲板。反之，你就可以非常侥幸地只使用一张¾英寸（19mm）厚的胶合板。相比之下，重量越轻的摄影推车越容易移动。如果推车上只有一个操作人员、一台三脚架和一部摄影机，那么选择哪种甲板都没问题。

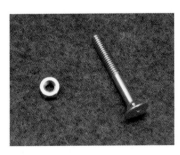

☐ ¾英寸（19mm）厚的胶合板两张。我选用的板子大小是26英寸x40英寸（0.66mx1m）。你也可以按照自己的设计调整尺寸。我之所以选择26英寸（0.66m）宽的板子，是考虑到我有可能要推着摄影机推车通过一扇门。

☐ 木胶一大瓶，用来将两张胶合板粘叠在一起。

☐ 直径为¼英寸、长为2英寸（7mmx50mm）的马车螺栓10个和内径为¼英寸（7mm）的螺母一个。

☐ 角铝或角钢两段。我这次准备在甲板两侧使用的是侧面宽度为1英寸（25mm）、厚度为1/8英寸（3mm）的角铝，这是最小的尺寸了。你也可以用2英寸或者3英寸宽。我曾经用钢锯锯下一段旧床架，并把它当成角钢制作摄影推车。可供选择的不同种类的直角材料实在是太多了，但无论选择哪种，它的长度必须和你的摄影推车长度保持一致。就我个人而言，因为我的摄影推车长40英寸，所以我用的角铝长度也是40英寸。

☐ 直排轮8个。直排轮的大小并不重要，只要有的卖就行（请确认这些直排轮是带有轴承的，或单独买轴承也行。每个轮子带有2个轴承，8个轮子就有16个轴承。而且这些轴承在你建造《恐怖走廊》式稳定器时还会用到）。鉴于这款摄影推车设计上的一些特点，你还可以给它装上更大一些的Razor®滑板车车轮。这两种车轮都能很好地工作。注意：如果你想使用4对以上的车轮组，那么推车两侧的每对轮组都要配上两个车轮，而且每对轮组的所需的物件数也相应增加。关于这方面的内容，在你阅读操作指南之后就会清楚了。

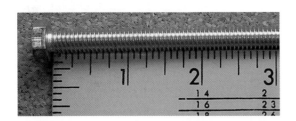

☐ 直径为5/16英寸（8mm）、长为3英寸（76mm）的螺栓4个，这种螺栓是用来穿轮轴的，因此请确保它能够紧贴轮轴（所有滑冰式轮轴的内孔直径都是5/16英寸）。我还没见过哪个轮轴不包含5/16英寸直径内孔的，所以无论你购买哪种轮子都没问题。

☐ 直径为5/16英寸（8mm）的螺母8个。请尽量使用厚度小于普通厚度的螺母。这些螺母被称为防松螺母。

☐ 直径为5/16英寸（8mm）的锁紧螺母4个。自锁螺母上有个尼龙环，这个尼龙环可以将螺母和螺丝固定在一起——这很重要！

工具清单

☐ C型夹钳数个。我自己会准备至少8个开口为3英寸（76mm）或者更大的C型夹钳。在制造本书介绍的器材时，你会多次用到这种C型夹钳，而实际拍摄时会用得更多。（你能在任意一辆场务车上找到大量的C型夹钳。）

☐ 记号冲或者中心冲一个。中心冲的作用是在你想要钻孔的金属上砸一个小坑。如果没有这个小坑，钻孔的时候钻头很容易在金属面上打滑。记号冲是在金属面上刮划来做记号。这两种工具我都用过。

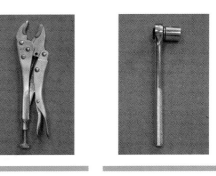

☐ 锤子一把

☐ 可变速电钻一个。尽量避免使用无绳电钻，因为它们钻金属的能力不是很强。还要一个钻头，反正它很便宜。

☐ 卷尺一把

☐ 鱼嘴大力钳。如果你不打算使用套筒扳手，最好准备两副鱼嘴大力钳。

☐ 套筒扳手一套。这套工具用起来非常方便，它不是必需的。但用它来拧锁紧螺母比其他任何工具都要好用。

☐ 直径为1/4英寸（7mm）的钻头一个

☐ 直径为5/16英寸（8mm）的钻头一个

☐ 钢锯（需要的话，你可以用它切割角铝或角钢）。如果你能多准备些锯条就再好不过了。

☐ 台钳。用来固定要加工的金属。对于本项目，你也许只需在工作台上掐紧金属即可，但是如果是建造书中所提到的任何一款稍大一点的摇臂，你就需要用台钳来完成这项工作了。一般情况下，大多数人都把台钳和工作台固定在一起。在这里，我先把台钳装在一块边长为12英寸（0.3m）的正方形胶合板，然后再用大号的C型夹钳将它们固定在我的工作台上。我发现在工作时，我需要经常移动台钳，所以能拆卸的台钳就更方便了。

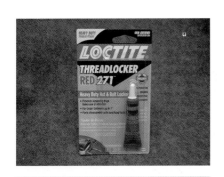

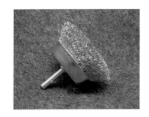

☐ 螺纹胶。将这种胶涂在螺纹上可以很好地起到固定螺丝的作用。

☐ 螺纹削切油。切割金属的时候，你需要让钻头保持足够的润滑从而防止其受损，同时避免卡在金属中。

☐ 钢丝刷一个。插在电钻上使用，用来抛光金属。

可选材料与工具

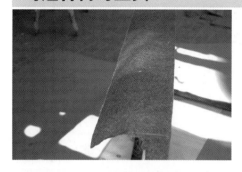

室内/户外使用的地毯少许。如果愿意，你也可以在摄影推车上铺上地毯。这是不错的选择，因为它可以帮助摄影师在推车上站得更稳。你需要将地毯铺满推车甲板的顶部和两侧。

罐装黏合剂（用来将地毯和推车甲板黏合在一起）。这是一种为乙烯基材料所专门准备的黏合剂，因为我的地毯的衬垫就是用乙烯基材料做成的。

多功能刀一把。用来裁剪地毯。

钉枪一把。用来在黏合剂没能很好发挥作用的时候将地毯的边角钉到甲板上。

开始动手吧

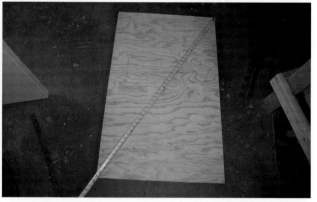

1 请确保你所用的胶合板形状是标准的矩形。这几块胶合板是在建材商店切割好的，通常形状会有少许偏离。注意看上方两幅图，用来确认这样一块胶合板形状是否标准最简单方法是，分别测量两条对角线。如果这两个距离长度相同，你就可以继续进行下一步了。如果你需要将另一块胶合板与这块粘叠在一起，也请用同样的方法检查另一块胶合板的形状是否标准。

2 准备好所有的夹钳，将木胶均匀地涂在一块胶合板上。你要像在一块吐司上涂抹黄油那样，在胶合板顶面涂上薄薄的一层木胶，别忘了把胶一直抹到板子的边缘。

3 将第二块胶合板小心地放到第一块的上面。

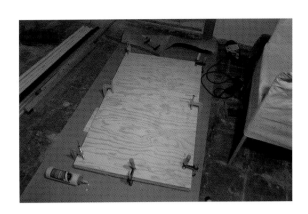

4 用夹钳将两块胶合板夹住。确保上下两块板的各条板边是对齐的。这里至少需要用到8个夹钳。

5 胶水晾干之后把角铝装到甲板两侧。你可以在等待胶干的过程中把角铝准备好。

　　钻一些直径为$1/4$英寸（7mm）的孔，用直径为$1/4$英寸（7mm）的螺栓将金属和甲板固定在一起。每一侧的角铝上钻5个孔。在哪钻孔不是特别重要，只要它们的间距基本一致就可以了。

　　我习惯从角铝一端开始，每隔1英寸（25mm）插入一个螺栓。用组合角尺在1英寸（25mm）的地方划一条标记线。

　　由于我用的角铝每个侧面都是1英寸（25mm）宽，所以我会将组合角尺的定位长度设为$1/2$英寸（12 mm），然后从角铝的一侧开始，沿着刚才所划标记线画出记号，记号处即为钻孔处。这样就能确保所要钻的孔处于角铝侧面的中心位置。如果所用角铝的侧面宽是2英寸（50mm），那么钻孔的位置就该设在离侧边1英寸（25mm）的地方。

　　同理，在角铝侧面的另一端进行相同的操作，然后在中间也按照同样方式标记出另外3个钻孔的位置。

最后在另一段角铝上重复以上操作。

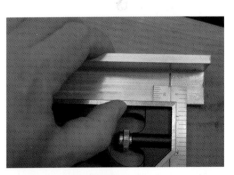

6 将你的记号冲或者中心冲的尖端放在第一个钻孔标记上，然后用锤子用力砸它。这会在角铝的侧面上砸出一个小坑。钻孔的时候你可以将钻头尖置于这个小坑中——这样钻头就不会在角铝表面打滑了。这点在金属加工中显得格外重要。

7 把角铝用台钳夹住，或者直接夹在工作台上，但一定要夹紧！

在小坑里滴一点切削油，然后开始钻孔，孔径是¼英寸（7mm）。钻孔期间需要不时加点切削油。如果是在钢质材料上钻孔，滴加的油就要更多。工作时不要一直按着动电钻的扳机不放。在铝质材料上钻孔应该慢一些，在钢质材料上钻孔则应该更慢。钻完几个孔后，你就能慢慢找到控制钻头速度的窍门了。

钻孔时，请确保钻头是垂直的！你肯定不希望钻出一个歪歪扭扭的孔眼。

8 接下来我们需要在角铝的另一个侧面上几个钻孔，这些孔是为插入轮轴准备的。如果你准备使用4对车轮组，就需要在角铝的这个侧面上分别靠近两个边端的位置各钻一个直径为⁵⁄₁₆英寸（8mm）的孔。我选择钻孔的位置距侧面边端都是2英寸（50mm），这是因为我不想让轴螺丝影响到连接角铝和胶合板的螺丝的位置。如果你准备在推车两侧各追加一对车轮组，则需要在角铝侧面的正中位置钻一个轮轴插孔。就本次使用的40英寸（1m）长的角铝来说，侧面中心点的位置到两条边端的距离都是20英寸（0.5m）。当然，你还可以根据需要随意增加车轮组的数量，但是如果一侧超过3对车轮组，那就真的有点夸张了。

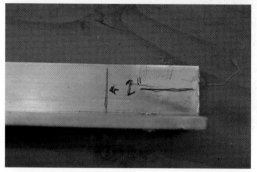

直径为¼英寸的甲板孔
直径为⁵⁄₁₆英寸的轮轴孔

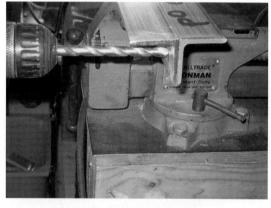

为了节省时间，你可以先用虎钳把两段角铝对齐夹在一起一块钻孔，然后在另一端重复同样的步骤。

注意：这些为装备车轮而钻的孔与角铝底边的距离必须是相同的，否则摄影推车在行进时会不停晃动。孔一定要钻得又直又精确。

如上图所示，角铝一侧的孔插入连接胶合板的螺栓，另一侧插入轴螺栓。给电钻上换上⁵⁄₁₆英寸（8mm）的钻头，重复之前的钻孔步骤，在角铝的另一侧钻出用于插入轴螺栓的孔。

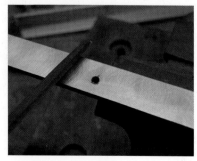

9 将钻好的孔清理干净，用锉刀挫去所有可能沾在上面的碎屑。

如果想让角铝外表看上去更加光鲜，可以将它固定在台钳上，然后用钢丝刷进行打磨。

❿ 接下来，需要将角铝和推车甲板接在一起。将角铝沿胶合板边缘直线贴放（当然得等到胶干了）。如果胶合板是规则的矩形，你接下来的工作就容易了，反之就很棘手。将角铝带有直径为1/4英寸（7mm）的孔的一侧水平贴放在甲板边上，用夹钳将二者固定在一起。

给电钻换上直径为1/4英寸（7mm）的钻头。用一些碎木屑将胶合板与地面隔开。然后通过角铝上的孔在胶合板上钻出同样大小的孔。

通过角铝上所有直径为1/4英寸（7mm）的孔，在胶合板上钻出同等大小的孔。

⓫ 将直径为1/4英寸（7mm）的马车螺栓插入角铝和胶合板的顶部，并在螺栓上涂些螺纹胶。

给螺栓装上螺母并将其拧紧。余下的孔中同样也插入螺栓并拧紧。

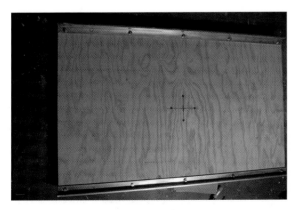

如上图所示，角铝已经和胶合板连接在一起了。

⓬ 如果你准备给推车铺上地毯，请在装车轮之前完成这一步。如果不打算铺地毯，可以直接跳过这步。
剪一块比实际需要稍微大一点的地毯。

13 将地毯铺在推车的旁边，并将黏合剂喷在地毯的底面以及推车的底座上（请按说明使用黏合剂！）。

14 趁胶还没变干，将推车底座涂胶的一面朝下，压在地毯涂了胶的一面上。然后将地毯多出的部分拉起粘在推车底座边。

15 沿着甲板角边将地毯剪开。

用地毯将底座包起来，剪去超出甲板边缘的地毯。

剪去角铝和胶合板边上多余的地毯。用丙酮将角铝上残余的黏合剂清除干净。

完成以上工作后，甲板看起来差不多就是上图所示的样子了。

安装轮组

请按照第1章里装配《逃狱雪冤》式摄影推车轮组的方法来安装你的轮组，只有一个地方例外：你不需要任何垫圈！是的，你没听错，你不需要给它添加垫圈。

看，没有垫圈。

打造完美器材

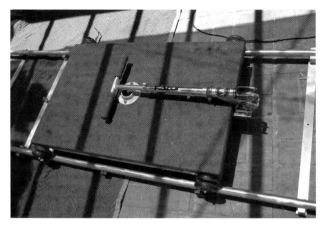

在这一节里，我们将用一辆旧Razor®滑板车为推车添加一个易于折叠装运的握柄，还要在没有三角撑的情况下，安全地装上一个三脚架。图中所示的这个三脚架原本是一个测绘用的三脚架，我已经将它改装成适用于电影拍摄的三脚架了。需要说明的是，我

有两套木腿设备（木制的脚架腿，电影业界的标准），但我更多地使用这套设备！稍后你会学习到如何将一个廉价的测绘三脚架改装成电影拍摄所需的脚架。

为你的推车装上握柄

物料清单

☐ 准备一台Razor®滑板车。我在Goodwill®只花了5美元（约合人民币31元）就买到一台二手的。如果不是名牌，即使是新的也不用花费这么多钱。

☐ 马车螺栓3个。螺栓的直径为¼~⁵⁄₁₆英寸（7~8mm）。我用的螺栓长2英寸（50mm），具体尺寸要自己判断，因为滑板车的设计不同，螺栓的长度也稍有不同。你可以通过测量推车甲板的厚度，以及底板中间的滑板车的厚度来决定马车螺栓的长度，然后在测量值基础上再添加½英寸（14mm）即可。

☐ 元宝螺母3个。并不是非用元宝螺母不可，但使用元宝螺母会让手柄的拆卸更轻松。

工具清单

 螺丝刀或通用扳手。你需要将滑板车的前轮卸下,有时用螺丝刀,有时则需要通用扳手。因此你需要查看轮毂来决定使用什么样的工具。

 电钻

 与螺栓大小相匹配的钻头

 一些绝缘胶带

 记号笔

 钢锯一把,用来切割滑板车的背面部分。别担心,这部分是用质量非常轻的铝所制成的,很容易被锯掉。

 台钳或夹子,用来在你锯滑板车的背部时将其固定住。

 开口长度为4英寸的大型C型夹一个。这并不是不可或缺的工具,但是会给工作带来便利。

 卷尺

① 将前轮卸掉，用钢锯将后轮锯下。

② 确定滑板车底座的中线，沿着中线每隔一段距离钻一个孔，共钻3个。

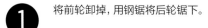

完成后如上图所示。不钻孔时不用加切削油，这些滑板车都很薄。

③ 将滑板车和推车钳在一起并确定好位置，以便滑板车的握柄能对着推车折叠收起。如果安装时滑板车太靠近推车的边缘，很可能无法收起手柄。

在滑板车底板与推车边缘相连接的地方做记号，为后面的操作提供参考。

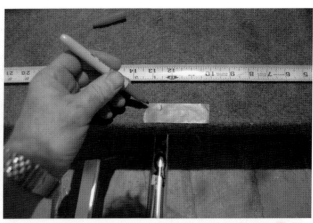

4 如果推车铺上了地毯，你需要准备一些绝缘胶带。剪一条粘在甲板边缘中间附近。

用卷尺测量推车甲板的宽度，按照宽度的一半确定中间位置并做上记号。

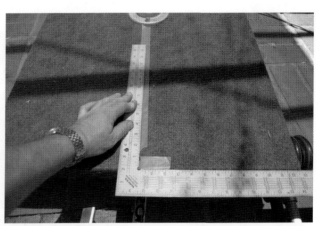

剪一条更长的胶带沿中点的位置粘在地毯上。

你可以用卷尺在胶带线上确定推车的中心点。或者像我一样，用一把大角尺紧靠中间点标记，并在推车甲板上画一条中线。

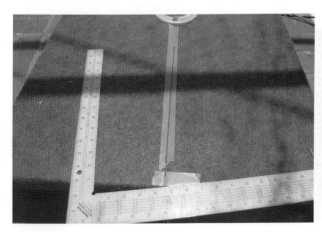

如上图所示。

5 将滑板车底板安置在推车上面，并将之前在滑板车底板上做的标记与推车边缘对齐，然后把滑板车上的钻孔与刚才在胶带上画出的线对齐。

第一部分　摄影推车

在胶带上画出滑板车钻孔的位置。

标记应该如右图所示。

6 在这些标记处钻螺栓孔。

7 将螺栓插进孔中（这里我用的螺栓较长，只是为了让大家看得更清楚）。

推车的顶部如右图所示。马车螺栓的头比较平滑，不会碍事。

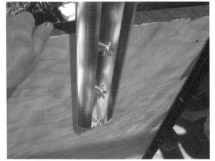

8 将滑板车套进螺栓，并用螺母固定。

9 尽情欣赏你的杰作吧！

如何在不使用三角撑的情况下支撑三脚架

这一小节我们要在推车甲板上钻一些孔，并使用一些绑带固定三脚架。

重要提示:

本项目既可以固定测量三脚架，也可以固定电影三脚架。这两种三脚架都带有尖脚。这些尖脚可能是一般三脚架所没有的。

如果三脚架的架脚如下图所示，你就可以继续进行下面的步骤了。

物料清单

☐ 3个14英寸（0.35m）长的橡胶带。稍微长点或短点都没关系，这取决于你的三脚架。

☐ 3个后备箱固定环。你可以在家居商场或汽车用品供应店买到，那儿有成千上万不同种类的后备型固定环。

☐ 6个1.5英寸（38mm）长的木螺丝。我的后备箱固定环每个需要用两个螺丝，因此总共需要6个螺丝。如果你的固定环每个需要4个螺丝，请确保准备了足够的螺丝。

☐ 3个孔径为 $\frac{5}{16}$ 英寸（8mm）的尼龙垫圈

☐ 6个1英寸（25mm）长的平头木螺丝

工具清单

☐ 电钻一把

☐ 直径为 $\frac{5}{16}$ 英寸（8mm）的钻头

☐ 直径与1英寸（25mm）平头长木螺丝相同的钻头

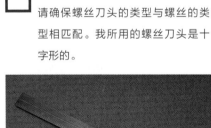

☐ 螺丝刀头或螺丝，这是拧螺丝用的。请确保螺丝刀头的类型与螺丝的类型相匹配。我所用的螺丝刀头是十字形的。

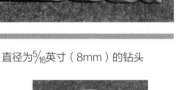

☐ 一些绝缘胶带

☐ 记号笔

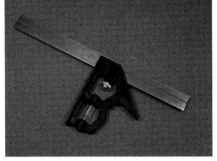

☐ 组合角尺一把

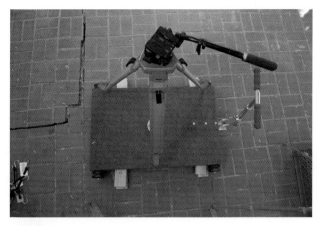

1 首先，我们需要确定三脚架的架腿在推车上的位置。将其中两条架腿放在推车甲板较长一侧的边缘上，第三条架腿放在侧边的中间位置。你会在一条架腿的那侧操作摄影机。

让我们从单条架腿的一侧入手。我的推车长40英寸（1m），所以三脚架架腿应该放在一半的地方，即20英寸（0.5m）。

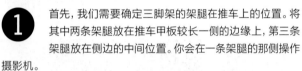

将组合角尺距离设为1.5英寸（38mm）。从推车侧边出发，按设定值测量出1.5英寸（38mm）的长度，并做下标记。如果你不想把标记画在地毯上，可以在架腿的落脚点位置贴上绝缘胶带，然后在胶带上做标记。

现在我们需要在放置两条架腿的一侧做上标记。我打算将其中一个标记做在距推车宽边3.5英寸（89mm）的位置。

另一处标记在距推车长边1.5英寸（38mm）的位置（都是对同一架腿的测量值）。

为第三条架腿进行同样的测量。

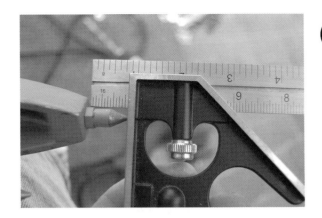

② 现在可以先拿开三脚架。根据架脚尖头的长度设置好组合角尺的测量距离，并将其固定住。

给电钻装上直径为 $\frac{5}{16}$ 英寸（8mm）的钻头。将设置好的组合角尺按图中所示的方式顶住钻头进行长度测量，并用胶带在钻头的相应位置做上记号，以显示钻孔需要的深度。

在三脚架的标记位置钻孔，当钻到刚才用胶带所标记的深度时停止。

③ 现在我们决定在哪里放固定环。

请确保你是沿直线方向拉拽的。

将绑带绕过一条架腿并穿过一个固定环，将其拉紧，然后将固定环稍微往前拽一下，你一定不希望把这些东西装得太松。

在如上图所示的位置将固定环用螺丝固定在推车上。

请确保你是沿直线拉拽的。在另外两条架腿上也进行同样的操作，然后就大功告成了。

4 接下去的这部分你不是非做不可，不过它可以让成品看上去更加美观。我们将在这几个洞的周围分别套上小的塑料环。

还记得那些与1英寸（25mm）钻头一样粗细的长螺丝吗？用这个钻头在垫圈上两侧分别钻一个小孔，如右图所示。

5 将钻好孔的垫圈垫在三脚架的架脚洞上。

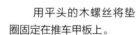

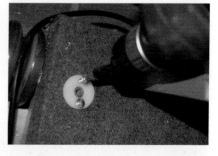

用平头的木螺丝将垫圈固定在推车甲板上。

在另外两个洞上进行同样的操作。

看看你的成果！嘿嘿，你是否还在纳闷，拴在推车中间的那个法兰盘有什么作用呢？你会在下一章找到答案。

第3章 《枪疯》式摄影台座

《枪疯》式摄影台座简介

嘿，Dan。为什么我需要一个摄影机台座？

呵呵，你可能不需要用它。你有"单脚架"（一种非常短小的摄影三脚架）或是摄影地台（一种非常低，甚至低至地面的相机支架）吗？如果没有，你也许就会考虑制作这章将要介绍的这套简单设备了。《枪疯》式摄像台座，这是为配合上一章介绍的《绣巾蒙面盗》式摄影推车专门制作的，希望你的推车已经做好了。摄像台座的作用在于将你的摄影机移升到不同高度。从推车平台升到三四英尺（1英寸=0.304 8米）高的地方（或者按你的需要升到比这个高度更高的地方，但这样的话，你还得在上面建一支本书介绍的升降臂）。

物料清单

☐ 边长为6英寸（15cm）、厚度为¼英寸（19mm）的正方形胶合板两块

☐ 内径为2英寸（50mm）的法兰盘两个。你能在水暖部门找到它。

☐ 直径为2英寸（50mm）、长为3英尺（90cm）、两端带螺纹的水管一根。这样的管子你能在大多数的五金商店获得。

☐ 直径为2英寸（50mm）、长为12英寸（30cm）的水管一根。管子的长度由你个人决定。如果你想把摄影机架在高于推车6英寸（15cm）的地方，你可以使用这根管子。我手边留有各种长度的管子以供不同情况下使用。你也许还需要一个2英寸（50mm）长的连接管，如本图所示。这样就可以将原本3英尺（90cm）长的底座改装成4英尺（120cm）长了，当然改不改都由你来决定。

☐ 长为1.5英寸（38mm）的大胖木螺丝4个。"大胖"在这里是一个专业术语，指的是该种螺丝能刚好穿过这块法兰盘边上的孔。请使用平头或者圆头螺丝。

☐ 2.25英寸（57mm）长、螺身直径为 $\frac{5}{16}$ 英寸（8mm）的螺栓4个。不见得一定是图中所示的马车螺栓，任何种类的螺栓都没问题。如果你找不到长度相符的，也可以使用长一点的。除此之外，你还需要4个内孔直径为 $\frac{5}{16}$ 英寸（8mm）的螺母与这些螺栓配套使用。

☐ 直径为 $\frac{3}{8}$ 英寸（9mm）的螺栓一个，也许还需要一个垫圈。好的，和我一起开工吧。这个螺栓用来将你的云台固定在底座上。大多数云台用一个直径为 $\frac{3}{8}$ 英寸（9mm）的螺栓固定后，可以承受20磅（1磅=0.453 6千克）以下重量的摄影机，那么配套的螺栓应该有多长？安装的时候又应该将其插入云台多深呢？如图所示，先将螺栓插进云台拧紧，然后用胶带将露在外面部分的最下部缠起，接着将螺栓松开并测量螺栓底部到所缠胶带最下部的距离即可得知。

☐ 就我的云台来说，这个距离是 $\frac{1}{2}$ 英寸（14mm）。所以现在我可以根据这个 $\frac{1}{2}$ 英寸（14mm）的插入厚度（或者稍微薄一点），在本书中所提到的任何带云台的摄像台上插进一个螺栓。这套台座的摄像台厚1.5英寸（38mm）（两块 $\frac{3}{4}$ 英寸（19mm）的胶合板叠加起来的厚度）。因为1.5英寸（38mm）加 $\frac{1}{2}$ 英寸（14mm）是2英寸（约50mm），所以我需要一个2英寸长的螺栓。只要我在装这一螺栓的时候再给它加上一个垫圈，我就能得到一套牢固的装配了。

工具清单

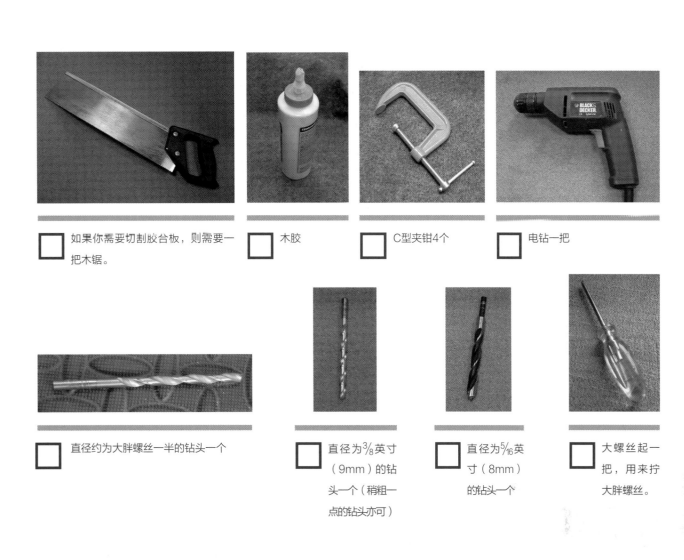

☐ 如果你需要切割胶合板，则需要一把木锯。

☐ 木胶

☐ C型夹钳4个

☐ 电钻一把

☐ 直径约为大胖螺丝一半的钻头一个

☐ 直径为$\frac{3}{8}$英寸（9mm）的钻头一个（稍粗一点的钻头亦可）

☐ 直径为$\frac{5}{16}$英寸（8mm）的钻头一个

☐ 大螺丝起一把，用来拧大胖螺丝。

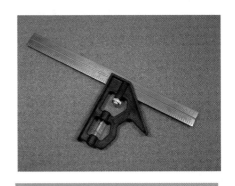

☐ 组合角尺一把

☐ 磨砂机一台、砂纸少许。这不是必选项）如果你不想进行打磨完全可以不使用它们。

☐ 碾磨钻头一个，同样不是必选项。它的形状是锥形的，用来将胶合板顶部的孔稍微扩大一点，这样就能将螺栓更容易地插入胶合板了。

☐ 钳子或套筒扳手一副

☐ 管道锁钳一副

开始动手吧

1 用木胶将两块胶合板粘叠在一起。具体操作详见上一章有关制作摄影推车的内容。

2 确定胶合板的中心位置。在胶合板面用直线画出两条对角线，两线交点即为中心。

3 用直径为 $\frac{3}{8}$ 英寸（9mm）的钻头在中心位置钻一个孔。

用锥形的碾磨钻头对刚刚钻好的孔进行形状调整。

完成后，孔形如上图所示。

4 用磨砂机对胶合板进行打磨，使其看上去更美观。

5 将法兰盘摆放在胶合板上面，中心与胶合板中心位置对齐，用马克笔通过法兰盘边侧的4个孔在胶合板上分别做上标记。

胶合板上的4个点如右图所示。

6 使用小一点的钻头在做标记的地方钻孔，这些孔是为插入大胖螺丝准备的。钻孔的时候请注意不要把胶合板钻穿了。

7 用螺丝将法兰盘固定在胶合板上。

8 将之前制作好的摄影推车翻面。我们将在推车甲板上进行和之前一样的操作。

首先找到推车甲板的中心点位置。

 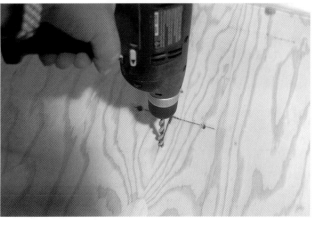

用直径为⅝₁₆英寸（8mm）的钻头在甲板上标记的4个位置上钻孔。

然后将另外一个法兰盘同样比照甲板中心点的位置摆上去，通过其边侧的4个孔在甲板上做标记。

将螺栓分别从孔中插入，直到将地毯插穿。

将法兰盘套在刚刚插的螺栓上，拧紧螺母，把法兰盘紧贴甲板固定住。

如果螺栓伸出的部分过长，请用钢锯或断线钳将多出的部分锯掉。

连接云台

 为垫圈套上直径为$\frac{3}{8}$英寸（9mm）的螺栓。

将其插入底座中心的钻孔中（请务必从装有法兰盘的这一侧插入）。

将云台上的螺栓孔套入底座上的螺栓。

拧紧螺栓。

成品如左图所示。

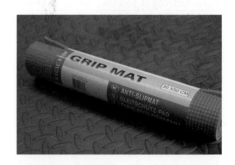

上图所示是我从"一元店"里淘到的一张防滑垫。你可以用来做衬垫的东西比比皆是，只需用喷胶将它粘上去即可。

注意：
我个人并没有在胶合板质的平台上转动云台这一问题上遇到麻烦。但是如果你不巧碰到了，你可以用将一小块垫子粘在胶合板的顶部来轻松解决它。纵观全书，你会发现我用了不计其数的物品来充当这种垫子贴在底座上，包括瑜伽垫、工具箱衬垫以及地板垫等。

安装摄影台座

这部分内容相当简单。

你需要一根直径为2英寸（50mm）的管子、一副管带锁钳，以及已经装在底座上的云台。

将管子装在法兰盘上，管子的长度可以根据你的需要决定。

用管道锁钳将其拧紧。

然后将带有底座的云台装到管子顶部。这样就完成了。在本例中，我所完成的摄像台座高度为3英尺（90cm）。

想做一个高度为4英尺（120cm）的台座吗？只要用接环接上一根12英寸（30cm）长的水管就可以了。

任何高于或等于4英尺（122cm）的台座都可以这么做，并且你还能用三脚架来代替。

还需要像摄影机地台一样的东西吗？你可以通过使用一根更短的管子来实现。

怎么样，这些方法你都学会了吧。现在，你能在不耗费过多钱财的情况下，只靠使用长度不同的两根管，就轻松地将摄影机固定在不同高度上了。

第4章 《赤裸之吻》式倒置推车摄影机支架

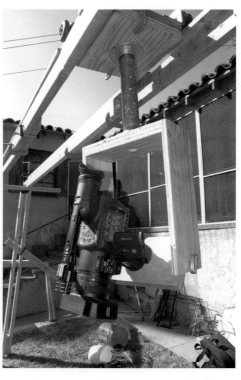

为什么你需要制作本章介绍的这套设备呢？设想一下你身在一个不能将摄像轨道铺平的地方，比如不平坦的山地或是我的公寓里（如果你见过我的公寓，你就会明白为什么我这么说——我的公寓里堆满了东西，几乎没有可以落脚的地方）。在多数情况下，导演们在这样的环境中都不会使用摄影推车进行拍摄。现在你不用非得将推车悬空放置了，我必须指出的是，本书中我所建造的高架摄影轨道并非是我心甘情愿搭建的。如果哪天我打算上山待几天，我肯定更愿意带那些容易被挪动和建造的设备。此外，还有这样一套设备，它能在两棵树中间通过两根拴在两侧栅栏上的电缆运行，你觉得如何？将电缆穿过聚氯乙烯管（PVC），并在两颗树之间对其进行拉动就可以了。只要发挥想象，你就能找到多种悬挂推车轨道的方法。我将在本章结尾部分向你介绍其中一些。

物料清单

☐ ¾英寸（19mm）厚的胶合板一张。大小取决于你使用的摄影机。你还需进行本章后面讲到的测量。如果你希望现在就能购买到在任何条件下都能使用的板子，那么一张宽2英尺（60cm）、长4英尺（120cm）的胶合板对于任意大小的摄影机来说都是足够大的。

☐ 内孔直径为2英寸（50mm）的法兰盘两个

☐ 长12英寸（30cm）、横截面直径为2英寸（50mm）的水管一根。当你将摄影推车倒置悬挂时，你需要在摄影器材和轨道间留一些空隙，从而避免在转动摄影器材时撞上轨道。不管你使用什么样的轨道，预留出较大的空隙可以减小碰上轨道的几率。如果你不打算转动摄影机，你完全可以不使用法兰盘或这种管子。也许你在某一位置进行拍摄时会需要转动摄影机，因此我建议你继续阅读并尝试建造一些此类的器材。

☐ 垫子，这是为安装摄影机或云台准备的。在本次制作中，我所使用的是一块门垫。你也可以使用瑜伽垫、工具箱衬垫、泡沫垫或鼠标垫等。本书中，我使用了大量不同材料的垫子。

☐ 2个内孔直径为¼英寸（7mm）或者更大的基米螺丝，用来嵌套螺栓。我使用的基米螺丝内孔直径为⁵⁄₁₆英寸（8mm）。基米螺丝是一种小型的筒状物，其内孔有螺纹，用来拧入螺栓，外部则有自攻螺纹。如果你曾经做过宜家的家具，你可能见过一些不同类型的基米螺丝。

 或

直径为1/4英寸（7mm）（或者更大点）的公头旋钮2个。我使用的旋钮自带的螺栓直径为5/16英寸（8mm）。这些螺栓用来配合基米螺丝，因此，如果你找不到5/16英寸（8mm）直径的螺栓，你应该按照旋钮上螺栓的螺身直径大小，为其选择合适的基米螺丝。我使用的是用在道具架上的金属旋钮。如果你不在一线城市生活，你可能很难弄到它，不过塑料旋钮用起来也不错。你需要的螺栓长1 1/2英寸（38mm）。

如图所示，基米螺丝被套在了旋钮的螺栓上，这样你就能清楚地知道你应该买什么了。

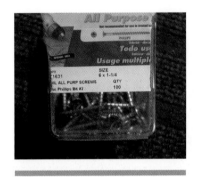

长1 1/2寸（38mm）或更长的木螺丝10个

你制作摄影台座了吗？如果做了，你将要用到同样长1 1/2英寸（38mm）的大胖木螺丝，总共要8个。

木材处理剂一瓶，如聚氨酯。如果你不关心整部器材的外观，你也可以不使用它。

工具清单

木锯一把，用来锯胶合板。图中所示的是一把手锯，但这并非最佳选择。个人认为，大多数人最有可能选择一把电圆锯进行这项工作。如果有台锯就更好了（我也想要一把！）。

电钻

十字钻头一支，这是插在电钻上使用的。

☐ 直径为½英寸（50mm）的钻头一支。注意，钻头的尺寸由基米螺丝决定。你能在基米螺丝的包装袋上找到关于它们适用于什么型号的钻头的说明，因此请在离开五金店前检查一下。

☐ 直径为5/16英寸（8mm）（或与旋钮螺栓大小一致）的钻头一支。它的直径可以稍微大一点，但绝不能小。

☐ 直径为3/8英寸（9.5mm）的钻头一支。它的直径可以稍微大一点，用它钻出的孔，用来将云台固定在推车上。

☐ 直径为3/8英寸（19mm）的钻头一支。也许你在建造整套器材时并不需要用它，但如果你需要用的话请参考制作步骤第10步。

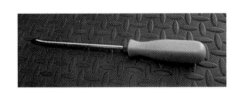

☐ 大号的平头螺丝刀一把

☐ 长杆夹钳一把，开口至少为2.4英寸（0.6m）长。

☐ C型夹钳6个。夹钳开口为3英寸（76mm）就足够了。

☐ 组合角尺一把

☐ 卷尺一把

☐ 木胶

☐ 电动磨砂机一台,用来美化的设备。　　☐ 美工刀一把　　　　☐ 罐装黏合剂　　☐ 绝缘胶带

开始动手吧

① 如右图所示。A面和B面均为一块厚度为$\frac{3}{8}$英寸(19mm)的胶合板,而顶部、底部和推车支架则分别是用两块厚度为$\frac{3}{4}$英寸(19mm)的胶合板粘成的。

推车支架是边长为12英寸(30cm)的正方形板,因为这个大小和我的推车大小一致。所有设备箱的边长均为6英寸(15cm),其尺寸取决于你的摄影机。为此,让我们做一些测量吧。

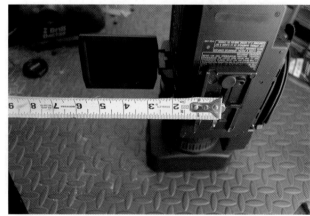

② 打开摄影机屏幕。现在开始测量从摄影机安装孔到打开的液晶显示屏边缘的距离。记下这测量结果并把它乘以2。也就是说,如果测量距离是6英寸,那么总的距离就是12英寸(30cm)。

无论你的测量结果是多少,请切4块6英寸(0.15m)宽的胶合板。把它们分两组分别用木胶黏合在一起,用夹钳夹住。如果你已经制作过《绣巾蒙面盗》式摄影推车,你现在应该是个老手了。

如果设备箱的顶部和底部大小是完全相同的，你就可以进行下面的操作了。

3 将摄影机安装在云台上并将其摇至左图所示的角度。测量云台底座到摄影机最高点的距离，并在此基础上加4英寸（100mm）。我的测量距离是13英寸（33cm），加4英寸（100mm）后最终的测量结果是17英寸（43cm）。你不一定要在本款推车上使用云台，但无论如何，这的确是一个不错的选择。

为A面和B面切两块17英寸（43cm）×6英寸（15cm）长的胶合板。这次你不用像做顶部和底部那样将板子叠在一起。

4 你做过那款小型摄影推车了么？这款推车使用起来非常方便，所以如果你没有制作过，我打算告诉你如何制作。我使用的推车甲板是12英寸（30cm）的正方形，因此我打算将《赤裸之吻》式倒置推车摄影机支架的支架部分做成同样大小的。切两块与推车大小一样的¾英寸（19mm）厚的胶合板。

把它们黏合在一起，并用夹钳夹紧，直到胶水彻底晾干为止。

 等底部胶合板的胶水干了，就可以将夹钳移开。

测量夹板宽边的长度，然后将结果减半。我的夹板宽边是6英寸（15cm），减半后就是3英寸，然后在中间点做一个记号。

再从底部的中点位置进行测量，做一个标记。因此，1½（38mm）英寸厚的板子中点位置将在离底部¾英寸（19mm）的地方。

6 用夹钳将胶合板夹在工作台上。

将钻头放在板端十字标记的正中位置钻一个孔，这是为插入基米螺丝准备的。我使用的基米螺丝插孔为½英寸（50mm），因此我使用了直径为½英寸（12.5mm）的钻头。请确保钻孔时钻头的工作路径平稳且笔直！

7 将基米螺丝插入孔中。确保是笔直插入的！

用大号的平头螺丝刀将基米螺丝插入孔并拧紧。

确保螺丝被拧紧，这样它的表面会略低于胶合板板面。

请确保旋钮尺寸合适！

现在把底座转过来，在其另一侧进行同样的操作。

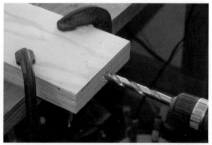

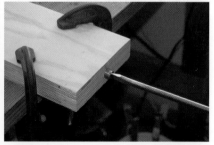

8 找到用来当作顶部的那块胶合板。确定中心点，并用大木螺丝将法兰盘固定在胶合板上。

9 确定胶合板A侧面的钻位。测量出胶合板宽边的中点并做上标记。

然后从底边起向上测量3/4英寸（19mm），画一条与第一条标记线相交的短线。

最终的标记看起来应该是这样的。

通过该标记的中心点位置钻一个直径为5/16英寸（8mm）的孔。[如果你的旋钮螺栓直径是1/4英寸（7mm），则应通过此标记钻一个直径为1/4英寸（7mm）的孔。]

看看你的旋钮螺栓是否足够长。因为我使用的是讨厌的花木旋钮，所以螺栓长度不够！如果你的螺栓长度足够了，就可以进入第10步。在B面进行同样的操作。

10 用1/4英寸（19mm）宽的孔锯钻一个1/4英寸（7mm）深的洞。记得不要把板子钻穿了！

如上图所示。

现在，旋钮的位置足够低了，因此能获得超出板子的一些额外长度。

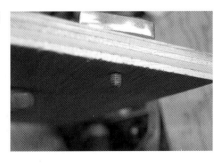

⑪ 准备好木胶、插上十字钻头的电钻、木螺丝、组合角尺、长杆夹钳，以及A、B面和顶部的胶合板，并将木胶均匀地涂在顶部胶合板的两侧边缘面上。

将A面对准顶板一侧边缘面、B面对准另一侧边缘面放置，用组合角尺确认连接处是否是直角，并用长杆夹钳将侧面与顶面的直角位钳住。在这种情况下，只要你的顶板切割精确，连接面之间所形成的角度就一定是直角。

⑫ 用夹钳继续钳住胶合板，用电钻将木螺丝拧入其中一个侧板。并在另一个侧板上进行相同的步骤。

现在你可以把钳子拿下来并多添加几个螺丝。虽然这看上去不太漂亮，但是够稳健和牢固。

⑬ 加入底板，将其套在旋钮螺栓上，试试看应该如何将它倾斜转动，然后拧紧旋钮。你是否将它固定在了你想要的位置上？

⑭ 卸下旋钮，将底板拿开。我们要添加一些小孔来安装摄影机或云台。

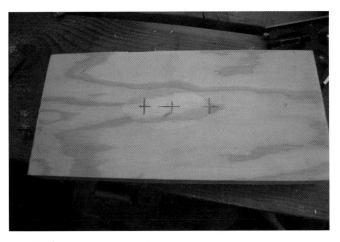

确定中点，并做上标记。然后，为了更好地测量，再在中心标记的两侧各做一个标记，如左图所示。

用直径为$\frac{3}{8}$英寸（9.5mm）的钻头（或更大一点）通过标记在底板上钻孔。

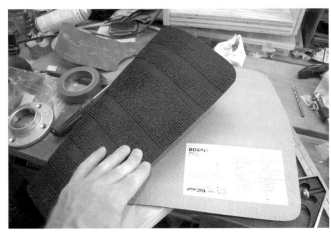

用美工刀沿摄影机平台边缘剪裁将要铺在平台上的垫子。

⑮ 现在我们需要进行一些填充。我准备使用一个廉价的门垫。门垫的橡胶底能为摄影机支架起到不错的衬垫作用。我发现这东西在宜家花不到2美元（约合人民币12元）就能买到。

⑯ 这就是门垫的顶部，但我将它当作底部使用。

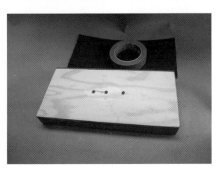

由于我使用的是罐装黏合剂，而不希望将它喷到平台的侧边上，所以我事先用胶带将平台侧边贴住。

请按照说明操作罐装喷漆。通常情况下，你需要给待黏合的两个面都喷上漆，等待一会，直到它们晾干为止。

小心一点，因为当你将垫子铺到喷过黏合剂的平台上后，如果稍有偏差它将很难移动。

⑰ 在等待黏合剂变干的时候，将第二个法兰盘装到推车支架上，使用木螺丝将其与支架连接，就像第8步进行的为顶部安装法兰盘一样。

⑱ 垫子晾干后，你需要在上面添加一些孔。这种材料是很硬的！我是这样做的，用直径为$\frac{3}{8}$英寸（9.5mm）的钻头钻孔，直到将垫子钻穿为止。但这看上去还是很难看，所以我用鱼嘴大力钳钳住直径为$\frac{3}{8}$英寸（9.5mm）的螺栓，并把它放到炉子上进行加热。一旦它足够热，我就用它通过垫子孔的橡胶部分从而使其融化。虽然这看起来并不完美，但能很好地投入使用。

⑲ 这一步是选做，能使设备外观显得更好看。对胶合板进行打磨，并对其进行一些适当的处理，如喷上聚氨酯。

请确保在处理木材之前盖好你的法兰盘。

使用方法

把直径为2英寸（50mm）的水管拧入推车支架顶板上的法兰盘。

将架座部分安装到水管的顶部并拧紧。

用两个C形钳夹将推车固定在支架底座上，如左图所示。

如果你打算使用云台，可以直接安装它。

现在你可以把它挂上推车轨道了

很多方法都能实现这一步。真的，特别是如果你只需用推车进行短距离的运行，如运行距离为10英尺（3m）以内。下面我将为你介绍其中的两种方法。如果你需要让推车进行长距离悬空运行，请给我的邮箱dan@DVcameraRigs.com发电子邮件，我确信我们一定会想出解决办法的。

一个非常简单的方法是使用一些管夹，并按推车两侧车轮的正确间距将它们装到一块木板上。你需要两套这样的设备，分别用来放在移动轨道的两端。

将装好的模板安装在三脚架、梯子或其他可调整的便携式器材上，如一个音箱架（你可以在任何乐器供应店找到）。我使用直径为$\frac{3}{4}$英寸（19mm）的电导管作为轨道。但你不能真的将电导管接在一起使用，不过对于短距离的运行，它能工作得很好。如果你有直径更长的导管，可以用它来做长度更长的超过10英寸的轨道了。

将推车放在轨道上并将其与摄影机支架连接，然后就可以继续后面的步骤了！

现在将要面临的是轨道设置这一大难题。我只是想告诉你那些横截面为2英寸×4英寸的木条和夹钳能用来做些什么。我当然不会永远使用这样的装置，但如果你正在寻找一种能让你使用推车进行拍摄的方法，它是可以做到的。

请看一下推车轨道上聚乙烯管（PVC）与长木条连接在一起的部分。

这台摄影推车的运行距离差不多是20英尺（6m），所以为了支撑推车轨道，我用C型夹钳将3块横截面为2英寸×4英寸的木条夹在一起使用。当然，你需要在每边都放上3块（或者按你的所需放多少都可以）。

把PVC轨道放置在一起，用螺丝将它与2英寸×4英寸的木条固定在一起。

用摄影推车的间隔来确定两条轨道之间的距离。用一些大型的C型夹将一块横跨轨道两端的短一些的2英寸×4英寸木条，分别与两侧的木条固定在一起，以保持轨道之间的正确间距。

如图所示，运行轨道的一端坐落在栅栏上。在另一端，你可以看到我将一堆2英寸×4英寸的木条捆在一起来支撑轨道。就像我说的，我可不想总干这种事！

设备是如何工作的

一般来说，这是很清楚的。但还是让我们说一下你想让摄影机在云台允许的活动范围之外进行摇拍的这种情况。在你组装设备的时候，先把其中一块法兰盘拧紧，然后再向回拧一圈。现在，你可以在法兰盘的螺纹上转动摄影机了，就好像在玻璃上转动一样光滑。

如果你想让镜头能垂直向下，请将旋钮稍微松开一点，并将平台倾斜，然后再将旋钮拧紧。我甚至在没有云台的情况下进行过此项操作，因为即使没有云台，这款设备在平摇和直摇控制上也能得心应手。

现在你可以让推车跨越大多数物体：山涧、一面墙、崎岖之地……我甚至还用这套设备穿过一条小巷，并将轨道架在两个屋顶之间。用你的想象力把观众带到更高更远的地方去吧！

第5章 《死角》式摄影轨道

《死角》式摄影轨道简介

摄影推车通常要架在摄影轨道上使用。用PVC管制作摄影轨道是最简单、最经济的方式。

在本章中，我们将以几种不同的方式使用PVC管轨道。"超级简单式"就是把PVC扔在地上直接使用。但大多数时候我们需要把PVC连接成轨道使用，纵使这会消耗更多的时间和精力。

我喜欢PVC轨道的原因有很多：它最大能承受1吨的重量，很容易连接，并且当推车经过轨道接口时也不会遇到什么凹凸不平的部件（这是所有摄影轨道最棘手的问题，哪怕是专业轨道）。

物料清单

这是为20英尺（6m）轨道准备的材料。如果你需要更长的轨道，则要准备更多材料。

☐ 4段长10英尺（3m）、直径为¾英寸（19mm）的PVC管。五金店有两种PVC管，一种是薄壁的，一种是厚壁的。我们择后者。你还可以选用直径为1英寸（25mm）的PVC管。两种直径的PVC管都没问题。

☐ 2个直径为½英寸（14mm）的外丝直接头。如果你打算制作更长的导轨，那么需要更多的外丝直接头，每连接两段PVC管就需要一个。如果你用的是直径1英寸（25mm）的PVC管，那么你需要直径为¾英寸（19mm）的外丝直接头。

可选物料

你还可以做一个小轨道撑。把它放在一组轨道上，保证这组轨道互相平行，从而使摄影推车的轮子能够轻松行走。

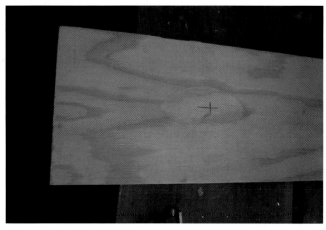

1块3~6英寸（76~152mm）宽、¾英寸（19mm）厚的胶合板或者松木。这块木料的长度至少应该为你摄影小车一组轮子的间距再加2英寸（50mm）。

4根宽约1英寸（25mm）的小木方。它们的长度应等于上面那块木料的宽度。

8个长度足以穿过大木料后还能拧到小木方里的木螺丝。

工具清单

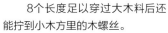

☐ 鱼嘴大力钳或者其他钳子

轨道撑部分的工具清单

电钻

电钻用十字批头

开始动手吧

你只需做如下操作，真是再简单不过了：

① 先把外丝接头的一半拧进直径为¾英寸（19mm）的PVC管中。接着把另一段PVC管拧在上面。这样一来我们就把两段10英尺（3m）长的轨道变成了一段20英尺（6m）的轨道。使用一段时间后，PVC管会逐渐磨损直到再也无法固定住外丝接头。解决办法很简单，只要切掉1英尺（30cm）左右磨损的PVC管并重新制作接头就行了。

嘿！Dan！我做起来可没你那么轻松！我的外丝接头拧不进PVC管啊！

别担心。并不是每个人都像我一样孔武有力。

② 先用鱼嘴钳夹住外丝接头的中部。再把外丝接头拧进PVC管。

仔细一点儿，你必须笔直地把它拧进PVC管里。一旦拧进去了一半，就在上面拧上另一段PVC管。

"你疯了吗？这还是太难了啊！"

是的，由于制造过程中的差异，有时候很容易就能拧进去。而有时候却几乎不可能拧得进去。

③ 用鱼嘴钳夹住外丝接头的中部。

④ 在炉子上给外丝接头加热一下。
千万小心：真的很烫！

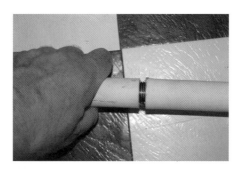

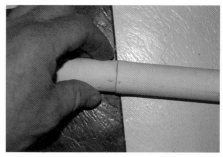

5 小心地把外丝接头拧进PVC管一半。加热过的接头能很轻松地在PVC管内壁攻出螺纹。完成后，让它冷却一会儿，然后把外丝接头拧出来。另一段PVC管做同样的操作，最后把外丝接头的一半留在PVC管里。对，留在里面就行，这样一来就做完了。

6 现在两段PVC管应该很容易用手拧在一起了，因为那段PVC管里你刚用热外丝接头攻出过螺纹了。

> **警告：**
>
> 如果你的外丝接头过热，它会直接融化PVC管的内壁而不是攻出螺纹。具体加热多少要靠经验去判断。如果你搞砸了，别慌，把那段作废的PVC管切掉，重新做就行了。

你也可以用鱼嘴钳或者其他钳子把两段PVC管拧在一起。但请千万小心不要把PVC管夹得过紧，否则PVC管很可能破裂。

7 切割PVC管。使用斜切盒和锯子切割PVC管，这非常简单。理由是PVC管的切口必须笔直，否则两段PVC管就无法完美地接在一起，摄影推车在轨道上就会遇到沟沟坎坎。为了便于携带，我通常把10英尺（3m）长的PVC管切成几个4英尺（1.2m）或者5英尺（1.5m）的小段。记住，每多切一下，你就需要多一个外丝直接头。

制作轨道撑

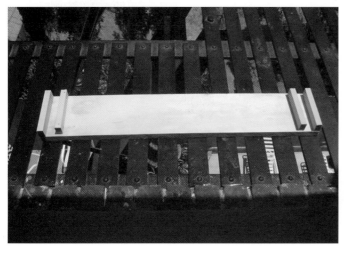

好了，我们现在来做轨道撑，它能让轨道的间距始终与摄影推车轮距保持一致。轨道撑并不是必需的，但它能让事情变简单。

首先找来一块木料。把摄影推车架在轨道上。木料的长度至少要超出此时的轨道几英尺（1英尺=0.304 8米）。

切割出4段长度为大木料宽度的小木方。

把小木方夹在PVC管轨道两侧，再用螺丝拧到大木板上。大木板的两端都要做。如果你喜欢，还可以在轨道的另一端做另一个轨道撑。我通常用轨道撑撑好导轨的一端，用沙袋压好，再去调整轨道另一端（参阅后面章节介绍的裤腿式沙袋，非常容易制作）。轨道撑不用做得很漂亮，它只是用来保证轨道间距与推车轮距相同。

这就是轨道撑在长轨道中的应用，同时还有助于轨道的水平。如果你在室内或者平坦的户外进行拍摄，这种轨道使用方式就很不错。有时在水泥地上铺设轨道会产生一些震动，铺设轨道之前在下面垫些毯子能有效改善这种情况。在电影界这种毯子被称为消音毯。它们是一样的东西，只是价格贵了一倍以上。如果PVC管轨道需要在特殊地面上工作，使用第6章中的"复仇式轨道垫"是一种既酷又有效的方式。

地面不平整时应把轨道铺设在木料上

如果你想在户外不平整的地面上使用摄影推车，你需要用PVC轨道保持摄影推车水平。把轨道架设在木料上就能有效地克服崎岖地形带来的影响。

物料清单

☐ 你需要1根10英尺（3m）长、直径¾英寸（19mm）的PVC管和1块长8英尺（2.45m）、3~6英寸（80~150mm）的木料。我用的是宽3英寸（76mm）的松木板。但如果你有大量的轨道需要垫，把¾英寸（19mm）厚的胶合板切成几块4英寸（100mm）的木条最经济、最实用。

☐ 4个1英寸长的木螺丝

工具清单

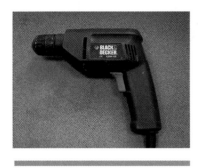

☐ 电钻

☐ 1个直径比1英寸长木螺丝直径稍小的钻头

☐ 1个直径比1英寸长木螺丝螺丝头稍大的钻头

☐ 1把螺丝刀。如果你的螺丝头是十字的，那么你的螺丝刀也应该是十字的。

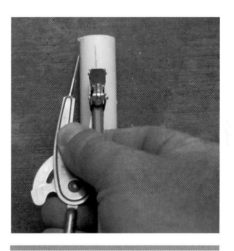

☐ 1个两脚圆规。就是那种小学生用的圆规。

可选部分

1台电钻架。现在，我们需要权衡一下。电钻架在本项目和书中其他摇臂项目中是必需的，买电钻架大约要花35美元（约合人民币220元）。一台钻床要约100美元（约合人民币630元），比电钻架贵约70美元。如果你想做本章后面的专业型轨道，你必须用到钻床。因此，到底买钻床还是买电钻架，好好想想吧。

开始动手吧

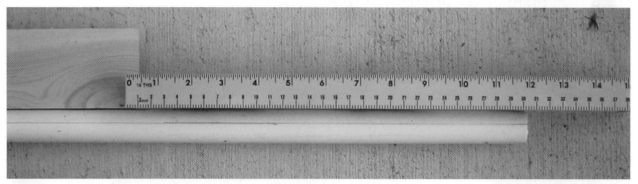

1 把圆规针脚的一端顶在PVC管侧面,铅笔一端放在PVC管顶端。保持这个角度不变,小心翼翼地在PVC管顶部画一条贯穿整个PVC管长度的直线。直线所在就是PVC管的顶部。

2 把PVC管紧挨着木板放好,调整PVC管的位置,使其两端各超出木板两端1英尺(30cm)。

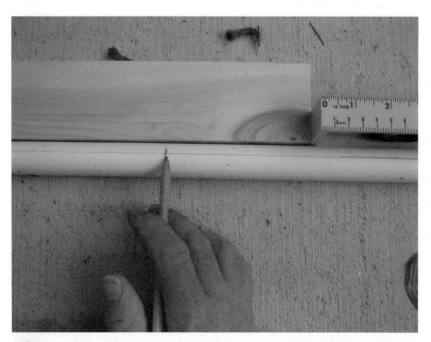

3 从木板一端向中间量出5英寸(130mm),在PVC管顶部画一条与顶线相交的短线。

在另一端做同样的操作。

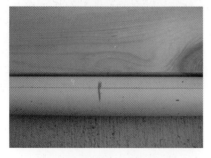

在PVC管上顶部、两处标记之间再做两三个标记点。

④ 用小号钻头在PVC管顶部标记处钻几个贯穿PVC管的孔。我使用的是直径$\frac{3}{32}$英寸（2.38mm）的钻头。只要确保钻头比木螺丝直径稍小即可。钻孔时我使用了电钻架。它真的能帮我把孔钻得笔直。当然使用钻床也不错。

⑤ 现在换上稍大号的钻头。钻头直径必须比木螺丝头大。我的钻头直径是$\frac{5}{16}$英寸（8mm）。

然后沿着刚钻的小孔在PVC管的顶部钻孔。这次不要贯穿PVC管的两面，只钻穿顶面！

如右图所示，PVC管顶部钻的大孔只是为了能让木螺丝能伸进到PVC管底部。

6 把PVC管摆在木板中部，从顶部的大孔中把木螺丝拧在每一个孔里，从而把PVC管固定在木板上。在拧螺丝前先确认一下PVC管是否笔直。

这样一来我们就完成了。

嘿！Dan，等一下。为什么照片中相连处轨道下面的木垫之间的距离这么短，我做的却不是？

那是因为我用这些轨道拍摄过很多次，轨道里的螺纹被磨损得不能再用了。我只能一次又一次地切短PVC管来制作新的螺纹。我使用了很多次这种轨道，所以才得出了关于PVC管螺纹磨损的结论。

在第9章中，我们将介绍比这些2×4木料垫更结实的专业轨道垫。

如果你在拍摄时用到了一节以上的轨道，最好在轨道接头处垫上小木块（小木块的厚度必须与你的木板垫板一致）。同时，你可能会认为拧在一起的轨道很难安装在木垫上，但其实一点也不难。

第一部分　摄影推车

第6章 《复仇》式轨道垫

《复仇》式轨道垫简介

《死角》式摄影轨道的另一种选择

这东西是我的宠物狗Silvie的最爱。当使用轨道时，有时候你遇到的是平整的表面，而有时却是砖块、木条地板等不平整的表面，这时你就不能简单地把轨道直接铺在上面。使用本章介绍的软垫能让轨道变得笔直、稳当，同时还能保护地面。软垫会让你的轨道在砖、瓦或是不平整的混凝土表面为摄影推车平滑的移动提供保障。

物料清单

□ "耐疲劳"弹性地砖。你可以在大部分五金店或者汽车用品店买到它们。它们是一块块2英尺（0.6m）见方、可以相互连接的橡胶垫。通常6块一套。

工具清单

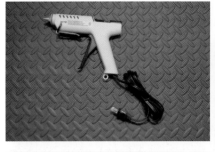  

☐ 一把热熔胶枪和一大包热熔胶棒。我喜欢用那种长热熔胶棒，因为它不需要频繁更换。

☐ 一把刀片崭新的美工刀

☐ 一把平尺

开始动手吧

1 先把橡胶垫连成一个长条。然后用你的美工刀和平尺切掉两侧的接口部分。

2 在垫子上横向测量，每4英寸（100mm）做一个标记。

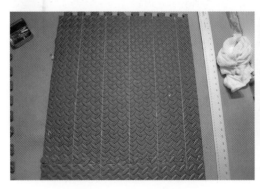

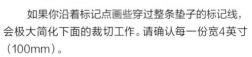

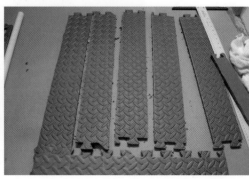

3 用美工刀沿着标记线把垫子一路切开。边上会剩下些宽度不到4英寸（100mm）的窄边。先把它们放在一边，一会儿我们还会用到。

如果你沿着标记点画些穿过整条垫子的标记线，会极大简化下面的裁切工作。请确认每一份宽4英寸（100mm）。

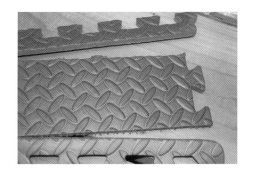

4 接下来我们把那些带边的垫子角料粘在垫子主料上，做一个固定PVC轨道的沟槽。

在那些带边的角料背面涂些热熔胶。

然后把它们与4英寸（100mm）宽的垫子主料对齐。

再把角料摆好粘在主料上。动作要快一点！这种热熔胶干得非常快。在主料的两侧都粘上角料。你很可能要切掉角料两端多余的部分，好让它下面的垫子能用两端的接头连在一起。

如果你的轨道在垫子上不老实，用那些切下来的角料做这种固定槽吧。

5 现在把所有PVC轨道和轨道垫都连接好，再把PVC轨道放在轨道垫的槽里。

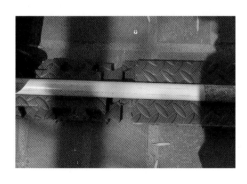

如果两端轨道垫不能通过接头连接在一起。没关系，直接把它们挨着铺在地上也行，不用非得通过接头连接在一起。

这样我们就完成了。你一定会对这种廉价垫子在崎岖表面上的稳定表现感到惊喜不已！

第7章 《盗贼公路》式摄影轨道

《盗贼公路》式摄影轨道简介

因为你使用跟我一样的推车滑轮设计（你是跟我一样的，是吧？），这种滑轮能应用在许多种不同类型的轨道上。

《盗贼公路》式摄影轨道是使用角铝材连接在一起的轨道，它像其他轨道一样可以为拍摄提供基本的功能。唯一一点不同的是，它比PVC管轨道贵一些也结实一些，但比第8章中介绍的《玻璃钥匙》式专业摄影轨道要便宜得多，也易用得多。

在开始这个项目之前，请务必先阅读附录部分的"金属加工"——这非常重要！请一定先阅读附录（否则你很可能弄伤眼睛或者被一块金属穿透肾脏）。你最好把附录那几页折起来，来回翻看，在本书中你永远离不开那部分内容！

现在让我们先来看一下《盗贼公路》式摄影轨道。

它就是把角铝材简单的架在木垫上，并让推车滑轮在角铝材顶部的棱角滑行。

轨道之间用一小片铝材和螺栓连接。

这种轨道很坚固，它甚至能把小型摄影推车稳稳地架在半空。

我通常只是把轨道垫在木块上，并让轨道保持与推车轮距相同的距离就开始用了。但如果你会焊接，你大可以每隔4英尺（1.2m）、5英尺（1.5m）就在接口处把轨道焊接起来。看一眼《玻璃钥匙》式专业轨道，它就是用固定接头的方式制作的。

物料清单

☐ 你需要些角边长至少为 1½ 英寸（38mm）、厚至少为½英寸（3mm）的角铝材，这是底线了！你肯定可以找到角边长2英寸（50mm）、厚度比½英寸（3mm）更厚的材料。我喜欢选用¼英寸（7mm）厚的，因为它们非常结实，但同时也更加昂贵。你可以自己决定角铝材的长度。我把角铝材切割成每段4英尺（1.2m），这样更加便携。当然如果你需要在狭窄的空间内使用轨道，可以切得更短。轨道分段越多，你需要制作轨道连接部分的工作量就越大。

☐ 为了连接这些角铝材，你需要一些铝条：长6英寸（15mm）、厚½英寸（14mm）、宽度与你角铝材的角边相同。我的角铝材角边宽1½英寸（38mm），因此我需要的铝条宽度也为1½英寸（38mm）。当然你也可以找稍微宽一点儿或者窄一点儿的。铝条的长度最短为6英寸（15cm）。铝条的长度越长，轨道的强度就越强。因此，如果你计划在没有支撑的户外使用长轨道，那么接口处的铝条越长，你的长轨道就越靠谱。

☐ 一些直径¼英寸（7mm）、长½英寸（14mm）的机械螺丝。

可选物料

这个看起来一团糟的东西是我做的钻模。它能保证你在每段轨道上钻的安装孔都在相同的位置。如此一来，你就不用操心具体哪段轨道应该搭配哪个铝条，并将其安装在哪段轨道上了。

好，既然说到这儿，让我们先好好想一想。除非你所有角铝材的每一端都切割得完美且笔直，否则制作左图中这样一个钻模就是浪费时间。如果我对自己的切工没什么信心，那么我会把相邻的两段轨道始终连接。具体地说，如果我把1段10英尺长的角铝材切成了两段5英尺长的角铝材，那么当轨道做完之后，每次拍摄时我都会把这两段轨道连接在一起。我们可以简单地把相邻的轨道用彩色胶带标记出哪端连接哪端。同时，这样做还能放宽你对轨道连接处机械螺丝位置精度的要求！

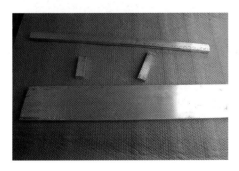

如果你想制作并使用钻模，你需要1块长7~12英寸（17~30cm）、比你的角铝材角边宽½英寸（14mm）宽的平铝板。你还需要1根厚¼英寸（7mm）、长度与平铝板相同的铝条，还有两小段长度足以跨越铝平板宽度减去铝条宽度所剩余宽度的小铝条。我的一根小铝条要比另一根小铝条长一些，原因是我懒得去掉它多余的长度。小铝条过长不要紧，只是不能过短！

《盗贼公路》式摄影轨道简介

☐ 台钳

☐ 钢锯或是其他金属切割设备

☐ 螺丝刀

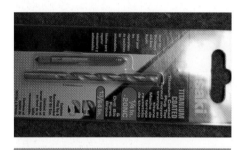

☐ $\frac{1}{4}$英寸（7mm）丝锥及配套的钻头。丝锥就是可以在金属上钻好的孔中攻出螺纹，让螺丝能拧进去的工具。你可以买成套的丝锥和配套钻头，但是套装会贵一些。去汽车配件市场买单独的、与所需钻头配套的丝锥会便宜很多。如果你之前没用过丝锥，相信我，它很简单并且非常酷。

☐ 丝锥扳手。你需要用丝锥扳手才能把丝锥拧进铝材中。

☐ 直径 $\frac{1}{4}$ 英寸（7mm）的钻头

☐ 切削油

☐ 手电钻

☐ 金属锉

☐ 4个C型夹。看，我是不是在摄影推车章节就告诉过你会需要很多这东西？

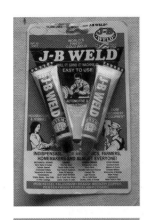

☐ A-B胶（只有在你制作钻模时才需要）。这东西是黏合金属的利器。

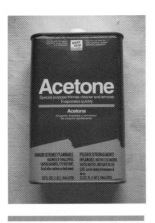

☐ 丙酮。如果你用A-B胶就需要用丙酮。它可以在你涂胶前彻底清理金属表面。

☐ 记号冲或者中心冲。如果你做过摄影推车，那么你已经知道这是干什么用的了。如果你还不知道，先随便挑一个，我们一会儿再用。

☐ 锤子

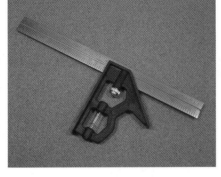

☐ 组合角尺

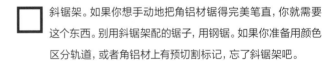

☐ 斜锯架。如果你想手动地把角铝材锯得完美笔直，你就需要这个东西。别用斜锯架配的锯子，用钢锯。如果你准备用颜色区分轨道，或者角铝材上有预切割标记，忘了斜锯架吧。

开始动手吧

1 把角铝切割成你想要的长度。我通常切割成每段4英尺（1.2m）或5英尺（1.5m）。如果你有更便捷的携带、运输方式，你甚至可以把角铝切割成每段8英尺长。但如果每段长于8英尺（2.45m），你就是在自找麻烦了。如果拍摄空间只有8英尺3英寸长，而你的轨道长10英尺，显然不行。因此你可以混合连接不同长度的轨道，不必每段都等长。目前来说轨道长度并不会对你操作摄影推车造成影响。

2 切割铝条。我的铝条长6英寸（15cm）。6英寸是底线了！铝条被用作把轨道连接在一起，因此每连接两段轨道我们就需要一个铝条。假设你一共有4段轨道，那么就需要两个铝条。

制作使轨道规格统一的钻模

3 如果你想制作使轨道规格统一的钻模，我们现在就做。
但如果你想少头疼并用色彩标记不同轨道，请直接跳过这部分。

找来你的平铝板和小铝条。小铝条共有3段：一段是和平铝板等长的长铝条，另外两段是与平铝板宽度相近的短铝条。

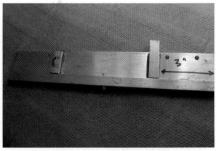

4 用丙酮彻底清洁这些配件。你必须这样做，否则A-B胶会粘不牢。

我们用来连接轨道的铝条有多长呢？如果像我的一样是6英尺（15cm）长，取一半的长度3英尺。如果你的铝条长12英尺，取一半长度6英尺。用组合角尺量一下就知道了。

把组合角尺顶在平铝板的一端，量出3英尺（以我的案例为例），再用记号冲在3英寸处画一条直线标记。在另一端做同样的操作。

5 按照包装上的说明混合些A-B胶，并不需要太多。只要够涂满3个小铝条的一面即可。

如左图所示，把3个小铝条粘在平铝板的一面上。长铝条与平铝板底边对齐。两个小铝条粘在两处标记线内，同时底边挨着长铝条。用你的组合角尺保证它们互相垂直。

用夹子把刚才粘过的部件夹住，等A-B胶晾干。记得用丙酮清除多余的A-B胶。

6 把摄影推车如右图所示那样架在轨道上。
在角铝外侧标记出摄影推车滑轮底部的位置。

连接轨道的机械螺丝必须在这条标记线以下，才能避免与推车滑轮冲突。

用组合角尺测量一下滑轮底部标记以下还有多少距离。把这个数值记下，再取其一半。最终得到的数值就是从角铝底部向上算起，安置机械螺丝、同时又不会影响推车滑轮的安全位置。

7 等钻模上的A-B胶彻底干了之后。在钻模上从底部起量出第6步得出的安全距离，用记号冲在钻模边缘与垂直的小铝条之间画一条直线。在钻模的另一端做同样的操作。

现在，把组合角尺锁定在1英寸（25mm）。然后把组合角尺顶在钻模的一端，画一条与靠近底部的标记线相交的短线。在钻模的另一端做同样的操作。

再把组合角尺锁定在2½英寸（63mm），画一条与靠近底部的标记线相交的短线。在钻模的另一端重复这个操作。

8 把你的记号冲或中心冲的尖端对准打孔位，用锤子用力砸出定位小坑。这张照片并不是我们现在进行的项目，但它清楚地表述出了我们的流程：确认冲的尖端对准打孔记号、确认砸的动作直上直下。确认你砸的时候用力了。

视线回到我们的钻模：你的金属上也应该有与右图一样的小坑。

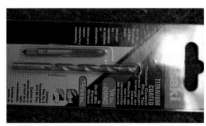

你在钻模两端都做了，是吧？

9 给电钻装上与丝锥配套的钻头。用台钳把钻模夹牢在桌子上。把钻头对着定位小坑开始钻孔吧。基于你已经阅读过附录，我假设你已经知道你需要一些切削油并且应该使用慢速去钻。

钻完后，钻模上应该已经有4个孔了，可以开始使用了。

10 如果你用钻模，把一段角铝的一端顶在钻模一端的槽里。角铝的顶部顶着钻模顶部的长铝条。角铝的一端顶着"3"标记铝条。
如果你不用钻模，从角铝一端量出连接铝条一半的长度并用记号冲画一条标记线。在我的案例里，这个长度是3英寸（76mm）。现在你可以去第11步了。

小心翼翼地捏紧铝条和钻模，并用一个C型夹夹牢。

11 给电钻装上与丝锥配套的钻头。

如果你用钻模：沿着钻模上的孔在角铝上钻孔。

如果你不用钻模：在角铝上的滑轮标记线以下、距离角铝一端1英寸（25mm）和2½英寸（63mm）处分别砸出俩个定位小坑（第8步）并钻两个孔。

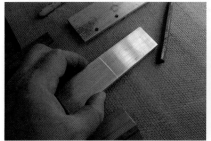

12 用组合角尺和记号冲在连接铝条的中间划一条穿过铝条的直线。我的铝条长6英寸，因此中线距离两端3英寸。

13 把角铝的一端夹在铝条的中心线处。沿着角铝上的孔在铝条上也钻两个孔。这次不必用记号冲砸定位小坑了，角铝上的孔能很好地引导钻头在铝条上打孔。

右上方的图片是夹在一起后背面的样子。钻孔前一定确认铝条的侧边顶在角铝上。

14 **如果选用钻模：**拿来另一段角铝，把它固定在钻模的另一端并钻孔。像第10步那样。

如果不选用钻模：在新角铝上滑轮标记线以下继续钻孔，像第11步那样。

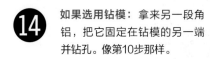
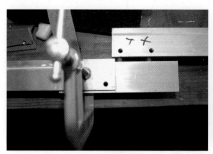

15 把新钻好孔的角铝拿来（左上方图片中标着两个"X"的）……把它夹在铝条另一边，用力把它向钻好孔的角铝推紧并夹好，确保两段角铝之间没有缝隙！

16 现在你可以移去第一段角铝了。沿着新角铝上的孔在铝条上钻另外两个孔。

完成之后，铝条上应该有4个孔。

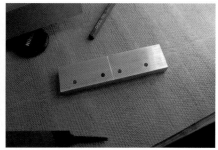

如果不用钻模，确认你给每段相接的角铝和铝条都做了色彩标记，不要搞混。

如果选用钻模，为每段角铝重复下面的操作：

1. 在角铝上钻孔。
2. 用角铝上的孔作为引导，在铝条上钻孔。
3. 重复1和2制作连接部分的铝条。
4. 标记每一对轨道，方便为后面用色彩标记它们。

17 **如果你用钻模：**没必要单独为每一个铝条打孔。将第一个打好孔的铝条放在最上面，下面对齐其他铝条。用台钳夹牢，以第一个铝条打好的孔作为引导孔，同时钻好下面所有铝条的孔。你有多少对轨道，就需要多少个铝条。

18 把你的丝锥装在丝锥扳手上。

把一块铝条夹在台钳上。在丝锥上滴些切削油，小心翼翼地把它拧进全部4个孔里攻出螺纹。每拧两三圈，就像回拧半圈，重复这个流程直到钻穿螺纹孔。确认攻螺纹丝锥直上直下。在每个铝条的所有孔中重复这些操作。

19 给电钻装上直径¼英寸（7mm）的钻头。

用台钳夹好角铝，把所有角铝上的孔径都扩成¼英寸（7mm）。

20 用¼英寸机械螺栓把角铝固定在铝条上。它们就变成轨道了！

嘿！*Dan*！我想我搞砸了。我的孔之间不匹配，有点儿歪。我是不是得重头再来了？

别担心，它们没差多远不是么。

用1个直径⁵⁄₁₆英寸（8mm）的小钻头，在钻好的孔内向外把孔扩大一点儿。

问题解决了。只要能拧进螺丝，螺丝仍然会把轨道稳稳地固定住。

尽管只用了6英寸（15cm）长的铝条连接两端轨道，这种轨道依然十分结实。它能纹丝不动地把小型摄影车架在半空中。

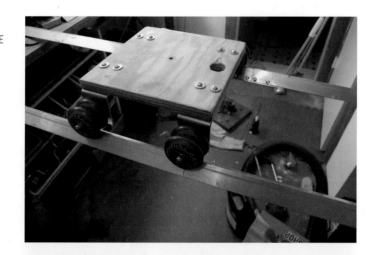

当我在地面使用这种轨道时，我通常会在下面垫些木块以便调整轨道的水平位置。

最后，这种轨道非常容易制作，而且够轻、够结实。如果你会焊接，你甚至可以把轨道连接部分焊在一起，就像下一章"玻璃钥匙式专业轨道"中我们做的那样。

第8章 《玻璃钥匙》式专业摄影推车轨道

《玻璃钥匙》式专业摄影推车轨道介绍

在这一章里，我要教大家如何搭建"专业级"的摄影推车轨道。虽然搭建工作并不困难，但每次都要在很有限的时间内完成。材料列表里面是搭建2段1.5m、总长3m的轨道所需要的材料。在空间和资金允许的范围内，你可以随意增加这种1.5m长的轨道段来延长整个轨道。

你至少得有钻床和电圆锯这两种电动工具，我说至少，是因为这两样工具相对比较便宜，虽然在铝板上钻大孔或者切割较厚的铝板并不太合适，但是已经可以满足我们的需要。其实，找一个小的机加工车间也可以很快做好你要的零件，然后再找一位焊接工，帮你把它们都接上。具体采用哪种方式，还是要看总体成本，你的成品是否比商店的成品轨道便宜。如果你没有这些工具（顺便提一句，这两样工具对本书中提到的其他项目也是很有用的），那么是请别人加工，还是买这些设备比较划算？具体取决于你要制作的设备种类和你所处的环境。

因为书中所讲的方法没有用到焊接，所以这里会多出一些步骤，但是如果你知道如何焊接铝材，这些步骤就可以省略了。现在又得考虑那个问题："我已经做好了这些零件，把它们焊接到一起是否省钱？"

现在该让你知道我的窍门了。仔细看一下（左面）这张照片。这些是支撑和固定轨道用的铝块，在我们这个设计方案中，你必须把它们安装在轨道的两端。但是在轨道中间部分的支撑底座就用不着铝材这种强度了。

看到轨道中间部分的黑色支撑块了吗？（左面这张照片）是用木头做的。之所以用木头是因为比较容易加工，而且那些部位也不需要铝块那种强度。如果你想要金属车间帮你做或者希望在那里焊接好，那你只能全都用铝质的支撑块了。通读整个设计方案后你就会更清楚。我们做的这个轨道相当不错，拆装方便，结实耐用。并且，当摄影推车经过轨道片段接头时，就像在玻璃上一样流畅平稳。如果你仍然对此有兴趣，那咱们现在就开始动手吧。

> **重要提示：**
> 开始之前你必须仔细阅读附录"金属加工"部分。

☐ 8块2½英寸×2½英寸×1英寸（63mm×25mm×25mm）的铝块。我购买时商家卖给我的是30cm长的铝条，我自己把它切成了合适的尺寸。

☐ 30英寸×1½英寸×½英寸（76mm×38mm×14mm）的铝条8根。供应商给我的是91cm长的原材，这个也是后来我自己裁的。铝条的长度要根据推车支架轮子的跨距而定，我一般喜欢使用32英寸（81cm）以下的长度，以防摄影机移动时需要穿过门（在美国，门的标准宽度是81.3cm）。

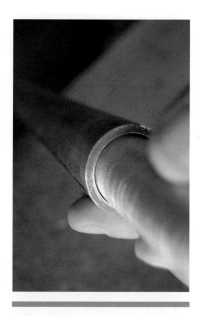

☐ 直径1¼英寸（31mm）长5英尺（1.5m）的铝管4根，这就是推车的轨道了，我很少会用直径1¼英寸（31mm）以下的。你也可以用更粗的，铝管壁厚度最理想的是⅛英寸（3mm），但是不能小于1/16英寸（1.5mm）。

☐ 直径1英寸（25mm）的铝柱4段，这个铝柱要正好能够套进上面的铝管中，就像上图一样。

☐ 我用的铝柱长度是12英寸（30cm），如果你不打算采用焊接的方式连接，就不需要这么长，可以截掉一些。

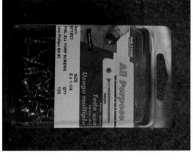

□ 金属修补带。你可以在任何汽配零件商店买到。用这个来填充铝柱和铝管之间的缝隙，这里并不需要很多，图中这种宽3英寸（76mm）、长60英寸（1.5m），足够了。

□ 16个1¼英寸（31mm）长的木螺丝

□ 直径¼英寸（7mm）的平头螺丝钉。仔细看一下这张照片，由于我们不采用焊接的方式，所以只能用螺丝钉把它们固定在一起。照片中两个短螺栓长度是38mm，长螺栓用于拧进轨道铝管中，需要50mm长。如果稍微短点[范围在¼~½英寸（7~14mm）]也可以用。对于这个3m长的轨道，你需要8个图中那样的长螺栓、16个短螺栓。如果你使用焊接连接的话，那就一个也不需要了。

□ 8个直径¼英寸（7mm）螺母

□ 4个直径为5⁄16英寸（8mm）元宝螺母

□ 8个5⁄16英寸（8mm）垫片

□ 4个5⁄16英寸（8mm）的锁紧螺母

□ 2个直径为5⁄16英寸（8mm）、长为2英寸（50mm）的平头螺栓

□ 1个5⁄16英寸（8mm）的花兰螺栓。这个花兰螺栓在伸到最大长度的时候至少要8英寸（20cm）长。

工具清单（轨道长3m）

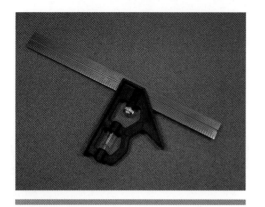

□ 组合角尺

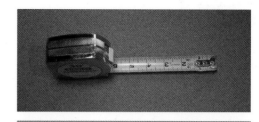

□ 钢卷尺

□ 24英寸（60cm）或更长的水平尺

□ 钻床

□ 手电钻

☐ 电圆锯

☐ 3英寸（76 mm）和 4英寸（100 mm）的C型夹

☐ 十字螺丝刀，可能要比平头螺栓的螺帽大一点。

☐ 一个台钳，最好再找一个钻床夹具。

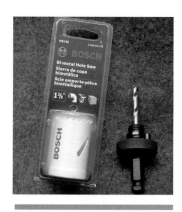

☐ 1⅜英寸（34mm）的孔锯，因为我用直径为1¼英寸（31mm）的铝管做轨道，则需要孔锯比铝管的外径稍微大一点。

☐ 记号冲或者中心冲

☐ 金属锉刀

☐ 锤子

☐ 抛光刷，这个要能够安装到你的手电钻上，用来抛光金属，2英寸（50mm）是比较合适的尺寸。

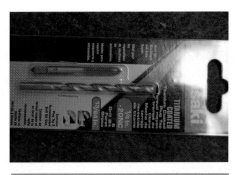

☐ ¼英寸（7mm）的丝锥和与之配套的钻头。丝锥帮你在金属孔里做出螺旋线，使你可以往里面拧螺丝钉。你可以买整套的丝锥，只是贵点而已。最好还是到汽配零件店买一个带配套钻头、单独包装的丝锥。如果你以前没有用过，不用担心，这个工具很容易用，而且还有点酷。

☐ 丝锥扳手，它用来拧丝锥。

☐ ¼英寸（7mm）钻头

☐ ⁵⁄₁₆英寸（8mm）钻头

☐ 埋头钻，可以做出适合平头螺钉的孔，让平头螺钉的螺帽和金属表面平齐。

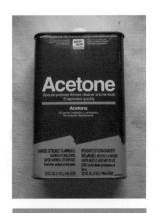

☐ 丙酮，如果使用A-B胶，这是必须的。

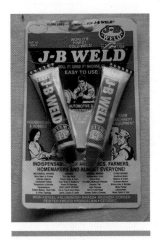

☐ A-B胶，用来黏合金属很棒。

☐ 60号粗砂纸

☐ 记号笔

90　　　　　　　　　　　　　　　　　　　　　　　　　第一部分　摄影推车

□ 直角尺

□ 切削油

□ 金属/木头环氧胶水

□ 胶带纸

□ 颜料喷桶，用来喷涂轨道木质部分，颜色随你挑选。

□ 厚毛巾纸或者抹布

开始动手吧

1 在动手之前一定要先阅读附录中的"金属加工"部分，我提过这么多次，你可能已经看过好几遍了。戴好护目眼镜，如果不想戴，一定要先确定你的医疗保险包括失明。我说得够清楚了吧。

要切一个$2\frac{1}{2}$英寸（63mm）的方形铝块，就用钻孔器和组合角尺在你的铝条上$2\frac{1}{2}$英寸（63mm）处划出一道线，沿着这个线切下来，就得到了一个$2\frac{1}{2}$英寸（63mm）的铝块。

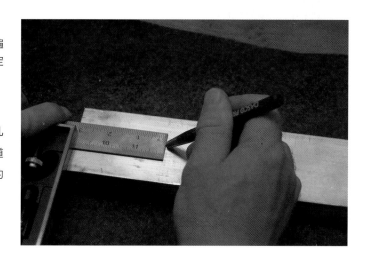

使用电圆锯切割铝块时，记得慢一点，确保使用与铝条厚度匹配的刀片。想要得到规整的正方形，你需要找一桶水放在旁边，在切割的时候不断在上面滴水降温。因为在切割过程中摩擦非常大，材料会变热，真的很烫。

在铝块上，沿着对角线画一个"X"，确定铝块的中心位置。为了让你看清图示，我使用了记号笔，但实际上使用记号冲会更好一点。

用记号冲对准"X"的中心，稳当地给它一锤。这样就在上面打出一个小坑，一会儿就要在那上面钻孔。但是要注意，确保这个坑在铝块的正中心位置。在第3步，我们还要把这个铝块切成两半。大孔边缘到铝块底面的最短距离，每半都必须一样。

② 在铝块上打洞并不是件容易的事，费时又费力。金属车间会使用环孔切刀来做，然后把不要的部分拔出来即可，速度比较快。你没必要上网查环孔切割设备要多少钱，每台需要1 000多美元（约合人民币6 300元）。所以我们还是要找最经济实惠的办法。

在开始钻这个孔之前，把你的钻床调到最低的速度挡。没错，我说的就是最低的速度。最低速度才可以钻这个孔。而且，如果速度高了，在钻孔过程中会因为摩擦产生高热量，使里面的铝屑融化，粘在钻头的齿上，你肯定不想这种情况发生。

我们需要在手头准备一些切削油，这次需要很多，在本书中我们使用的是螺纹切削油，这种润滑剂既好用，价格也合理。Ultra Lube的切削油是最好的，就是太贵了。但是像WD-40或者三合一油，这样的日常润滑油是没法用的，因为它们承受不了切削时的高温。当然，如果已经读过本书的附录"金属加工"部分，你肯定已经知道这些了，对吧？如果你还没有读，建议你现在就赶快去先读一下。如果已经读了，现在还不戴好护目镜，那你简直就是在拿你的眼睛冒险。还要我告诉你多少次，去买个护目镜戴上。

在你的钻床上安装1⅜英寸（34mm）的孔锯。如果你的钻床是新的，我只能假设你已经阅读过新钻床的所有操作指南和安全规则。

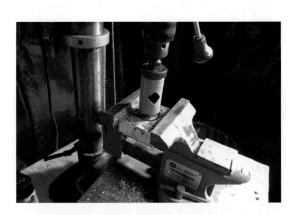

如上图所示，我用的是台钳，而不是钻床自带的夹钳，目的是在铝块下面留点地方，因为我们在钻完以后，会从下面拔出一大块铝块。钻床本身的夹具也可以用，但是你还要把铝块安装得稍微高一点，在下面留点地方，这样你就不会钻到钻床夹钳了。

第一部分 摄影推车

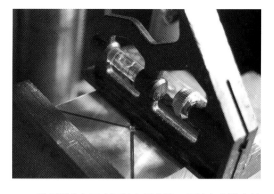

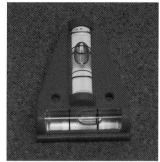

左图中的这种多向水平仪非常实用，反正在拍摄的时候也需要它，所以不用吝啬，多买一两个无所谓。

如果钻头或待钻的材料都歪歪扭扭，你势必会钻出一个歪歪扭扭的洞，你当然不想这样。

我用组合角尺上面的水平仪校正铝块在台钳上的安装位置，一定要保证铝块在各个方向都平整。

在孔锯的中间还有一个钻头用来引导，这个引导钻头一定要精确对准我们刚刚在铝块中心位置上打出的小坑。之后用C型夹具把台钳固定在钻床的操作台上。

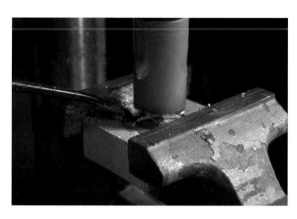

开始钻孔，让钻头钻进铝块一点然后抬起来，加点润滑油，再钻，然后抬起一点，加润滑油，再钻一点，直到钻透为止。这样做主要是保持钻头始终湿润，想象一下你的汽车没有润滑该如何运转，这是同样的道理。

钻的时候会有成堆的碎屑出来，要及时用毛巾纸把它们从钻头旁边清干净，同时给钻头和铝块之间注满润滑油，继续钻。

就算圣诞节到了你也要一口气把它钻完。但也别钻得太匆忙，加点油、清洁一下碎屑，我保证你很快就能完成。

最后把润滑油和切下来的碎屑清洁干净。好消息是一块就可以做出两个轨道支架。坏消息是，如果你不使用焊接的话，你总共要做4个这样的铝块并钻孔。如果打算用焊接，那么10英尺（3m）长的轨道，你总共需要切出8个铝块。

3 拿起记号冲和组合角尺，在钻好的铝块侧面的正中间做一个记号。

然后，把刚才钻好的铝块切成两半。如果切歪了一点，一大一小也不用担心，因为最重要的是半孔的底部和铝块底面之间的距离。这个距离必须一致，因为轨道就是要架在这个半圆上面，如果你做出的铝块底面和半孔底部的距离有不一样的地方，完成的轨道就会颤动。

"嘿，Dan，我搞砸了，我做出的铝块底部和半孔底部的距离全都不一样怎么办？难道都要重做？"

如果铝块的底面到半孔底部的距离都不一样，你可以偷点懒，如果需要加高那么就用A-B胶在铝块底部粘上些薄铝片，使它们高度一致。如果太高了，就直接把铝块底部锉掉一些。

每个人都难免犯点错误，大部分的情况都是有回旋余地的，完全不必重头再来。

如果铝块上有一些切削后留下的毛边，那你要先把它们清除掉。金属锉刀现在就派上用场了。

现在你应该能得到如上图所示的两个铝块。如果你想严格遵循本章内容制造轨道，每5英尺（1.5m）长的轨道就需要4块。我们可以将其称为"轨道撑"。

给手电钻装上抛光刷，这是非常好用的工具。只需把你的铝块固定在台钳上，然后进行抛光。

4 在这一步里，你需要4块完成后的轨道撑，1/2英寸（14 mm）厚、1又1/2英寸（38 mm）宽的铝板，做轨道用的铝管和推车架。

如右图所示，把轨道撑摆在铝板上，然后把铝管架在轨道撑的凹槽里。

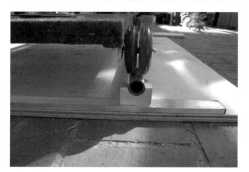

如右图所示，一侧的轨道撑一定要保持和铝板的一端对齐。

然后把摄影推车底的盘架在轨道上，调节另一侧的轨道撑位置。

我的铝板长91cm，非常好用。如果你打算请供应商帮你切割，最好先把铝块做好，架上推车底盘，量好尺寸，然后告诉他们你要的长度。当然，也可以先把轨道按尺寸做好，然后让推车底盘适应你的轨道宽度。不过先做好推车还是相对容易一些。

架好以后，在贴着轨道撑的底边横梁上做一个标记。

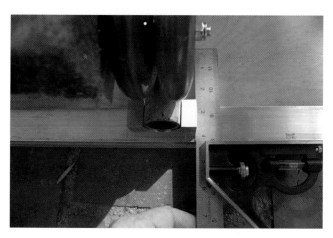

在横梁一侧，轨道和推车都对齐以后，用组合直角尺，抵在轨道撑的边沿，确保轨道撑的外侧底边和横梁成直角。

把轨道撑移开，抵住组合角尺在刚刚做的标记上划一条更清楚的标记线。

我使用电圆锯来切割横梁，但是要注意，一定要沿着你画好的线外侧去切。如果正好在线上，就会比你原来的尺寸短一点，因为切割的时候要减去刀片的厚度。

我需要为每段轨道准备4个横梁，10英尺（3m）长的轨道要两段轨道，所以总共需要8个横梁。

如上图所示。所有的横梁都应该按照这个尺寸去切割，书中演示的是30英寸（76cm）长的横梁。

我使用一根画好线的横梁作为参照去加工其他横梁。为了操作方便，我暂时不切割这个横梁，而是在横梁的正确长度位置用胶带纸做记号，稍后我们会在这个参考横梁上钻孔，用孔的位置给其他横梁做标记，这样做可以保证每个横梁的长度都是一样的。我为何不切第一个横梁而用它当作标尺使用？当然可以切，只是不切的话，长出的部分可以方便区分那个是标准长度的横梁，并且方便操作。

⑤ 如果你使用焊接的方法，可以跳过这一步骤以及所有和螺丝有关的步骤。我们现在要用螺栓把轨道撑和横梁连接起来，首先确定在哪里打孔，然后攻螺纹，最后拧上金属螺栓。

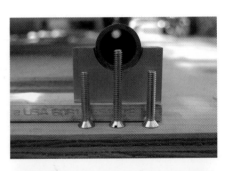

1/4英寸（7mm）的螺栓需要穿过铝板和轨道撑连到轨道铝管上，如右图所示，中间就是1/4英寸（7mm）的螺栓，稍后我们要再加一些铝柱，这样中间的螺栓才有东西可以附着，拧进去固定铝管轨道。

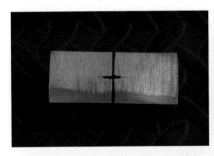

拿一个做好的铝块，在底部确定中点。通常，我喜欢画一个"X"形的对角线确定中点，但是还要在这个底面上做更多的标记，所以最好再量一下两个长边，确定中心点，然后把两个中心点连起来，最后在这个中心线上量出中心点，做好标记。

现在我们需要为短螺栓做钻孔标记。用组合角尺，沿着铝块的长边，量出距短边1/2英寸（14mm）的位置做一个标记，两个长边上都要做。然后把这两个标记点用线连起来。对称地做两条这样的标记线。用组合角尺，在这两条线上找到中心，做上标记。

⑥ 把刚刚做好标记的轨道撑放倒，让边缘和横梁一端对齐，比着轨道撑上的标记给横梁做上标记。

 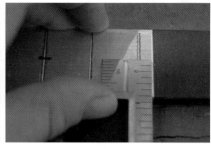 

如果你使用没有切割过的横梁做标尺，完全没问题，无论哪种横梁，你都要使用组合角尺和记号冲按照轨道撑上的3个位置尺寸来做标记。我用记号笔做标记是为了让你能看得更清楚，在你的实际操作中，最好还是用记号冲和组合直角尺在铝板上划出标记比较好。这样比较精确。

在铝板上画好线后，量出一半的尺寸，我的铝板宽1½英寸（38mm），把组合角尺调到一半的宽度，我的就是½英寸（14mm），用组合角尺抵住铝板的边缘，在这个位置上做标记，把3条竖直方向的线都做上标记。

用记号冲，对准刚刚画好的十字星的中间，保持和铝板垂直，用锤子敲几下，在十字中心留下定位小坑，所有十字中心都要砸上小坑。

按照这样的操作，把每个横梁的两端都加工好。

7 记得我们前面提到的丝锥套装吗？现在就是用到它的时候了，我们要用它为¼英寸（7 mm）的螺栓做一个螺孔。需要提前说明的是，你需要的钻头直径并不是¼英寸（7 mm），一定要比丝锥的直径小一些，所以千万别跑去买一个¼英寸（7 mm）的钻头。

把丝锥套装中的钻头安装到钻床上，小心地把钻头对准横梁端头上的小坑。然后把横梁用夹具固定住。在3个孔位中，外侧的两个位置上钻贯穿孔，横梁的另一端也是这样加工。

现在给钻床装上¼英寸（7 mm）的钻头，对准横梁端头中间的孔位。然后在上面钻一个¼英寸（7 mm）直径的孔，另一端也是一样加工。

现在每个横梁上应该有6个孔，每端3个，中间的是一个¼英寸（7 mm）的孔，两边的是用丝锥钻套装中的钻头钻出来的。钻好后先放在一边。

8 现在让我们开始给所有的轨道撑打孔，你可以不用拆下¼英寸（7 mm）钻头。

如右图所示，我用了一些多余的铝块做辅助去固定要钻孔的铝块。我已经把¼英寸（7 mm）的钻头对准了中间的标记。把一个铝块放在轨道撑的后面，一个放在它的旁边，牢牢地顶住它，确定好位置以后把这两个辅助的铝块固定在钻台上。为什么这样做呢？因为所有的轨道撑大小都是一样的，我并没有去给其他轨道撑划线，所以我可以钻好一个以后，方便地取出它，然后把另一块放进去。不用每次都校对钻头位置。

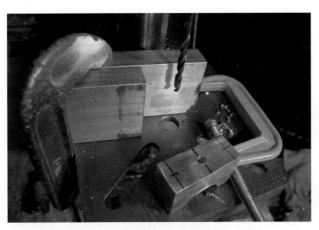

说得再清楚点，我没有去动那个大的铝块，一旦它们固定好了，这些铝块就可以帮我确定所有轨道撑中间孔的位置。

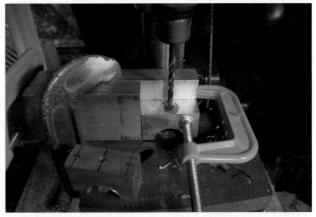

这样的话，我只需首先给做好标记的铝块钻孔，调好旁边固定铝块的位置，给下一个轨道撑钻孔的时候，不用再测量了，只要和后面的两个大铝块紧紧贴合，然后用夹具夹住就可以了。

9 让我们来完成所有的横梁。

现在我们用¼英寸（7 mm）的钻头来钻穿所有铝板两端中间的那个孔。

把标准横梁（上面带孔的那个）和两个已经截好的铝板用夹具固定在一起，标准横梁在最上面。

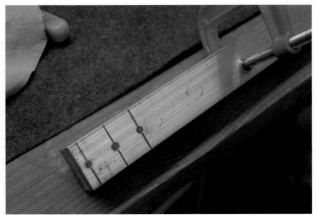

一定要确保夹在一起的三块横梁一端完全对齐。

　　　　　　　　　　　　　　　　　　　　　　　　　　　　　　　　第一部分　摄影推车

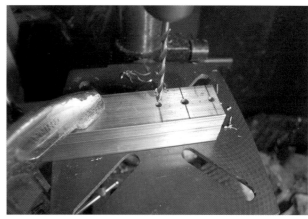

在装有¼英寸（7mm）钻头的钻床上对准3个孔位中间的那个。用夹具把它们固定在钻床台子上，在钻的同时要加很多润滑油降温，直到把下面两层都钻穿为止。然后翻过来钻另一端。

¼英寸（7 mm）的孔钻完后不要松开夹具，换上丝锥套装中的钻头。现在用这个较细的钻头，开始钻两边的孔。

现在你可以拆下夹具了，得到两个和标准横梁一模一样的横梁。用原来的标准横梁做辅助，继续加工剩下的横梁。如果钻完后的孔周围有毛边，就用金属锉把它们去掉。

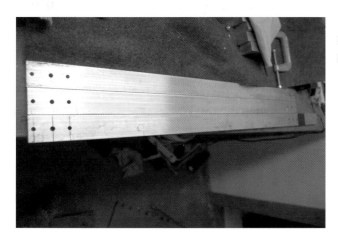

拿来一个横梁和一个轨道撑，用¼英寸（7 mm）的螺栓和螺母通过中间的那个大孔把它们固定在一起。

⑩ 这个步骤对某些人来说好像有点多余，也确实有这种情况。在第8步中，我们使用了两块大铝块固定轨道撑来钻中间的孔，在这一步里我们要继续把两边的孔钻好。也许有人会问，为什么不用同样的方法把丝锥孔也钻好呢？我原来是这样干的，但是我有些金属加工方面的经验。当没有经验的人去钻这个小孔时，经常会打偏，导致螺栓没有办法拧进正确的位置。为了解决这个问题，我找到了一种傻瓜方法。只是要多做一点工作，谁说完美很容易？如果你觉得金属加工车间方便，那么就去找工厂，让他们帮你用大批生产。

但是如果你担心自己会把孔打偏，这个方法包你万无一失。

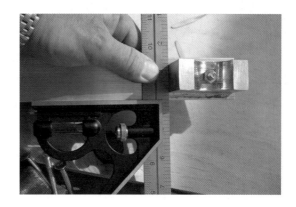

用组合角尺确认轨道撑侧面和横梁成直角。

拧紧螺母，保证轨道撑和横梁成直角。如果你有足够的1/4英寸（7mm）螺丝，就把剩下的横梁端头和轨道撑都用1/4英寸（7mm）螺丝紧固起来。

⑪ 现在给钻床换上1/4英寸（7mm）的钻头，并且把所有的横梁上外侧的孔也扩大到1/4英寸（7mm）直径。我们之所以一开始没有直接在横梁上钻出1/4英寸（7mm）的孔，就是因为我们在上一步中还要用它做模具，帮助钻好轨道撑上的丝锥孔。

把横梁上较小的孔对准丝锥钻头，加点润滑油，钻下去。

这些外侧的孔不能全都钻穿，如果打算在外侧的螺孔中使用31mm长的螺栓，那么孔深度为38mm，所有的钻床上都有一个可以设置钻头下行停止位置的装置，所以可以用这个设置正好钻到38mm深的位置。调节限制装置的时候要注意，别忘了还要加上横梁本身（1/2英寸[14mm]）的厚度。

一旦钻完了第一个孔，你的停止位置也就设置好了。剩下的就好办了，只有一件事不能偷懒，一定要在钻之前把零件用夹具固定好，而且所有和金属有关的工作基本都需要夹具固定。

⑫ 下一步我们要在横梁上打埋头孔。有了这个埋头孔，平头螺栓才能很好地和横梁底部保持一个平面，方便安装使用。

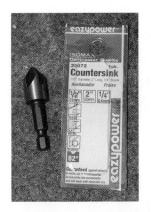

埋头钻如右图所示，它的直径一定要比平头螺丝的螺帽稍微大一点。我使用的是1/2英寸（14mm）的埋头钻，有时我也用1/2英寸（14mm）的钻头当埋头钻用，两个效果都可以。

把埋头钻安装到钻床上，对准横梁上的孔中心，同样要把横梁用夹具固定好。

只要向下钻一点点就行。

现在你应该得到如上图所示的这些零件了，每个横梁的两端都有对应的轨道撑。最好在加工以后给每个横梁端头和对应的轨道撑都做上标记，知道它们是一起钻的，安装的时候也放在一起。理论上，所有的轨道撑都应该是一样的，但是，实际情况总会有不一样，比较麻烦。

把一个¼英寸（7 mm）平头螺栓放到做好的埋头孔中，如果平头螺栓的螺帽正好和横梁平面保持在一个平面上，就说明位置合适，把钻床停止装置设置到这个点上。如果平头螺栓比横梁平面突出，那就再钻一点，直到得到合适的钻床停止位置。如果钻得太深，会降低横梁铝板的强度，所以，这里要多加小心。一旦设定好钻床停止位置，你就不用再担心钻多或者钻少了。

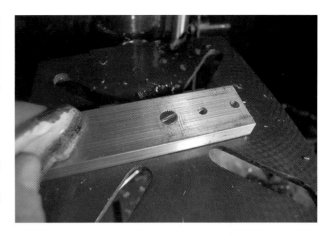

❸ 什么是"丝锥"？其实就是一个钻头模样的东西，上面带有螺纹线。当你把丝锥拧进一个事先钻好的孔里面，就会在孔的内壁留下螺纹线。然后你就可以往里面拧螺丝了，我们这里用的是金属螺栓，不用担心，这个并不难弄。

首先，我习惯找个小盒子把丝锥和与之配套的钻头放在一起，每当我用完丝锥钻头以后，就把丝锥和配套钻头放在盒子里。需要用丝锥钻头却找不到配套的钻头是件很恼火的事情。没事就把它们放在一起，就不会有这个困扰了。

攻螺纹需要的另一个工具就是丝锥扳手，这个是专门用来拧丝锥的扳手。

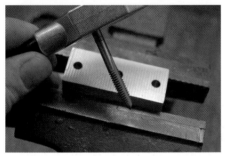

在台钳上固定你轨道撑，底面朝上，如此你就可以给底面的孔攻螺纹了。把丝锥卡到丝锥扳手里面。

先在你要攻螺纹的孔里面注满切割润滑油或者钻孔润滑油，把丝锥顶在一个孔里面，注意尽量保持丝锥和轨道撑底面成垂直状态。

现在要按照拧螺丝时的方向（顺时针方向）把丝锥拧到铝块里面。如果突然觉得费劲就向回退两圈，再继续向前拧。抓住丝锥扳手的两端会省力一点。

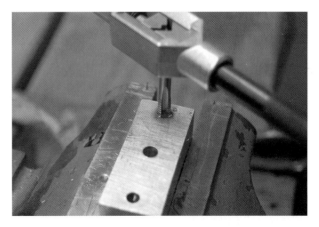

每拧一两圈就向后倒半圈，因为后退半圈的时候，就是把金属碎屑倒出来，如果不退出来，每拧下一圈就要切割更多的金属这样，这样会越来越费劲。所以这个步骤千万不能偷懒，就这样一路往复拧下去，直到丝锥触到螺孔的底部（钻的孔要比螺纹长一点）。

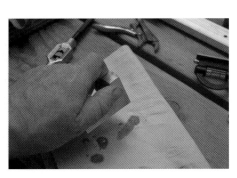

钻到底后就可以把丝锥退出来了。之后丝锥上会留下很多金属屑，做下一个螺孔以前，一定要把它们清干净。现在可以去给轨道撑上的另一个孔攻螺纹了。

两个孔都做好螺纹以后，把轨道撑从台钳上取下来，用力甩，把螺孔里面的金属屑和油污都甩出来。

安装轨道撑和横梁

 混合一点A-B胶，一定要按照胶水包装上的说明去用，不然胶水就不管用了。这种胶水是很厉害的。

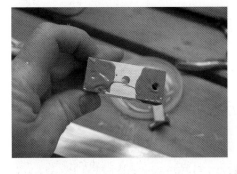

用丙酮把加工好的铝块洗干净，然后试一下你的螺丝，确保能够拧进去。好，完工！一个做好了，现在就可以去做下一个了，所有的轨道撑两侧的孔都如法炮制。

把A-B胶涂到轨道撑外侧的孔边上，尽量避免涂到中间的孔附近。

用较短的 1/4 英寸（7 mm）金属螺栓穿过横梁，拧到轨道撑上，然后用丙酮把边上挤出来的胶水擦干净。

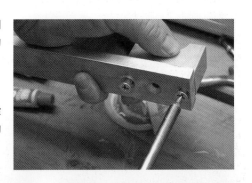

一定要确保平头螺丝不会高出横梁平面。如果螺栓没有全部拧进去，就用钢锯把它截断一块，或者去再买个短点的螺栓。现在还想把轨道撑上的螺孔再钻深一点已经太晚了。

做完以后应该得到右图所示的效果。接下去把剩下的轨道撑都像这样连接到每个横梁的两端上。不过，动作要快一点，因为A-B胶水干得很快。如果你严格按照我的操作说明去做，你应该有4个两端带有铝制轨道撑的横梁。做好后把它们放在一旁晾干24小时，让A-B胶彻底干透。

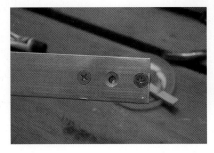

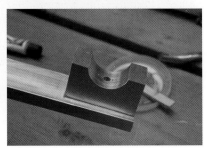

⑮ 现在我们要在铝管的接头上装铝柱做的销子。这个方法可以使轨道片段方便连接。同时防止摄影推车在经过轨道接头处时产生颠簸。

完成后的效果如左边两张图所示，我的材料供应商卖给我的是12英寸（30cm）长的铝柱，非常适用。

首先要决定横梁距离铝管轨道端口的距离。我们打算用花兰螺栓把两段轨道紧固起来，所以如果你的横梁距离铝管端头太远，花兰螺栓就够不到了。如果太近，花兰螺栓又起不了作用，根据我所使用的花兰螺栓，横梁内侧边缘距离铝管轨道端口3英寸（76mm）比较合适。所以就在这个位置把铝管轨道和横梁固定在一起。如果你的花兰螺栓和我用的不一样，那么就把花兰螺栓松开1英寸以上，把花兰螺栓两边的吊环对准所要连接横梁的中心，摆放位置如右图所示。这时量一下两个横梁边缘之间的距离，这个距离的一半就是铝管端口到横梁外沿的距离。但是两个横梁外沿的距离不能超过8英寸（20cm），如果超过了，就是你的花兰螺栓太长了，需要换一个短一点的。

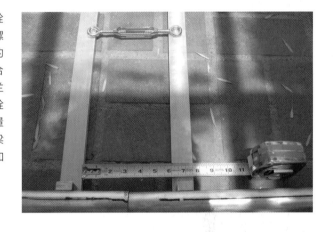

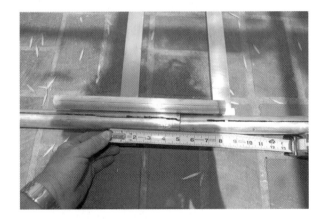

接下来要确定做连接销用的铝柱的长度。铝柱的一边要永远固定在其中一个铝管中。这样在组装的时候，两个轨道就可以直接插接在一起。在固定的一端，铝柱伸到铝管中的长度要超过轨道撑。连接销母头，铝管内要空出铝管头到第一个轨道撑外沿之间的部分。插接的时候，连接销要一直伸到母头第一个轨道撑外沿的位置。仔细看一下上图，我现在做的这个轨道，从一侧轨道撑内沿到另一侧轨道撑的外沿长度为8英寸（20cm），因此我连接铝柱的长度为8英寸（20cm）。

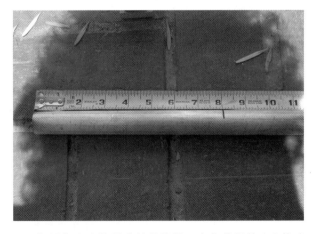

如果你完全按照我的设计做，在你的铝柱上8英寸（20cm）处做一个标记，你的尺寸也许和我的不一样，主要取决于花兰螺栓。按照决定好的长度，截出4段。剩下的先不要扔掉，一会儿我们还要用到。

把连接铝柱粘在轨道铝管里

16 如右图所示，从连接销母头一侧的轨道撑边缘到轨道端口的距离是3英寸[76mm，也就是从5英寸（12cm）处的标记到8英寸（20cm）处的标记]，我们要让铝柱恰好伸进对面轨道撑的边缘，但是为了不会伸过头，减去1/4英寸（7mm），这样从连接销固定端突出去的铝柱长度就是2¾英寸（69mm），而不是3英寸（76mm）。

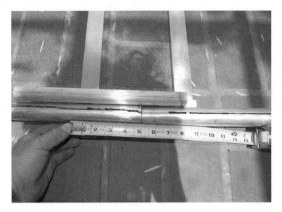

在4个8英寸（20cm）长的连接铝柱上，量出2¾英寸（69mm）并做标记。用60号的粗砂纸，把铝柱另一端到2¾英寸（69mm）标记这一段的表面打磨粗糙，之后用毛巾纸蘸上丙酮，把这一段粗糙的表面清洗干净。

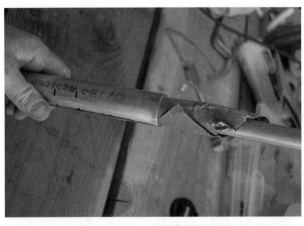

找一个木棍或者金属棒，直径要比我们前面用到的轨道铝管内径小，在上面裹上粗砂纸，把准备固定连接销一端的铝管内壁打磨粗糙，这段粗糙的表面至少要有5英寸（12cm）长。

打磨完以后再用浸过丙酮的抹布或毛巾纸，裹住前面用过的棒子，伸到刚刚打磨好的铝管内壁，把内壁清洗干净。

将铝柱插进铝管。我做的这个中间有点间隙，铝柱还可以晃动，我们不需要这个间隙，铝柱需要结结实实地插在铝管里，下面就来修正这个问题。

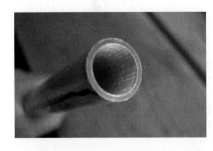

确保铝柱上既没有污垢灰尘也没有金属碎屑，如上图所示。

找来金属修补带（通常用在修补汽车消音器上），剪出1英寸左右宽的一段。

把金属修补带绕着铝柱缠一圈确定长度。按照这个长度多剪出一些。

把金属修补带背面的一层仔细剥开，慢慢绕到刚刚打磨过的铝柱上。

把缠好的铝柱再插入铝管，现在还松吗？如果还松那就再加一层试试。直到铝柱在里面没有摇晃的空间。我的一共加了3层。

接下来用同样厚度的金属修补带在你前面做记号的位置也缠上几圈，不要在铝柱的中段缠修补带。

把加工好的4根铝柱和铝管都找来，多混合一些A-B胶，然后用这些胶把连接铝柱上的粗糙部分全都均匀涂满。

现在可以把涂好胶的铝柱插到铝管中了，在插接的过程中会有一些胶被挤出来，没有关系，只要用抹布蘸上丙酮，在它们干之前擦干净就可以。

一定要确保A-B胶都擦干净了，不然铝管在插接时很可能会遇到困难。

4个铝柱接头都做好后，把它们放到一边静置24小时，让胶彻底干透。

趁着铝管接头在晾干的间隙，我们先来把横梁加工好。

17

你已经知道我们要使用花兰螺栓来紧固轨道分段的接头处。现在就让我们把花兰螺栓架在轨道拼接处的两个横梁上。因为我这里只制作了两段5英尺（1.5m）长的轨道，所以用一个花兰螺栓就够了。如果要继续延长轨道，就要在每两段轨道拼接处加一个花兰螺栓，这样你就会用到4个两端带有铝制轨道撑的横梁。

在横梁长边量出正中间的位置，然后在上面做一个记号。在横梁的宽边也量出正中间的位置，同样做一个标记，你就得到了横梁正中间的位置。在这个位置上钻一个 $\frac{5}{16}$ 英寸（8mm）直径的孔。

4个横梁都钻上孔。

你可能会问，其他横梁要不要钻？不用操心，我们一会儿再处理它们，先把拼接处的横梁钻好孔。

和前面在轨道撑上钻孔一样，你会发现金属螺栓的螺帽会高出横梁的平面。这样不太好，所以和上面的步骤一样，我们还需为 $\frac{5}{16}$（8mm）的孔做一个埋头孔，把平头螺栓埋到横梁里面。

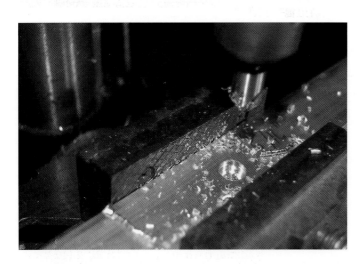

和我们之前加工两端时一样，把埋头钻安装到钻床上，对准横梁中间的孔然后钻出一个埋头孔，别忘了我们现在钻的是一个 $\frac{5}{16}$ 英寸（8mm）的埋头孔，比前面的要大一点，要能够放下 $\frac{5}{16}$ 英寸（8mm）的螺栓头。和前面的技巧一样，先钻好一个，确定好要钻的深度，然后设置钻床的限制位置，其他步骤就很轻松了。

成品如上图所示，用丙酮把所有金属屑和润滑油都擦拭干净。

现在，我们要暂时把在横梁上固定金属螺栓的事情往后放一放，因为还有其他工作要先做，但开始前还是要等横梁上的A-B胶干了才行。

　　　　　　　　　　　　　　　　　第一部分　摄影推车

把轨道铝管固定到轨道撑上

18 还记得右图吗？我们已经用金属螺栓把横梁和轨道撑固定到了一起，上面加工的那个端口，如果不塞一段铝柱进去，中间的长螺栓就没有可以附着的地方。现在铝管已经准备好了。但是，连接销母头该怎么办？我们需要在这一端的铝管里面放一段铝柱，这样才能让长螺栓有地方拧进去，把铝管和下面的轨道撑连接到一起。

在开始这一步以前，一定要确保上一步黏合的那段铝柱已经静置了24小时。

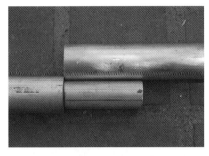

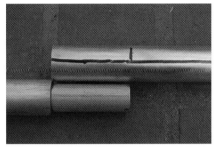

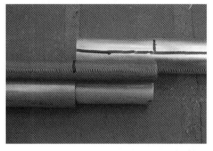

把4个铝管排好。一端带有突出的连接销，另一端只是一个铝管，不带连接销的一端就是母头。如上图所示，拿一对配对的铝管，把两端的铝管对齐顶在一起。

在母头的铝管上，比着连接销的端头做一个标记（不要介意铝管顶面那根长标记线，那只是我前面的一个失败实验留下的）。

还记得我们用来打磨铝管内壁的棍子吗？如上图所示，让棍子的一头和母头铝管上的标记对齐，比着母头铝管端头，在棍子上做一个标记。

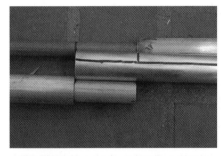

由于我用的是12英寸（30cm）长的铝柱，做连接销只用8英寸（20cm），还剩4英寸（10cm）长，我们就把这段粘在母头铝管内。你截断的部分可能不到4英寸（10cm），没关系，我们这里只需要2英寸（5cm）多一点。我们在棍子上做记号的目的是，在把这段铝柱推进去以后，可以知道具体的位置，不要推过头了。

混合一些A-B胶，用棍子头在胶里转圈，直到上面沾上一定厚度的胶。

和前面做的一样，在把铝柱粘到铝管内壁之前，用粗砂纸把铝柱的表面和铝管的内壁都磨粗，然后用丙酮清理干净，在这个铝柱的中间绕上几圈金属修补带（不需要像前面做连接销那样，只在两端地方绕金属修补带即可）。

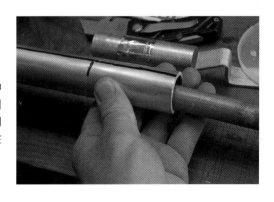

接下来是个技术活，把棍子沾有胶的一头慢慢塞进铝管。注意，在棍子伸到棍子上的标记以前，千万不要让它碰到铝管的内壁！如果你小时候玩过一个叫"Operation"的游戏，这就有点像那个游戏。要明确一点，在铝管上，标记到端口之间的内壁上千万不可以碰到胶。伸过标记以后，就可以转圈搅动棍子，在铝管的内壁尽量均匀地涂上胶。取出棍子的过程也要小心，不要碰到铝管内壁，然后迅速地把棍子头上的胶用丙酮清洗干净。

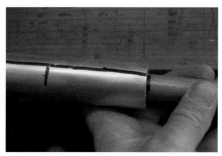

把铝柱推进涂过胶的铝管。

用刚才有标记的棍子把铝柱推进铝管，直至铝管的端头和棍子上的标记对齐。过一点也没关系，但是不能太多。找个地方，慢慢地把这个铝管放好，不要让人踩到或者让好奇的狗碰到。接着再把其他3个端口做好。如果不小心让标记前面的铝管内壁碰到了胶，立刻用毛巾纸蘸上丙酮清洗干净。但是要注意，清洗时不要把铝柱推到里面，否则就不好办了。所以，最好开始就找个手稳的人去涂胶。最后把这个内部塞好铝柱的铝管静置24小时。

⑲ 上面的步骤完成以后，我们会得到右图中5英寸（1.5m）长的轨道，还记得我们根据花兰螺栓测量的横梁之间的距离吗？这就是原因，我们大概测的横梁到轨道端口的距离是3英寸（76mm），现在可以把横梁固定在距离轨道端口3～4英寸（76～100mm）的位置上，因为我们刚刚在铝管内部嵌入的铝柱足有1英寸多长，所以有足够的误差空间。确定后，所有的轨道端口附近的横梁都要按照这个位置来安装。在固定之前，最好先把刚刚做好的公头和母头插接起来看一下是否有摇晃，并且能够严丝合缝地对接到一起。

为了确定在轨道上钻连接螺孔的位置，我们要多用几个夹具把轨道和横梁夹到一起。为操作方便，先把轨道翻过来，横梁底面朝上轨道朝下。可以先找一些苹果箱垫在下面把轨道架起来。

苹果箱可能比你的轨道跨度窄，所以我在上面垫了一块木头。

先把轨道摆在木头梁上，然后把横梁架到轨道上，一端一个横梁，现在先不用担心摆得精确与否，下面我们会一点点地调节它。确保两根轨道的公头（有铝柱突出的那一端）都朝向一面，母头都朝向另一面。

先把铝管用夹具夹在木梁上，夹的时候尽量确保两根铝管端头基本对齐。

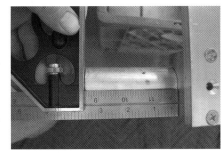

我的铝柱塞进了距铝管的一端3英寸（76mm）的位置，然后再考虑到花兰螺栓的长度，所以我可以把横梁固定在距轨道端口3~4英寸（76mm~100mm）的任何地方。那么我干脆就取中间好了，也就是距铝管端口3½英寸（88mm）。把组合直角尺设定到3½英寸（88mm），然后用垂直面顶住铝管轨道的端口（这里可不是有铝柱突出的那一端），移动横梁，让轨道撑的侧面正好顶在组合角尺上。

别让这些把你吓倒，简单的说就是：（1）在完成以后，需要能够通过旋转花兰螺栓来紧固轨道片段的连接处；（2）横梁要架在铝管内部有铝柱的位置，这样穿过轨道撑的螺栓才有着力点。

确定好位置以后，用记号笔沿着轨道撑的两边在铝管上做一个标记。

在另一侧的轨道上也量出同样的距离，然后做个记号。在公头的一侧用同样的距离，做上记号。但是在确定横梁位置时，记住是从铝管的端口开始测量，而不是凸出来的铝柱端头。

在轨道上标记好安装横梁的位置以后，就不能让它们再随便移动了。如左图所示，我们用大的夹具把横梁、轨道以及下面垫着木块固定在一起。

近看就是这样。

如果你的夹子不够大，可以找薄一点的木板垫在下面，或者是用金属板。

确保4个角都夹好。

在四个角都夹好后，调整轨道和横梁，确保它们组成规整的矩形。这是你做的所有测量中最难的一个。如果轨道没有成规整的矩形，就很难插接到一起，你的摄影推车也没办法在上面运动。这里一定要仔细测量调整，如果此时已经是午饭时间了，那就吃完再来测量。这是个细活，不是你饿着肚子能干好的。

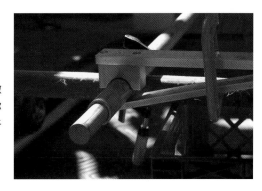

要找到轨道那么大的直角尺是比较困难的，而且很难精确测量。为了解决这个问题，先找一小块胶合板，用夹具把它夹到铝管的内侧。

如果没人帮忙，你可能需要在直角尺下面垫点东西才能保持直角尺的位置。直角尺应该一面顶着前面夹好的胶合板，另一面顶在横梁上。现在仔细看一下上图中横梁中间附近的地方，看见直角尺和横梁之间的大空隙了吗？

靠近看一下。好大的空隙！直角尺的两边应该与胶合板和横梁分别严丝合缝地贴在一起。

小心握住铝管和横梁，慢慢移动，让胶合板和横梁都与直角尺的两边贴合。先变成一个比较接近矩形的平行四边形，而不是完美的矩形。你需要一个一个角慢慢去调整，直至得到一个规整的矩形。

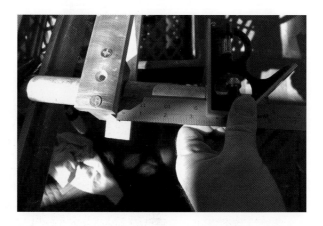

调整好后，用组合角尺再确认一下每个角上铝管端头到轨道撑之间的距离。如果没有变，那你很幸运，一次就调整好了。如果还需要微调（这里的距离是88mm），调整完这个距离后，你还得再用大直角尺确认一下，整段轨道还是一个规整的矩形。

第一部分　摄影推车

都调整好以后，把夹具在拧紧一些，保持这个形态。

现在为手电钻装上¼英寸（7mm）钻头。我们要用手电钻在铝管上打一个记号。听好，现在还没有到钻孔的时候，只是用钻头打上一个点，为下一步钻孔做准备。在上面钻一点点，能让你看清就行。小心地把钻头伸到轨道撑中间的那个孔里面，然后开始钻。因为我们不会钻到铝管里，所以现在还暂时不需要润滑油。点一点儿就行，在4个角都这样做上标记。

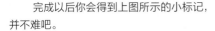

完成以后你会得到上图所示的小标记，并不难吧。

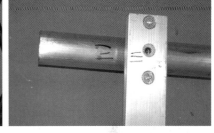

把轨道拆散之前，在每个角上给铝管和横梁都用同样的标记标好。也就是说，让铝管端口和横梁保持原来位置一一对应。每个角分别用不一样的标记，这样在重新组装的时候，你在铝管上钻的孔就可以和横梁及轨道撑很好地匹配到一起。

现在可以把夹具拆开了。如果你前面钻的标记太小，不容易看见，最好用记号笔在旁边画个圈。

假设你要做很多段这样的5英尺（1.5m）轨道，那么每段轨道你都需要重复这个标记程。

给铝管内部的铝柱攻螺纹

20 给钻床装上丝锥配套的钻头。把铝管夹在钻头的正下方，这样钻头就可以在你标记的位置垂直钻下去。钻之前，确定一下钻床限制位置设定好了，以免钻头穿过整个铝管。向下钻到接近另一侧内壁的位置时停止。

每个轨道段都要钻4个这样的孔。

有了前面的经验，你现在应该是操作丝锥的老手了。把铝管用台钳夹好，在每个孔里都攻好螺纹。现在你该明白我们为什么要在铝管里嵌一个铝柱了吧。这样，我们就为金属螺栓准备好了所需的螺孔。

连接横梁和轨道铝管

 把铝管和横梁按照之前做好的对应标记摆在地上。这一步骤我们还是需要底朝上放置，方便操作。

给手电钻装上钢丝刷，将横梁稍微移开一点，把铝管上刚刚做好的螺孔周围打磨得粗糙一些，每个角的螺孔附近都要打磨。

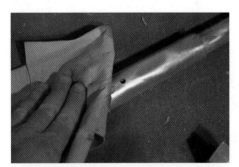

用毛巾蘸上丙酮，把铝管打磨过的地方清洁干净。

4个轨道撑的凹槽也同样处理一下。

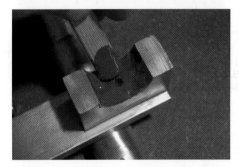

准备好$\frac{1}{4}$英寸（7 mm）金属螺栓，再混合一些A-B胶，均匀地涂在轨道撑的凹槽内壁上。

然后把横梁翻过来，在胶还没有干之前，用$\frac{1}{4}$英寸（7 mm）的金属螺栓把横梁和铝管轨道连接在一起。

另一端进行相同的操作。

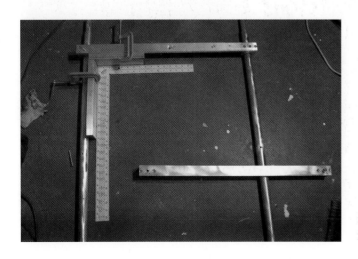

趁着A-B胶还没有干，再检查一下轨道是否是规整的矩形。如果有偏差，把螺栓松开一点，调整好以后再拧紧。每段轨道都要这样调整。静置24小时，让A-B胶干透。

制作轨道中间部分的横梁

㉒ 现在，轨道两端的横梁都做好了。轨道中间部分还需要一些支撑。我们要在轨道中间再加上两个横梁。在两端我们使用了铝块来做支撑，因为那里需要的强度比较大。中间的部分我们可以省点力，用木头来做。不用谢我，你再也不会遇到给铝块钻孔的麻烦事了（当然，如果你要把轨道焊接成一个整体，不好意思，那轨道的中间部分还是要用铝块）。

这些木质支撑块和铝块形状一样，只不过是用2×4的木料做成的。

还记得铝板的宽度吧？2½英寸（63mm），然后我们把它切成2½英寸（63mm）见方的铝块。2×4的木块也是要做成这样。木块材料比铝块稍微厚一点，这正是我们需要的。

把木材切成2½英寸（63mm）见方的方形块，每个横梁需要一个。我使用电动斜切据来加工，用斜锯盒和手锯也可以完成这个工作，只是会多花点时间。

方块切好以后，在上面沿对角线画一个"X"，确定正方形的中心位置。

使用与切割铝块相同的孔锯，在正方形木块中央钻出一个大洞。

用组合角尺，在中间位置做一个标记。

和铝块一样，沿着中间的标记把带孔的木块劈成两半。同样，最重要的是保证所有木块凹槽的底部到木块底面之间的距离都与你做的铝块相同。

我要做两段5英尺（1.5m）长的轨道，所以需要4个带有支撑块的横梁，每段轨道两个横梁。把木块表面打磨得光滑一点会好看些，并不会影响实际使用。木块的底面就不用打磨了，因为一会儿要在上面抹胶，需要抹胶的一面粗糙些效果更好。

在每块木块的底面，沿对角画一个"X"，确定中心点，然后在这个位置上钻一个¼英寸（7 mm）的孔。

木块上需要加点保护措施，我的就是在上面喷了些黑漆。如果不需要在上面画东西，你也可以涂些聚亚胺脂，不管哪种方法，有一部分表面不能喷漆。处理前，用胶带纸把木块的底面和凹槽的底部先盖上。

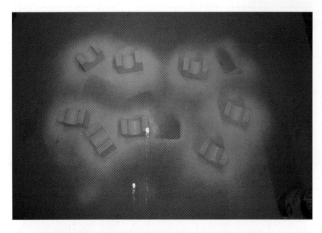

如果你打算给这些木块上漆，先涂一层底漆是最好的，说实话用刷子上色会好看些，我比较懒，就直接用罐装喷漆了。

至少要喷两层漆，我有点想把它们喷成红色，那样会比较酷。

等漆干了以后，把凹槽里和底面的胶带纸拿掉。

混一些用于金属/木头黏合的环氧胶水。使用前确定说明上标注是可以用于金属和木头（大部分都是）黏合的，找一个长¼英寸（7 mm）的螺栓和螺母放在手边。

在木头支撑块的底面涂上一些环氧胶。

和铝块的一样用¼英寸（7 mm）的螺栓和螺母把木块及横梁连接起来。再用组合角尺确定一下支撑木块底边和横梁成直角。

用¼英寸（7 mm）的木螺丝把横梁和木块固定在一起。如果你用的木螺丝比较大，那需要在木块上事先钻一个孔，防止木螺丝把木块胀裂了。

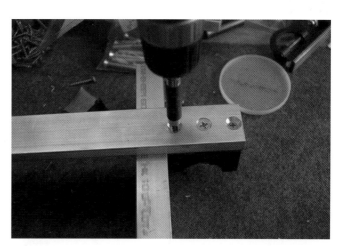

装完木螺丝后，尽快把中间的长螺栓拿出来，等胶干了就不容易取出来了。

横梁的另一端也用同样的方法装上木块。

现在你应该已经为每个1.5m的轨道段准备好了两段横梁。上图虽然只有横梁的一头，但是另一端也是同样的。

安装中间部分的横梁

㉓ 在铝管上钻中间横梁的安装孔。把轨道底朝上摆好,在带有木块的横梁上夹一小块胶合板,在轨道铝管上也夹一小块胶合板。

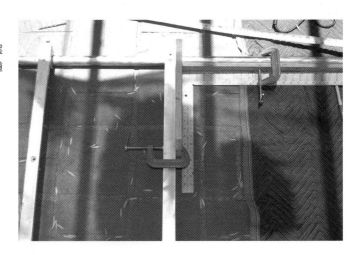

两个中间横梁要沿轨道方向均匀分布。从轨道一端的横梁量起,沿铝管轨道量出第一个中间横梁的位置,我的尺寸大概是43mm,另一个中间横梁我是从另一端开始量的,也是43mm。这样布置就可以让中间横梁沿着轨道方向均匀地分布了。

看一眼上图,你的轨道应该也是这个样子,中间的横梁都均匀分布。

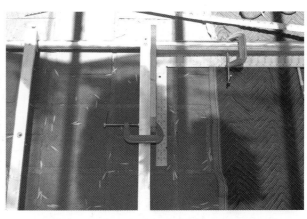

和两端的横梁一样,用直角尺再确认一下中间横梁都是和轨道铝管垂直的(装中间横梁时不需要再把轨道垫起来,因为现在两端的横梁都已经固定好了。轨道成了一个整体,相对容易操作了)。

用记号笔在每个木支撑块的两边做标记。

给手电钻装上$\frac{1}{4}$英寸(7 mm)的钻头,穿过横梁端头中间的孔,在铝管上钻个小点,作为标记。和前面带铝块的横梁做法一样。在每个横梁的端头处,在铝管上打上个小点。

两端都做好标记以后，把横梁移开，最好还是在你打的小标记旁边用记号笔再做个标记，便于识别。

在铝管和横梁的端口上做好一一对应的标记，这样在安装时，比较容易对位。其他横梁也是重复这样的过程。

把和丝锥配套的钻头安装到钻床上，垂直对准铝管上的标记，把铝管一侧的壁钻穿。千万不要钻到另一侧去，钻穿一面就够了。

注意：

我以前做这项工程的时候，会在一开始就把所有的孔都打好，包括木块上的和铝管上的。这样在铝管上钻孔操作就非常容易。如果在轨道两端用螺丝紧固，等A-B胶干了以后，再去钻铝管中间的孔，操作会很不方便。不幸的是，那些新手（实际上，我以前曾经请别人按照我的设计和清楚的指令去做这个轨道，我称这些家伙是新手）在钻孔上出现了问题。很多地方孔的位置都有一点偏差，虽然偏差只有一点点，但足以引起大问题。先把两端的横梁固定好，保持整体的形状，然后再去钻轨道中间的孔，就会减少很多误差。如果你非要一起钻完，没关系，那样也更容易。但是，小小的偏差可能会导致你要重新做很多工作。

和前几次做的一样，在铝管上攻出1/4英寸（7 mm）的螺纹。

做好螺纹后，用钢丝刷和蘸有丙酮的抹布把孔的周围擦拭干净。混合一些环氧胶，涂在每个支撑木块的凹槽里面。

用1/4英寸（7 mm）的金属螺栓穿过横梁拧进铝管轨道。确保每个横梁的端头都是按照原来你做过标记的位置装回去的。其他横梁也如法炮制。

安装花兰螺栓固定螺栓

 现在是使用两端横梁中间5/16英寸（8mm）那个孔的时候了。给手电钻装上钢丝刷，把那个孔清洁干净，然后用丙酮擦干净。

混合少量A-B胶，涂在在横梁中间孔的底部。

在5/16英寸（8mm）的平头螺栓的螺帽一端也抹上些A-B胶。

将5/16英寸（8mm）金属螺栓穿过横梁中间孔，然后在背面拧紧螺母。

用毛巾纸蘸上丙酮，把多余的A-B胶清理干净。

确认把螺栓另一端的螺纹也清洁干净。

把其他轨道两端横梁上都装上螺栓。

安装花兰螺栓

 等A-B胶干了以后，在8mm的螺栓套一个垫片。

把花兰螺栓一端的扣环套到横梁中间的螺栓上，然后在上面放一个垫片，最后用元宝螺母拧紧。

在轨道另一端横梁中间的螺栓上套两个垫片和元宝螺母，以备以后使用。

就快做好了!

把轨道翻过来轨道面朝上。

检查每一个支撑块。可能有一些A-B胶流到了铝管轨道的表面,可以用大平头螺栓的螺帽把它刮掉。

前面我并没有要大家先把铝管擦干净,就是因为脏一点的铝管在最后比较容易把多余的胶刮掉。想要你的轨道漂亮一点,现在就可以给手电钻装上抛光刷,把整个轨道都清洁一遍,然后用丙酮清洁干净。

把轨道连接在一起

 把两个轨道在地上摆好,公头对母头。

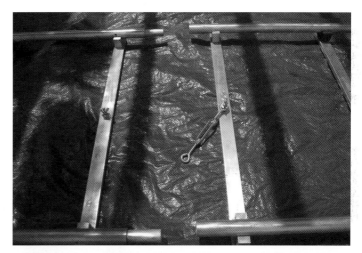

从两边把两段轨道推紧。

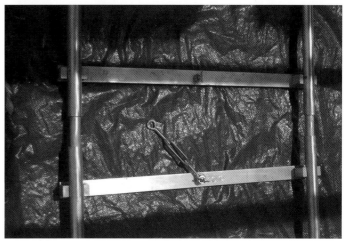

把公头(铝柱销凸出的一端)插进母头。

把没有挂花兰螺栓的横梁上的元宝螺母和一个垫片取下来。

把花兰螺栓另一端的吊环套上去。

放上垫片，把元宝螺母拧上去，这次要拧紧一点。

旋转花兰螺栓中间的扣环，拉紧两段轨道。

现在这个轨道就做好了。如果你的预算允许的话，还可以继续制作些5英尺（1.5m）长的轨道段。

最后把摄影小车放上去试一下，别忘了先在整个轨道两端加上一个夹具或者沙袋，防止一兴奋把小车推出轨道外。

在投入使用以前，别忘了参阅本书关于如何给摄影推车轨道校正水平的一章内容。

第9章 如何铺设轨道并校准水平

鉴于大家第一次见到这种轨道，并且会在本章中多次见到这种轨道，索性先给大家来一个近景图看清楚。这种轨道和第6章制作的PVC轨道基本一样，只是把轨道底座换成了木头的，就是把PVC管制成的轨道嵌入2×4的长木板的凹槽里面。

嘿，Dan！我的车轮套不上轮轴了！这是怎么回事？

在这一章里，我们将介绍如何铺设摄影推车轨道并校准水平，以及如何设置摄影推车移动和停止标志。这些步骤通用于普通的PVC轨道和上一章介绍的专业轨道。当然，还要介绍做这个工作所需要的东西。有时几个木楔子就可以解决问题，有时可能还需要苹果箱、木块和木楔子组合使用。视具体情况而定。

看一下这张照片，要铺设好一个12英尺长的轨道需要这么一大堆东西。其中有一些不一定会马上用到。根据拍摄要求，有时你会需要大量的2×4的木块来垫轨道，有时只用轨道本身3英寸宽的底座就够了。但是，你总不可能等拍摄急用时才去把材料拖过来吧？虽然这样的轨道系统很好用，但确实是个体力活。如果你对这种轨道本身的制作方法有兴趣可以给我发电子邮件dan@DVcameraRigs.com，我肯定会回复你的。

铺设轨道需要的物料

大量2英寸×4英寸×10英寸（5cm×10cm×25cm）的木块

为什么要10英尺长呢？因为它正好可以放进一个标准的牛奶箱。

按照第一个2×4木块的长度，多切一些，直到把一个牛奶箱填满。填满只是个开始，我们还需要很多这样的木块（标准牛奶箱和非标准牛奶箱的区别就是，标准牛奶箱需要花钱去买）。

木楔子。这就是一个薄垫片。我们这里是用2英寸 × 4英寸 × 12英寸（5cm×10cm×30cm）的木块按照一定斜角切出来的。做这个少不了用带锯机。在好莱坞的工作室仓库或者Burbank的电影用品店里都可以买到这种木楔子，2美元（约合人民币12元）一个，所以以买成品比自己做更划算一些。如果是短轨道至少需要20个，当然40个更好，当你在现场搭建时，就不会嫌多了。

当然，你需要一个很长的水平仪，至少36英寸（0.9m）长，最理想的是48英寸（1.2m）。根据不同的轨道类型，你可能还需要C型夹具、3/4英寸19mm的胶合板，以及木工夹（木工夹一般被称为弹簧夹，但是如果能称为"木工夹"，表示你可以用它夹更大的东西）。我们后面会介绍如何架设各种类型的轨道，到时你就知道这些东西有什么用了。这里还有一个东西你没看到，就是苹果箱，它经常用来把轨道垫起来。每次我都极力推荐别人准备沙袋和苹果箱。但是，大家还是经常忽略这两样工具。苹果箱可能不如摇臂性感。但是在实际操作的时候，沙袋和苹果箱最实用，并且很重要的摄影辅助器材。在这部分我暂时不讲如何使用苹果箱，你就知道它是我们铺设轨道时一个重要的工具就行了，在个别情况下，一个苹果箱甚至能拯救你于水火之中。

所有轨道通用的第一个步骤

首先，你要搞清楚你的轨道要铺设的位置，以及摄影对轨道长度的要求。最简单的办法是先确定演员的活动范围。所谓确定范围就是确定演员什么时刻会移动到哪个位置。对于镜头运动来说，可能只需要从远处推进6英寸（15cm）。也可能是演员要在一个房间里不停运动，连续运动到6个指定位置。相应的镜头运动可能会从近景到两个机位，再到单独镜头。看似简单的镜头运动可能会带来很大的工程量。

确定了演员在场景中的位置以后，就可以用单眼取景器或摄影机决定镜头运动的起始点。比如从演员A的近景开始，然后回拉镜头，到演员B的过肩镜头。手持你的摄影机到起始的近景位置，也就

是这个镜头开始拍摄的地方。这时心里要清楚，你的推拉距离可能要40英寸（1m）或者更长。如果摄影机放在推车中央的三脚架上，你要确保有足够长的轨道，以免推车从轨道一端上摔下来。下一步是把摄影机移动到过肩远景的位置上，也就是这个镜头结束的地方。和起始点一样，你的轨道必须延伸到比这位置更远一点的地方，以适应拍摄要求。

铺设轨道并且校对水平

PVC 轨道

使用PVC轨道自带的垫板。在水平的地面上，靠这个垫板就可以了（真正的水平地面一般都是室内，我见过的室外的水平地面只有网球场和露台）。

将PVC轨道固定在厚木板上

有两种方法可以铺设你做好的PVC轨道。一种是在轨道下垫10英寸（25cm）长的木块，第二种方法是纵向地把轨道固定在2英寸×4英寸（5cm×10cm）的木块上。这两种方法都可以用在不平坦的地面或者雨天、雪地的拍摄（详见第5章）。

垫木块法

当然，第一步还是把轨道按照你需要的长度一段段接好。

如果你做过摄影推车的轨道撑，现在就用上它。

用推车轨道撑沿着铺好的轨道走一遍。确保轨道每处的宽度都与推车的轮距一致。如果你没有这种轨道撑，直接用推车也行。

沿着轨道方向每隔2英寸（0.6m）垫一个木块。

这种轨道的接头处下面没有木板垫，所以在每个接头处加垫一块木板。由于PVC轨道底部垫的木板都是¾英寸（19mm）厚，所以要找一块厚度一样的木垫点在下面，这里我用了一块胶合板。

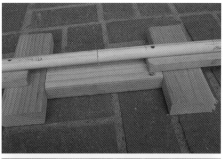

从地势较高的一端开始，把水平仪放在PVC轨道的顶部，检查一下水平情况。我现在铺的轨道在一个有点不平的露台上。看起来平，其实地面上到处是破损的地方，坑坑洼洼。还好，垫好以后地势高的这一面还算平。但是有一个木块和轨道之间还有些空隙，起不到支撑作用，所以还要垫高一些。

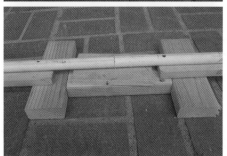

我在这个木块下面垫了木楔子，使它可以支撑轨道。

现在轮到地势较低的一端了。首先查看一下轨道需要垫高的高度。在这个例子中，高低两端的高度相差很多，甚至需要再加一个木块在底部，然后再垫上木楔子。

差不多每个木块都垫好以后，把水平仪压在PVC轨道的顶部，要用力地压，确保轨道从头到尾都是水平的。

沿着从低到高的方向，挨个检查所垫木块的高度，在木块下面用木楔子调整高度，确保每个木块都起到了支撑作用。

回到地势较高的一端，把水平仪跨在两根轨道上。

不断地加木块或木楔子，直到两条轨道处在一个平面上。右图中，右边轨道明显比左面低。

沿着轨道，对每一对支撑垫块的位置再用水平仪调整一次。

轨道的接头处需要特别注意。这个位置下面的支撑块一定要用得上力。

在轨道的尽头夹一个C型夹或者扔一个沙包，防止摄影推车滑出轨道尽头。

好了，水平校准完毕，可以使用了。

垫2×4木板法

很多情况下你不能单独使用垫10英寸（25cm）木块的方法。也许你的摄影推车要越过马路或者小坑。你需要支撑一整段PVC轨道，而不是垫一个木块支撑在一点上。

轨道两端的铺设还是和上面的步骤一样。

接下来把一个8英尺（2.4m）长的2×4木板整个垫在轨道下面，沿着轨道方向，这里还是要注意轨道接头的地方，因为2×4的垫板是整个在轨道下面的，这样接头部分就悬空了。

把整个木板垫到轨道下面。

你仍然需要在轨道下垫10英尺的木块，和没有加木板时一样，只是间隔不用那么密了，每隔8英尺垫一个就可以。

有几种方法可以把PVC轨道固定在2×4的木板上。

轨道的两端比较简单操作，用C型夹夹上就行。

中间的部分你也可以用C型夹具，但是夹的时候要让夹子往外偏一点，因为摄影推车经过时可能撞到夹子。

我个人推荐使用木工夹（弹簧夹），既快速又简单。

还有一个方法，就是用墙螺栓连接2×4的木板和PVC轨道的垫板，使用墙螺栓拆装都比较方便。

别忘了在轨道接头处垫好木块。

校准水平仪，和之前的操作一样。

把推车架在上面试着走一下，确保不会撞到中间部分的C型夹。

为专业轨道校准水平

给专业轨道校准水平和上述过程一样，只是更快些。

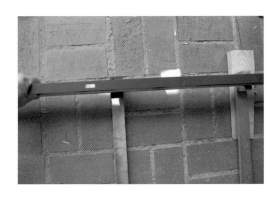

确定较高的一端，然后在横梁的一头垫上木楔子。

一面水平以后，把水平仪横架在两条轨道上，重复上面的操作，在横梁下面加木楔子让左右两边的轨道在一个水平面上。

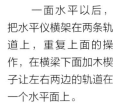

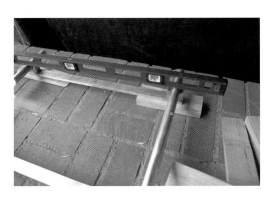

从较高的一端沿着轨道校准水平，在横梁一端不断加木楔子或木块。然后回到较高的一端仔细调节，让所有的木楔子和轨道横梁之间没有空隙。

记住，横梁的两端都需要垫木楔子。

如何使用摄影推车

演员必须按照规定的标记运动，摄影推车也一样。

在根据演员的运动范围确定摄影机的运动范围时，最重要的是知道摄影推车的起始点和停止点。可能只是两个点，也可能是推车轨道上的多个点。在仔细设计场景中摄影机和演员之间的运动关系时，就可以在轨道上做停止标记，摄影师就是按照这些停止点来操作的。在排练摄影机位置的整个过程中，你需要不断地调节这些标记。

一般我喜欢用几片胶布，上面用记号笔标上连续的数字。

1号位置就是摄影机的起始位置。你听过助理导演喊"回到一"吧？指的就是这个。演员和摄影机都回到镜头的起始位置。按照这个位置要求，把标有"1"的胶布贴到推车后轮所在的位置。

当彩排摄影机位置时，摄影师会说"停"，这就是位置"2"，把标有"2"的胶布贴到推车后轮位置下面，现在要记下根据某句台词或者演员做某个动作时，你要把推车从位置1移到位置2，重复这样的操作直到所有的停止位置都被标记好。

有时可能会出现位置3和位置5重合的情况，没关系，把5号贴到3号的旁边就行了。

在8英尺长的轨道上，你很可能要标记5个或者更多的位置。舞台上演员和摄影机的位置关系可能很复杂，有时甚至每次只移动1英寸（2.5cm）。说到移动摄影推车，你必须小心翼翼，这意味着你要安静地把推车按照要求的速度推到指定位置。千万别猛推，你需要让推车的启动和停止都非常平稳。说不定猛停时会把什么东西弄坏。推推车也是需要练习的，没有看上去那么简单。好的推车操作人员是非常难得的。演员可以重来几次，但推车操作人员是不允许犯错的。

无论是PVC轨道还是精美的专业轨道，掌握铺设轨道和操作推车的技巧是需要些时间的。无论是小型独立电影还是大预算的爆炸性镜头，同样需要为拍摄工作准备一大堆器材（见过剧组后面的拖车吧？里面都是一堆堆的胶合板、2×4木板和快速轨道），所以一定要制作或者买些木楔子、10英寸（25cm）的木块、沙袋和苹果箱。这些都是必需的。同样，如果你对本书的内容有什么问题，随时可以发电子邮件给我，邮箱地址是Dan@DVcameraRigs.com，我是个热心肠的人。

第10章 摄影推车常见问题解答

首先，来看一下所有推车都会遇到的问题：滑轮与轨道发出的"吱吱"声。

滑轮与轨道发出的"吱吱"声

在早年（大概是1979年），可以在轮子上喷WD-40润滑油来解决Fisher摄影推车的噪声问题。当然现在也可以用，但是这种方法会留下大量污垢，每次拍摄完都要花很多时间清洗。现在，有了更加简单、清洁的方法。

对于PVC轨道来说，有两样东西很好用。

一个是婴儿爽身粉。直接喷洒在噪声较重的地方，然后用推车在上面来回走几下。

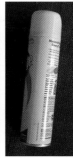

另外一样是家具抛光剂，它对PVC轨道和铝制轨道都非常适用。

直接把抛光剂喷在轮子和轨道上，同时让推车来回走几下。要达到完全没有噪声可能需要喷很多。

摄影推车的颠簸

我自己做的轨道基本没有遇到过这种问题，有位电影制作人买过本书的早期版本，遇到了颠簸的问题（我1987年设计了同轴溜冰式滑轮。之后这种设计被广泛使用），在轨道上推动摄影推车时出现了持续的颠簸。我只能想到两个原因：作为轴的螺栓可能弯了，轮子中有一个可能有缺陷。后来我费了很多工夫，才在供应商那里找到了有缺陷的轮子来做模拟实验。

为了检查你的轨道是否有同样的问题，先把推车翻过来，找一段PVC轨道架在轮子上。

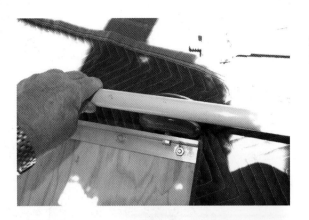

用力压住PVC轨道，同时来回滑动轮子。如果你感觉到滑轮逐渐偏离PVC轨道，基本就可以断定轮子有问题。

仔细检查轮子。在有问题的轮子上画个叉，这种偏差很难一眼就看出来，需要用手去感觉。其他轮子也用相同的方法检查一下，以免碰到一批坏轮子。

在到达终点前摄影推车脱轨

如果推车脱轨，有几个地方需要检查一下：

1．轨道并不是平行的，有些位置的间距不同。
2．推车的轮架不是规则的矩形。
3．推车的平台不是规则的矩形。

摄影推车的震动

震动经常出现在用电气管道或者PVC管制作的轨道上。当这种轨道铺设在诸如混凝土之类的硬质地面上时，就可能出现震动。大多数情况下都没问题，个别情况下会出现震动。如果推车发生震动，在轨道下面垫上消声毯、普通地毯或者耐磨的软垫。

推车主体嘎吱嘎吱作响

这种情况很少发生。一般是由于推车上某处螺丝没有拧紧或者胶合板开胶所导致。在推车中部再加一对轮子就可以解决这个问题。

第二部分　手持式摄影机支架

手持式摄影机支架，顾名思义，就是指任何由摄影师手持或者架在身上的摄影机支架。最有名的就属Steadicam™（斯坦尼康）了。设备制造商们出品过很多种非常不错的支架，既有为专业摄影机准备的全套Steadicam™支架，也有为手持式摄影机准备的小型支架。《恐怖走廊》式稳定支架也属于这类设备。有很多电影人非常喜欢这些设备，有的甚至长年订货。

你还会发现有些支架可以让你的摄影机在离地面仅仅几英寸（1英寸=0.025 4米）的高度游走拍摄。就像电影《成功的滋味》中使用的摄影机支架。《城市大街》式支架是由电影人Mike Figgis为他的电影《时间密码》设计的，现在已经被商品化，并被命名为FigRig™。我要教大家制作的设备基本和上面这些功能类似并且制作起来更简单。最后我还会教大家做一种肩扛式支架，专门为你的肩膀量身打造。

第11章 《恐怖走廊》式稳定支架

稳定器类摄影支架简介

本书第一版问世时，摄影机已经开始变得越来越轻小、越来越轻。现在几乎每个人都拥有高清摄影机，其中一些重量超过5磅（2kg）。《恐怖走廊》式摄影机支架可以轻松应用于5磅以上的摄影机。但问题是，你能举着这么重的摄影机，并且保证胳膊和手腕不会发酸吗？我曾经在这种支架上使用松下高清摄影机拍摄。短时间是没有问题的，但是我可不想整天都用这东西拍摄每个镜头。

自从Garret Brown发明了Steadicam™（斯坦尼康）摄影机支架，每个电影制作人都垂涎若渴地想要得到一个。现在，因为有了更加轻便的摄影机，出现了一大群为DV市场服务的仿制品。大多数商用稳定支架都要1 000美元（约合人民币6 300元）以上，这让我们大多数人都敬而远之。

我为大家提供了一种方法，你可以花50美元（约合人民币300元）自己做一个。那么这个自己做的支架效果能赶上商用支架吗？以我的经验，没问题。事实上我还做了些小改进（一个旋转把手）可以把手腕运动独立出来。如果你想要一个完美的支架，制作时可要一步一步跟牢了。

给聪明人一句忠告：摄影机稳定支架不是万金油，有的地方适用，有的地方不行（如要求摄影机沿着某一路径运动，那么摄影推车是更好的方案，但如果摄影机运动需要经过被轰炸过的碎石瓦砾，那么稳定支架是必备的）。

无论是你自制的摄影机稳定支架还是商用支架，使用这些支架都需要大量的练习。Garret Brown就曾经开班培训专业的操作者（也许现在还在教）。甚至有些家伙天天使用这种支架，还是会去上他的培训班。稳定支架是种非常出色的设备，你永远需要练习，练习，再练习。

在这一章的结尾，你会找到使用这种支架的说明，教你如何保持平衡，还有一些有用的入门教程。

在购买零件之前保持冷静，先看看"打造完美器材"部分。

物料清单

☐ 1个带有轴承的同轴溜冰滚轮，这种轮子有些是不带轴承的。如果轮子没有轴承，就单买一包轴承，剩下的可以用在推车或是摄影机摇臂项目上。

☐ 轮子上的轴承中如果有轴，你需要把它拆掉（用螺丝刀可以很轻易地把轴承撬出来，先把中间的小轴拿出去，然后把轴承装进去）。

☐ 两个同轴溜冰轮轴承。这两个作为轮子上轴承的补充（单买轴承就有这个好处），否则你还要从其他轮子上拆下来两个。

☐ 1个泡沫把套，自行车或者滑板车上的那种，你很可能一下就搞到两个。为了顺利地把它套在把手上，你还需要些水性润滑油。

☐ 2个 $\frac{5}{16}$ 英寸（8mm）锁紧螺母，可用在螺纹杆上（锁紧螺母比普通螺母更小更薄一些，如果找不到，用普通螺母也可以）。

☐ 2个 $\frac{5}{16}$ 英寸（8mm）防松螺母，也是用在螺纹杆上。防松螺母里面有一个尼龙环，可以紧紧地固定在螺丝杆上。

☐ A-B胶。这是为金属准备的超级胶水。包装里有两管，使用前要混合在一起。

☐ 乐泰胶或其他螺纹胶，用于固定螺母。如果你找不到防松螺母，就需要用这种胶来固定螺母。

☐ 1个 $\frac{1}{8}$ 英寸（3mm）厚、$\frac{3}{4}$ 英寸（19mm）宽的铝条，通常以3英尺（1m）长一根出售。但是这里仅需要9英寸（22cm）。

☐ 外径分别为1$\frac{1}{4}$英寸和1英寸的铝管。有几种不同类型的铝管可供选择：普通铝管和电镀铝管。电镀铝管有各种各样的颜色，比较美观。

你需要1根外径1$\frac{1}{4}$英寸的铝管和1根外径1英寸的铝管。一般的彩色铝管一般长5英尺，余下部分可以用在其他项目上。

写在你采购铝管之前

我住在路易斯安那州，很容易买到铝管（如果你也住在路易斯安那州，去工业金属供应商那里就能买到）。但是，这几年我经常收到一些电影制作人的邮件，他们有几个共同的问题，要么找不到本地供应商，要么就是网上的金属商店价格不合理。的确，有些网上金属供应商的报价我也觉得很离谱。如果你在本地找不到合适的铝管，有个简单的办法就是带着用在手柄上的轴承，到五金商店里去找合适的铝管（为方便携带，你可以把这些轴承穿到一根长螺栓上，另一端拧上螺母）。五金商店里有很多东西是用铝管做的，你只要找到能和轴承配上的就行。我以前碰到的几个家伙，用过旗杆、玻璃刮的杆、粉刷滚的杆，甚至是可伸缩的淋浴间窗帘杆，由你自由发挥。把铝管拆下来，套上轴承试试合不合适（如果店员阻止你，你就说是我允许的，没事）。不用担心支架上半部分那个1¼英寸的铝管。这一部分对尺寸没有那么严格的限制。如果你找到了粉刷滚加长杆内部的管子尺寸正好可以和轴承配上，你可以把外面的套管（玻璃钢的也没关系）用于和摄影机结合的部分（如果你用玻璃钢的管子，最好使用钢锯切割）。

4个⅞英寸（22mm）的塑料接头。这种接头一个包装里包含4个，用来固定金属椅子腿上的轮子。注意，不同品牌的设计都不一样。我的尺寸用Shepards牌的刚好。

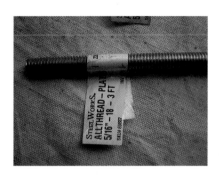

1个5⁄16英寸（8mm）的螺纹杆，要36英寸（1m）长的。所谓螺纹杆就是一个没有螺帽的大螺栓。在一般的五金商店里都可以找到。实际上你只需要30英寸，但是他们卖的都是36英寸（1m）长的。

你需要一块硬质木材来做摄影机的底座。尽量找¼英寸（6mm）厚、3~4英寸（76~100mm）宽的，然后切成10英寸（25cm）长。通常在商店里这种木材不放在自己的区域里，而是在"业余木材"之类的区域里，如果你想要一个金属的摄影机底座，那么就接着往下看。

打造完美器材物料清单

用一块⅛英寸（3mm）厚、3~4英寸（76~100mm）宽、10英寸（25cm）长的铝板替代上面提到的木板。注意一下"工具清单"这一部分，里面列出了加工摄影机底座所需的工具。

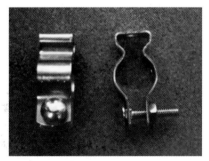

2个2号管线固定夹。它可以在商店的电气区找到。它们原是用来悬挂电线管的。2号管线固定夹用于1英寸的管子。注意到管线固定夹底部的螺栓了吗？在离开商店以前要找两个能和这个螺栓匹配的元宝螺母。如果你住在其他国家或地区，看一下本章末尾的摄影机稳定替代座架，因为在你的国家里很可能找不到这种东西。

这些是管线固定夹用的元宝螺母。我的是¼英寸（6mm），你的可能不是这种，所以最好在买之前就在螺栓上试好。

这是把摄影机固定在底座上的螺栓。一般的摄影机底部都有一个¼英寸（6mm）的螺孔。你的也可能不一样，最好是买螺栓的时候带着摄影机试好尺寸。找一个½英寸（14mm）长的就行。如果你还想在摄影机底座上加一层垫子，就用¾英寸（19mm）长的螺栓。我买的是内六角螺栓，平头或六角螺栓也可以。

这是用于配重的基座。用一块12英寸（30cm）长、1/16~1/8英寸（1.5~3mm）厚、4英寸（100mm）左右宽的铝块就可以。如果想更炫一点，可以用槽铝（继续向下读）。

打造更完美器材物料清单

用槽铝可以把支架安装在槽铝平面的部分上。它的用途是制作配重基座。你需要找一个12英寸（30cm）长、1/16~1/8英寸（1.5~3mm）厚、4英寸（76~100mm）宽的槽铝。侧面的高度至少要½英寸（14mm）。

在固定支架时，螺母和螺栓头会从这个配重基座底部凸出来。用槽铝的好处就是底面有槽，螺栓不会凸出来，支架可以稳当地放在地上。如果使用一般的铝块，可以在铝块底部加上几个橡胶脚垫，起到同样的效果。

再找10~12个重型垫圈，直径为1~2英寸（25~50mm）。这些是要加到配重块上的。如果你使用的摄影机比较重，如松下HVX200，你就需要更多，大概20个。

2个10-24号、½英寸（14mm）长的螺栓和螺母。这些是用来连接管线固定夹和摄影机底座的。比这个长一些的螺丝也可以。只要能够恰好穿过管线固定夹的孔就行，平头螺栓更好。

左图是一个内六角螺栓、一个元宝螺母和一个小孔垫圈（也叫做平板垫圈），垫圈可以把配重基座上的其他垫圈压住。所使用的螺栓长度取决于配重基座的厚度和上面叠摞的6~10个重型垫圈的总高度。这个后加的垫圈要求孔小一些，不然元宝螺母可能会直接掉到垫圈孔里。你需要两组这样的垫圈组、元宝螺母及螺栓。其实这个螺栓也没有什么特别的要求，我使用内六角长螺栓就是因为它比较好看，你可以使用任何螺栓，我用的是¼英寸（6mm）的。

1个盖母。你可以使用$\frac{5}{16}$英寸（8mm）的螺母，但是这个更好看一些，能让你的设备看起来更专业。

2个$\frac{3}{16}$英寸（5mm）或更粗、$1\frac{1}{4}$~$1\frac{1}{2}$英寸（32~38mm）长的螺栓，这是用来将手柄支架固定在轮子上的。这些螺栓的长度取决于你所使用的轮子直径。具体内容参见第5~16步。用内六角螺栓更好看些。

找一些软木毡或者工具箱衬垫，其实最好用鼠标垫。找一块便宜的一面是布料的那种，把上面带颜色的布料撕掉。剩下的用来给摄影机底座做衬垫。针对"打造完美器材"中的物料清单，使用鼠标垫。无论你用什么，只要找一块和你的铝制摄影机底座一样大的垫子就行。

一小块方形的60号砂纸。我们用它给轴承和铝管黏合的部分打磨粗糙。

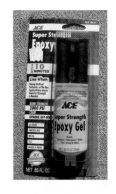

超级环氧胶水，用来固定轮子支架上的螺栓。

工具清单

☐ 切管器。确定你找的切管器可以切割外径$1\frac{1}{4}$英寸（32mm）以上的管子。

☐ 锤子，主要用于记号冲。

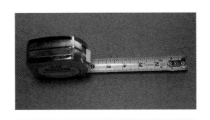

☐ 钢卷尺

☐ 钢锯。多找些锯条，因为我们要锯铝管，所以不能用16齿以上的锯条。

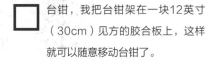

☐ 台钳，我把台钳架在一块12英寸（30cm）见方的胶合板上，这样就可以随意移动台钳了。

☐ 金属锉刀和一些磨石钻头。如果你用木质摄影机底座，只需要磨石就够了。但是一定要找圆锥形的。多找几块，这个东西磨损得很快。如果你想要个"炫"的底座，那么锉刀和磨石都需要。

☐ 中心冲和/或记号冲。中心冲的官方用法是在金属上砸小坑，为钻孔做准备。给金属钻孔之前必须先砸一个小坑，不然钻头会很难控制。记号冲一般用来在金属上做标记（铅笔太容易抹掉），实际上这两样工具可以通用，打孔、做记号都可以。

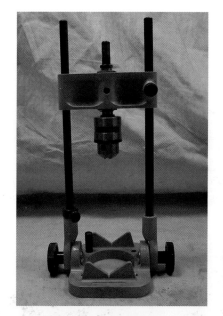

☐ 如果你没有钻床，我推荐你用这种电钻架。这种支具可以保证你钻的孔笔直，这在钻孔工作中非常重要。电钻架底座上有个V形支架，可以用来固定管材，需要在管材中心钻孔时非常好用（我们要钻很多孔）。一般一个这样的电钻架只要35美元（约合人民币220元）。如果你还要做本书中提到的其他项目，这会是一笔不错的投资。

☐ 组合角尺，地球上最有用的工具之一，也是这个项目中最需要的工具。

☐ 鱼嘴大力钳。一个就行，有两个更好。

☐ 一字螺丝刀

☐ 变速手电钻或者钻床

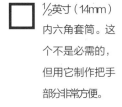

☐ $\frac{1}{2}$英寸（14mm）内六角套筒。这个不是必需的，但用它制作把手部分非常方便。

☐ 护目镜，我们要给金属钻孔的活，这是非常重要的工具，千万别忘了。事实上，本书所有提到给金属钻孔的地方，操作时都要带上护目镜。一定要通读附录中"金属加工"部分！

☐ 切削润滑油，在给金属钻孔时需要这个。使用时找一个嘴小一点的油瓶倒进去，或者是附送的滴油嘴。看清楚，这个不是三合一润滑油或者WD-40润滑油。

☐ 钻头。在这个项目里你需要如下规格的钻头：$\frac{5}{16}$英寸（8mm）、$\frac{7}{32}$英寸（5.5mm）、$\frac{9}{64}$英寸（3.5mm）、$\frac{1}{4}$英寸（6mm）。注意，只有$\frac{5}{16}$英寸（8mm）钻头是必备的。其他的取决于你所使用螺栓尺寸和你是否想继续"打造完美器材"。所以请先仔细通读我们的设计。要想简单就干脆买个钻头套装，里面什么尺寸都有。

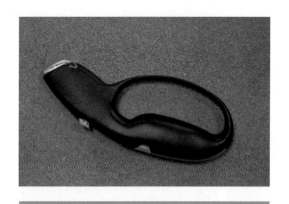

美工刀，用于切割软木毡或工具箱衬垫（如果使鼠标垫，用剪刀就可以）。

手锯或者斜切锯。如果你让家居市场的人帮你切木头，这个工具就暂时不需要了。不过制作铝制摄影机托架时会有用，否则你还得买一个斜锯盒。它们通常是成套卖的，不需要买那么贵的。

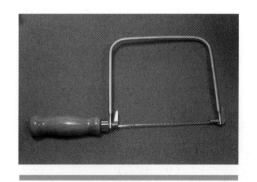

线弓锯。如果你已经有了刨槽机或者曲线锯，就不需要这个了，就算制作铝制摄影机托架也不需要。继续看下面的"锯钻"，它可以替代线弓锯。

这是一个非常好用的东西，是钻头和锯子的结合。钻杆可以当锯子使用。非常耐用，还比线弓锯便宜（但是不太好操作）。如果你用铝做摄影机的底座，一定要用到它。当然用木头也可以。图中是¼英寸（6mm）直径的，长一点也可以。如果你有刨槽机，就用刨槽机在铝材上刨槽，不需要这个钻头。在这里我只能认为你知道如何使用刨槽机了。

开始动手吧

开始动手之前,请一定先阅读附录内容。

鉴于你可能要花很多天做这个项目,所以我不得不把整个工作细分成多个步骤。我相信这样对你会有帮助。所以不要被这么多步骤吓到。

 用切管器在较细的(1英寸)铝管上切出一段3英寸(76mm)长的铝管。

3 为铝管的两端塞进塑料接头,尽量塞得深一点。然后用锤子慢慢敲打,使塑料接头完全塞进铝管。两个管子的两端都这样敲进去。用美工刀把塑料接头留在管子外面的部分切掉。

2 从较细的铝管上再截一段16英寸(40cm)长的,比上次快了吧?

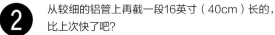

4 在较粗的(1¼英寸)管子上截一段9英寸(23cm)长的铝管。

在9英寸长的管子中间做一个标记。如果使用钻孔支具,在上面装上⁵⁄₁₆英寸(8mm)钻头,把做好标记的管子卡在V形卡槽里。如果你用钻床,就把管子夹在台钳上再放到钻头底下。

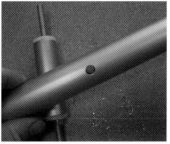

在管子的标记上钻一个⁵⁄₁₆英寸(8mm)的孔,要贯穿管子的两面(在这种薄管子上钻孔不需要润滑油)。

看,漂亮吧!

⑤ 接下来我们要制作万向轮单元，这可能是最难做的部分，真的是最难做的部分。不要着急，一步一步跟紧我做。

先测一下轮子的直径。照片中这个直径是2¾英寸（70mm），在测量值上加上¼英寸（6mm），就是3英寸（76mm）由于照片的拍摄角度原因，看起来有点像2½英寸，相信我那只是错觉。

刚刚测好的数据就用在这里。我们要让这个U形支架的左边和右边相距3英寸（76mm），不管轮子的实际尺寸是多大。然后用这个轮子的尺寸，把3个边长度都加在一起。3英寸边长加3英寸边长加3英寸轮子直径等于9英寸，对吧？

⑥ 找来¾英寸（19mm）宽、3英尺（1m）长的铝条。把它夹到台钳上，切出9英寸长（总长度取决于前面的测量结果）。

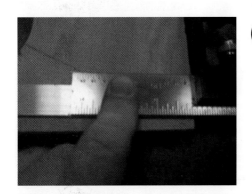

⑦ 把组合角尺设定到3英寸（76mm）的位置。从左右两端各测出3英寸（76mm），用记号冲划出一条线。从两边各量出3英寸（76mm），也可以保证中间那段尺寸正确。

3英寸	3英寸	3英寸
	✕	

⑧ 中间部分你刚刚划出的线已经形成一个矩形，沿着这个矩形的对角线画一个"X"，两条对角线的交点就是中间部分的中心点。

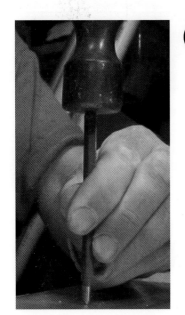

⑨ 用锤子和冲子在这个中心的标记上砸个小坑。

⑩ 从这块铝板的两端量出½英寸（14mm），然后在上面画一条垂直于长边的线，在这个线的中间打一个小坑。

现在你应该得到一个带有3个小坑的铝板，一个在中心，两个在距两端½英寸处。然后我们就可以在这3个小坑上钻孔了。

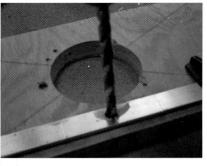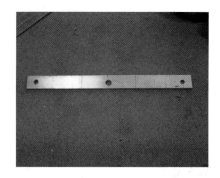

11 在铝条下面垫一块木板，夹在钻台上（有坑的面朝上）。给电钻装上$\frac{5}{16}$英寸（8mm）的钻头。在中间的小坑滴点润滑油，然后对准小坑开始钻。用半速钻，开始时慢一点。钻金属时用慢速，效果更好一些。

换上小一点的钻头。尺寸取决于你用什么型号的螺栓连接轮子和铝框（我用的是10~24号螺栓）。孔的直径应该比所用的螺栓大一点。这样支架框才能自由转动。滴点润滑油，对准铝板两端的小坑分别钻孔。我用的是$\frac{7}{32}$英寸（4mm）钻头。

现在你的铝板应该如上图所示。有件事我得坦诚交代，仔细看一下中间的那个孔，表面有点粗糙而且不是很直。那是因为那个位置的定位小坑砸得不够深，钻头滑动了。我应该用锤子多敲几下的，你要吸取教训，可别犯同样的错误！

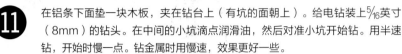

12 让我们来折弯它！

把上面钻好孔的铝条夹在台钳上，让3英寸（76mm）位置的线和台钳的口对齐。然后向上移动$\frac{1}{8}$英寸（3mm）。由于铝板是$\frac{1}{8}$英寸厚的，你可以用一块剩余的边角料，放在台钳口上，把它当作尺子来用，一面贴在台钳口上。然后把要折弯的铝板向上提，让上面的标记线和参考铝板的上沿重合。然后再用组合角尺确认一下，如右图所示。

把钳口松开向上提提，就是这样，现在可以开始折弯了。

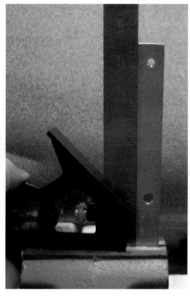

用手把它掰到一边即可。如果想要得到漂亮点的直角，就在剩下几厘米时，开始用锤子把它打弯。如果你力气太小掰不动，就找个管子套在铝板上，当杠杆用，如此一来，折铝板就像折黄油一样容易。

给聪明人的建议

我以前用过一些铝材,像上面那样折弯时很容易就断了,在金属商店里总能找到些12英寸长的余料。但是3英尺长的只能在Lowe's®或者Ace®之类的家居市场找到。所以,如果在金属商店里碰巧找到了便宜的铝材,就多买点。

接下来就把一端折好的铝板翻过来,折另一端,同样沿着3英寸(76mm)的标记线曲折弯,别忘了向上提,然后用锤子敲一敲保证是个规整的直角。

做好了,漂亮吧!

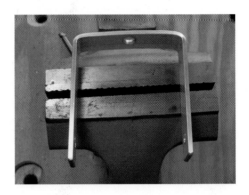

⓭ 现在我们要在轮子上钻两个孔,用于固定手柄支架。用软头笔在轮子的外边缘做一个标记。轮子边缘通常会有在制造时留下的一道接缝痕迹,这给我们提供了便利。

几种找到轮子径向顶点的方法

找到你刚刚做的标记,概括来说,就是要在穿过轮子中心点的直径两端的位置打孔。

一个偷懒的方法就是直接用尺和目测,确定另一个直径端点。

另一种方法是找一块卡片衬纸，卡片盒里面附带的那种就行（或者图画纸也可以）。把轮子摆在纸的角上，让轮子和直角的两边相切。给其余的两边做上记号。

测量一下你刚刚在纸上做的标记，保证它们到对面纸边的距离相等。

沿着刚刚做的标记把纸片裁下来，应该得到一个正方形。

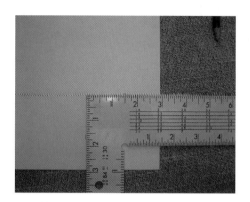

沿方形制片的对角线画一个"X"

然后通过中心点画一条线，把正方形分成两个相等的长方形。

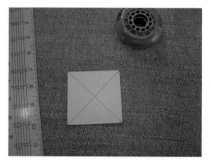

把轮子平放在刚才的卡片纸上，然后把前面在轮子边缘上做的标记对准卡片纸的中心线。

现在就简单了，沿着正方形中线就找到了轮子对面应该做标记的点。在上面做个记号。

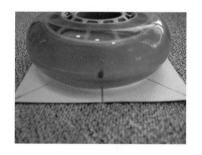

⑭ 把轮子夹到工作台上，我是说真的，一定要夹紧！根据你使用的固定螺栓，选择一个同样尺寸或者小一点的钻头，用手电钻水平的对准刚刚做的标记，在轮子上钻一个孔。这个孔要一直钻到轮子的中心。根据我自己的螺栓，我使用的是$9/64$英寸（3.5mm）的钻头，两边的标记位置都要钻上孔。

如果你有钻床，用钻床钻这个孔更好，先找两块木料（2×4的木料就挺好）把轮子夹在中间，把轮子对准标记点垂直固定，然后就可以钻了。如果钻坏了也没关系，不必换新的，因为轮子是圆的，只要换个直径位置再钻两个孔就行了。如果你仔细看一下左图，你就会发现轮子左面有一个我钻坏的地方。嘿，这不是出版编辑的错误，犯错误是人类的一部分。借这个机会我顺便提一句，做这种工作前一定要睡好，并且要有个好身板才行。

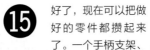 好了，现在可以把做好的零件都攒起来了。一个手柄支架、两个螺栓，当然还有个轮子，你还需要点牙签用来混合环氧胶水。

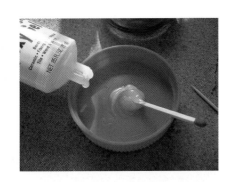

按照环氧胶水上的说明，把环氧胶水两部分混合到一起。并且一定要用环氧胶水，那些所谓的超级胶水，在这上面坚持的时间都不长。

如果你使用纸来确定轮子上的钻孔点，在钻之前把纸留在轮子下面一起夹起来。纸上的线正好可以为钻孔做参考。钻好以后把多余的橡胶屑吹出来（就如Bacall女士说的："把嘴唇隆起来然后吹气。"）。

在牙签上蘸环氧胶，在轮子孔的内壁涂满胶水。

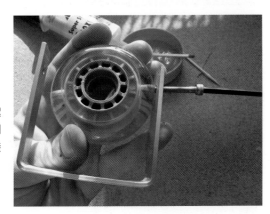

在环氧胶变硬以前，把螺栓穿过手柄支架，并拧进轮子侧面的孔里。把轮子和铝框连接到一起。

拧好螺栓后就是上图这个样子。你可以注意到我使用了长内六角螺栓穿过整个轮毂。螺栓不一定都得穿过整个轮毂，特别是对于较轻的摄影机。但至少要伸过轮毂外面第一层塑料外圈。

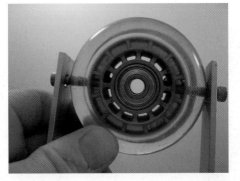

仔细看一下螺栓并没有伸到轴承中心的孔里面。如果发现螺栓头伸到了轴承中心孔里面，趁环氧胶干以前把螺丝倒出来一点儿。我们要的就是螺栓伸进轮子的塑料部分，但螺丝同样不能太长，否则会在轮子和外框之间留太多的活动空间。

把多余的环氧胶清掉，螺丝不能拧得太紧。要让轮子可以在框里面自由翻动。

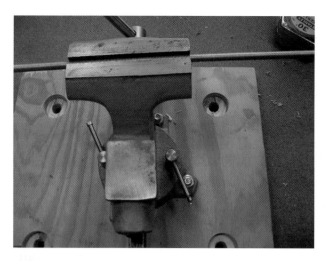

16 把螺杆夹到台钳上，量出24英寸（61cm），做上标记。

在标记位置用钢锯把它锯断，注意到我握钢锯的姿势了吗？我在用左手保持锯条的平稳。在钢锯上装锯条时齿要冲外，在锯的时候不能太快，容易把锯条折断。大概每分钟锯40下就好。现在24英寸的螺杆可能还是有点长。不过过一会儿再来截断它。我之所以这样干，就是怕装好铝管以后螺杆长度不够。等最后确定了准确长度再截断。你也可以干脆现在就全留着，但是到第21步的时候你就该后悔了，会很不方便操作。

17 把一个锁紧螺母拧到螺杆7英寸（178mm）或者8英寸（203mm）的地方。我一般把轮子上的商标朝下安装，这样就看不到它了。但对于实际使用来说，两面都一样，无所谓上下。

然后把螺杆插到万向轮里，落到第一个锁紧螺母上。

把第二个锁紧螺母装到万向轮上面，拧紧。

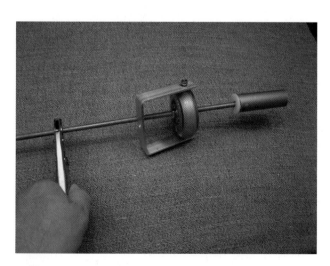

18 用鱼嘴大力钳或者老虎钳夹住螺杆的一端。然后把3英寸（76mm）长的那段铝管沿着螺杆拧进去。直到锁紧螺母的位置。

现在先不用担心在铝管另一面留了多长的螺杆，我们会在后面的步骤里进一步调整。

⑲ 把9英寸（23cm）长的那段铝管装到短铝管留着的螺杆上。大铝管以水平位置安装，用中间的孔套在螺杆上。套上去以后，大铝管上面还留有一定的螺杆长度，足够套上一个防松螺母。

在螺杆尽头拧上一个5/16英寸（8mm）防松螺母，拧紧。最好是螺杆的头刚好和螺母平齐（在拧紧防松螺母同时，要用大力钳夹住螺杆的下半部分）。

⑳ 拧紧轮子上方的锁紧螺母。拧的时候向那个3英寸（76mm）长的短铝管方向拧。最好是再在螺母上加一些A-B胶，晾一晚。我们的目的就是要让上面的大铝管，3英寸（76mm）长的短铝管形成一个整体。不会变形错位。两边用锁紧螺母互相夹紧。

然后把轮子推上去。拧紧轮子下面的锁紧螺丝（如果想稳妥点，这里也可以加一些A-B胶）。不能太紧也不能太松，因为既要让轮子可以自由转动，又不会在螺杆上来回窜。

㉑ 接下来就把较长的那段铝管拧到螺杆上。这个过程比较漫长，感觉像是用了一百年一样。

第二部分 手持式摄影机支架

制作手柄

㉒ 在较细的铝管上截5英寸（127mm）长。千万不要自作聪明想要把这段做得长一些，因为这段长度直接影响到稳定支架的平衡。

用砂纸把这段5英寸长的管子两端的内壁打磨粗糙。

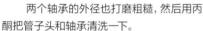

两个轴承的外径也打磨粗糙，然后用丙酮把管子头和轴承清洗一下。

㉓ 在小托盘上挤出等量的A-B胶，混合均匀。用雪糕棍搅拌非常方便（虽然我个人比较喜欢Eskimo派里面的小棍）。

在棍子头沾满胶，轴承外径涂满。注意只有轴承外框的外径表面。

现在，这些同轴滚轴轴承恰好可以放进内径7/8英寸（22mm）的管子，巧合？我不这样想。在管子两端的内壁都抹上胶放入一个轴承，把多余的胶擦干净。安装时要尽量保证轴承和管子同轴。

如你看到的那样，我让一面的轴承和管子的端头平齐，另一面稍微往里多塞了一些，大概进去1/2英寸的距离。这是为了让手柄底端的螺母藏在管中。这不是必需的，只是看起来比较美观。小心地把手柄放在不会被猫或者笨手笨脚的人碰到的地方，静置24小时，让A-B胶干透。

其他注意事项

我做的轴承一直都很好用，但在我收到的一些电子邮件中，有人反映轴承总是自己跳出来，为什么？主要是因为他们没有在涂抹A-B胶之前把铝管内壁和轴承外径打磨粗糙并清理干净。A-B胶是非常厉害的胶水，但是必须按照说明来使用。我还听说有的电影制作人使用"压管钳"把管子压扁来固定螺纹杆。当然没问题，只是我一直没有找到这种神奇的工具（开玩笑啦，我相信一定有这种工具，只是我没找到而已）！

制作底座

㉔ 开始这一步之前，你最好去看一下"打造完美器材"部分。在一些照片中，我使用了一块4英寸×12英寸×1/8英寸（100 mm × 30 cm × 3 mm）的铝块。外面卖的这种托架底座有1½"宽。宽一点的底座可以更方便地安放配重物来平衡整个支架。但是确实用不着4英寸宽。经过实践，2英寸宽的底座就挺好。基于这个经验，任何2～4英寸宽的金属块都可以作为底座来使用。如果使用槽铝的话，1/16英寸（1.5mm）的厚度就够了。1/4英寸的太重了，不能用。如果真的找不到合适的铝材，那么你用1/4英寸厚的橡木或者其他硬质木材也可以。

还记得在制作手柄框的时候用对角线确定中心的方法吧？这里我们用同样的方法。

将你的中心冲顶住"X"的中心，用锤子砸几下。

之后会在铝块中心留下一个小坑。

现在我们需要在铝块上至少再做6个这样的小坑（具体情况请参阅"打造完美器材物料清单"最后铝板的照片）。从铝板的一端量出1英寸（25mm），然后在这个位置做一条垂直于长边的直线，在这条直线的中心砸一个小坑，用同样的方法从一端量出2英寸（50mm），3英寸（76mm），分别在中心位置打一个小坑。从铝板的另一端量起，在同样距离的中心点砸出3个小坑，与另一边对称。

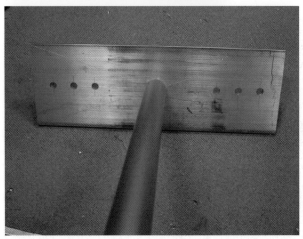

这就是7个孔的样子。

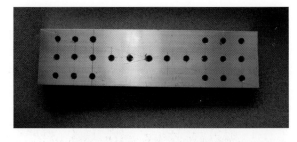

如果你想做得更炫酷，可以在铝板的两边分别多打些孔，用于配重。在99%的情况下，这6个孔就足够了。但是很少有摄影机的配重需要用到最边上的两个孔。虽然这种情况很少，但也难免会出现。

25 提醒一下，你读过本书的附录吧？这可不是闹着玩的，真的会受伤！把砸好小坑的铝板和一块木板上，一起夹在操作台上。在小坑里滴上点切削润滑油，给手电钻装上 $5/16$ 英寸（8mm）钻头。

26 戴上护目镜，在中间的小坑上钻孔。需要的话也可以给所有的孔都用 $5/16$ 英寸（8mm）钻头。我比较喜欢在边上的孔用 $1/4$ 英寸（6mm）钻头。但是中间的孔必须是 $5/16$ 英寸（8mm）的。

钻完以后就是这个样子。

警告：如同附录中所说的（如果你以前还没有读这个部分，现在必须读一下），在钻孔的时候，有时钻头会卡住，并且猛拉你的胳膊。一旦这种情况发生，马上关闭开关，关掉电钻。如果一开始你没有固定铝板，同时又时发生了这种情况，赶快从手边随便找点什么把要钻的东西按住。千万要夹牢你的工作部件！

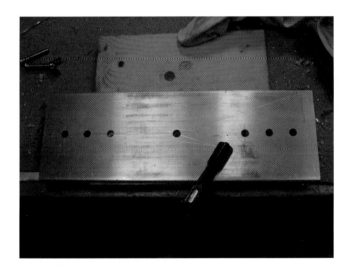

处理钻头被卡住也很简单。把手电钻上的开关拨到反转，把钻头退出来就行。然后开启手电钻，一点点地伸到孔里面。切忌与钻头在孔里面的时候开启手电钻，那样依然会卡住。

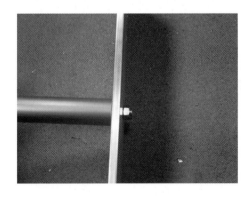

27 把底座套到螺杆上，留出锁紧螺母需要的长度，把剩余的部分截掉。具体细节参阅"打造完美器材"的图片。

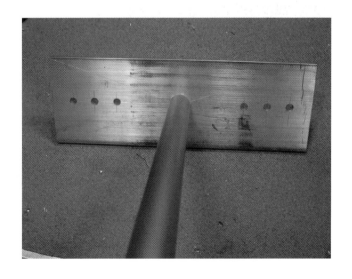

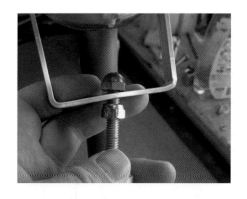

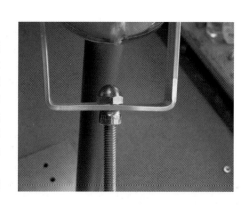

28 接下来就是安装手柄。在开始这步以前要先确认你的轴承都在铝管上固定好了。找一段剩下的螺杆。在上面拧上一个锁紧螺母，螺母距离端头大约1英寸。把带锁紧螺母的这段插进手柄铝框中间的孔里，在另一面加上螺母。在这里我用的是盖母。

向着盖母的方向，把锁紧螺母拧紧。

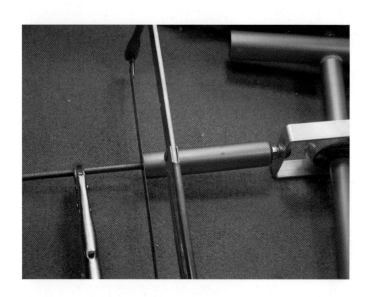

把手柄套在螺杆上。齐着手柄的后端，把剩下的螺杆截掉。截断时用大力钳夹住一端或者夹到台钳上操作更方便。最好在螺杆上做上记号，然后把螺杆拆下来截断。如果还有一小点连在上面，用金属锉刀把它打下去，不然螺母不容易拧上去。如果你自作聪明用螺栓切断器去切这个螺杆，很可能螺母就再也拧不上去了，还是用钢锯吧。

用水性润滑油润滑一下橡胶把手套的内壁。千万不要用油性的润滑油，那样会把橡胶把手套腐蚀掉，一定要水性润滑油。

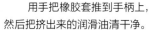

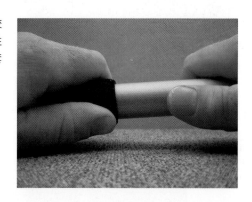

用手把橡胶套推到手柄上，然后把挤出来的润滑油清干净。

将套好的手柄套在螺杆上，在手柄后面加上一个防松螺母。内六角螺丝刀在这里派上了大用场，但是不要拧得过紧，让手柄既能自由转动，又不会沿着螺杆窜就行。如果用劲太大了，会把轴承从铝管上挤下来。所以一次只用一点力，确保让手柄既能自由转动，又不会沿着螺杆窜即可，这是个技术活。

29 摄影机底座。如果想用金属做，先看一下"打造完美器材物料清单"部分。

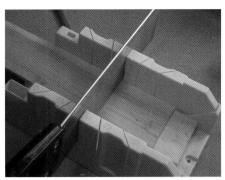

找一块¼英寸（6mm）厚、3~4英寸（76~100mm）宽的橡木板，截出10英寸（25cm）长。我用了个廉价的斜切盒来确保切出的木板是规整的矩形。如果你不想买斜切盒，那就让家居市场的人帮你切好。

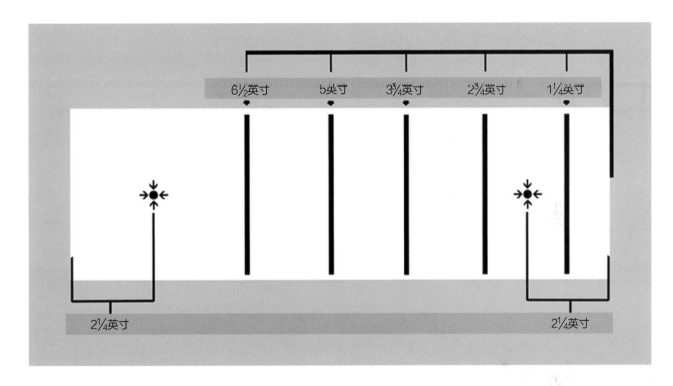

6½英寸   5英寸   3¾英寸   2¾英寸   1¼英寸

2¼英寸   2¼英寸

30 上面图中标注的尺寸分别为1¼英寸（32mm）、2¼英寸（57mm）、2¾英寸（70mm）、5英寸（127mm）和6½英寸（165mm）。按照上图标注的尺寸和位置在橡木底座上做上标记（图中白色的方块就是你的摄影机底座，无论是木头的还是铝的）。在距两端2¼英寸处的圆点，就是我们要钻孔的位置，将来用于安装管线固定夹。两个圆点在宽度方向的中间位置。如果使用金属做，最好用中心冲划出标记线而不是用铅笔。其他的测量尺寸都是从板子右侧边开始量的，当然从左边也可以，都是对称的。用组合角尺辅助，画出这些标记线，确保它们都和长边垂直。

31 又要钻孔了！
除了在2¼英寸（57mm）位置的那两个孔，其余的都用¼英寸（6mm）的钻头钻孔，因为那两个孔是为管线固定夹准备的。因为加工方法不同，所以我才让你在那两个孔上做了不一样的标记。

我们首先钻固定管线固定夹的那两个孔。在这两个孔上要做埋头孔，以容纳固定管线固定夹上的螺栓帽。埋头孔深度只要不让螺帽凸出来就行，不要太深。

钻埋头孔时我用了一个比螺帽直径大一点的钻头。这个大钻头上有一个定位尖头。我喜欢这种有定位头的钻头。在木头上钻孔效果很好，容易对准。

下一步就是要决定埋头孔的深度，以免钻透整个木板（如果真的钻透了，整块都要重来，所以要慢点做）。

有很多方法可以确定孔的深度，我用前面介绍过的电钻架来做，我很喜欢这个东西，才30美元（约合人民币190元），是我买过最值的东西。你也应该拥有一个，因为到处都用到它。

看见上图中那个小旋钮了吧？这就是限制器，它可以确保我的钻头不会超过设置的深度。所以钻孔前要设定好钻头的停止位置。

把螺栓在木板侧面比一下，让大钻头顶面和螺栓帽的底面对齐（不能包括引导头部分，是和大钻头的底面对齐）。位置摆好以后就拧紧停止位置设定旋钮。

如果你没有这种电钻架或者钻床。那就用手控制慢慢钻。但是一定要使用合适尺寸的钻头，我用的是$\frac{1}{2}$英寸（14mm）钻头。另一种方法就是在钻头停止位置用块胶带做个标记。很多时候这种方法也很管用，但这次并不推荐这种方法。因为我们用的底座木板只有$\frac{1}{4}$英寸（6mm）厚，一不留神就钻穿了。

钻到停止位置停下，效果应该如上图所示。现在去钻另一个埋头孔。

接下来完成中间的小孔，我用的是$\frac{7}{32}$英寸（5.5mm）钻头，只比我用的螺栓杆粗一点。

现在你应该有合适的螺栓或者金属螺栓的埋头孔了。

其他都用于摄影机的安装，但不是所有的DV摄影机都采用6mm的螺孔。所以我们的孔也都是¼英寸（6mm）的。

曲线锯可以轻易地穿过板子上¼英寸（6mm）的孔，方便下一步开槽。穿过前面量好的位置，垂直于板子的长边画一条连线，在这个连线上距长边¼~½英寸（6~12mm）的地方画一个小横线标记，连线两边用同样的距离画上小横线标记。

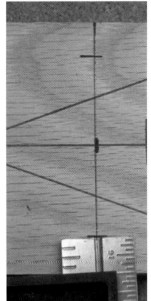

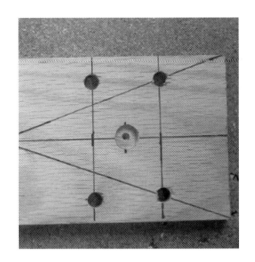

在每个十字标记的中心用¼英寸钻头钻孔。

注意：因为需要在这个架子上使用多种摄影机，所以要多开几道槽。如果你只是用自己的那台摄影机，那么就从中间的两条线开始。大部分摄影机都需要这种尺寸。当平台完成后，先不放垫片，架上摄影机试一下，如果已经平衡，就不用再多开其他槽了。如果你需要在底座正中间开一道槽，也没关系，这就是自己动手的好处，完全自由设计。但是要记住一点，不同尺寸的电池会改变这个平衡。所以最好把你的大电池和小电池都放上去试试。

现在我们开始开槽。有了槽以后，摄影机就可以在底座上前后移动了。

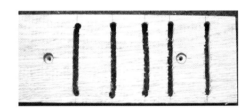

如你所见，这里并不一定要求很美观。最好的方法是用刨床，或者也可以锯钻（详见上文"打造完美器材"部分）。我们用最经济实惠的办法——曲线锯。至少可以帮你省5美元（约合人民币31元）。

把你的底座木板夹到台钳上。前后垫两块木板保护一下。

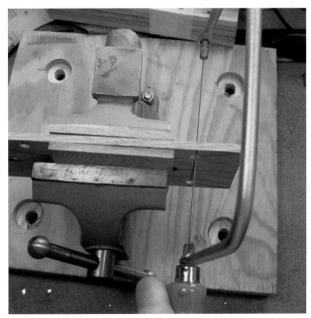

曲线锯的锯线一头可以拆下来，拧下把手上的螺丝就行。然后把锯线穿过刚刚钻的孔，再卡上拧紧。

32 底座上面再加上一层软木垫，既能垫摄影机，也能帮助固定摄影机。针对木质底座，我觉得还是软木垫最适合。剪一块软木垫，比摄影机底座大一点 [你可以买一大卷，才10美元（约合人民币62元），铺在任何摄影机底座上都很有用]。

如上图所示，沿着上面孔的切线向下锯，沿着参考线锯到对面孔的切线位置。曲线锯切橡木版就像切黄油那么轻松。把另一面也按照这个流程开两个槽。最后用砂纸把毛边处理一下。

别担心你的槽不好看，能工作就行。只要保证摄影机的固定螺栓在槽里面能自由滑动，不会卡住，也不会掉出来就可以。

木质底座顶面涂上些胶水。我用的是热胶枪，还有很多其他胶水也能用。用软木垫的话，黄色木工胶水是一个很好的选择。

胶干了以后就把旁边多余的部分裁掉。

然后把开孔和开槽处的软木垫也割开。

33 现在装上管线固定夹了。

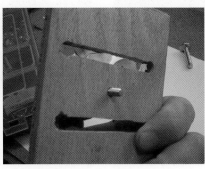

在底座里穿上螺栓。

把线固定夹套上，拧上螺母，上面可以再加些乐泰胶，然后拧紧。

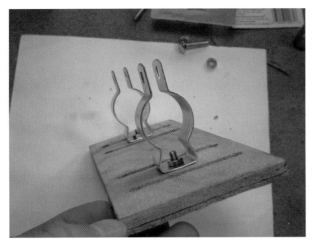

给另一个孔装上管线固定夹，底座就算做好了。

把做好的底座装到上面横着的大铝管上。

用元宝螺母替代电线管线固定夹上的螺母把另一头锁紧。

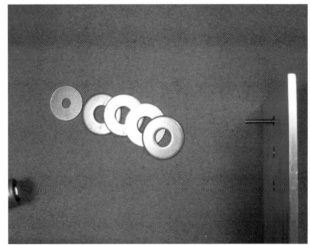

为配重基座的每一端找4个大垫圈和一个小孔的垫圈（平板垫圈）。

用长螺栓和元宝螺母把两摞垫圈串到配重底座上。

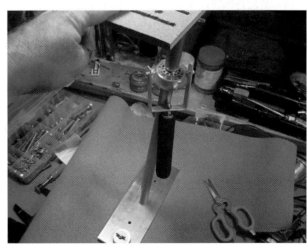

恭喜你，做好了。
下面我们用"打造完美器材"的材料来做。

打造完美器材

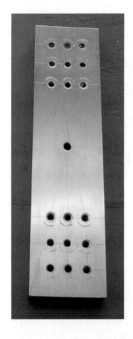

在这一部分我要教大家如何用槽铝制做底座，上面会多一些配平衡的孔。槽铝做的底座可以让整个支架放在地上不倒。当然很方便，但并不是必需的。

第二件要做的是用铝板代替木头做摄影机底座。虽然比后者难一点，但是如果你用的是较重的摄影机，这个设计就更合理。我以前也在木质底座上用过很重型摄影机，也没问题，只是我比较喜欢金属的东西，金属底座放在一些大摄影机上感觉也比较好。

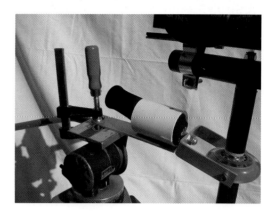

我们还需要做一个额外的小支架帮你保持平衡。这个也不是必需的，但用起来真的方便（商用支架可没有这些。价格如此昂贵，我认为它们应该提供）。

如何用铝材做摄影机底座

找$\frac{1}{16}$~$\frac{1}{8}$英寸（1.5~3mm）厚、3~4英寸（76~100mm）宽的铝板，截下10英寸（25 cm）长。

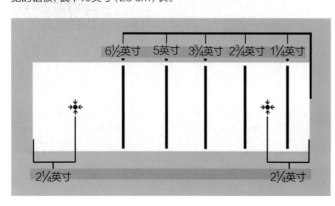

装有磨石头的手电钻或者金属锉，把切割后金属的毛边去掉。我比较喜欢用金属锉，随便你。

和木头底座一样做好标记。要注意，大部分的摄影机都使用中间的槽，然后是右面那条，然后是更靠右的。先做中间的槽，如果摄影机在前后方向上不能保持平衡，再找个合适位置开一个槽（通常会在前面试过的两个位置中间）。或许这就是先用木头做底座的一个好处，确定位置之后就可以在金属底座上只为自己的摄影机开一个槽。其实省去了你更多的工作量。

作为替代方法，如果你有刨床，也可以用刨床开这些槽。不过你知道如何使用刨床吗？

记住，在金属上划线最好用记号冲。沿着这些线用中心冲和锤子，每隔⅛英寸砸一个小坑。别忘了也在安装管线固定夹的位置也砸上一个小坑。

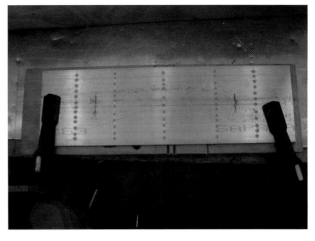

在铝板下面垫上一块木板，然后一起夹到工作台上。定夹的位置也砸一个小坑。

用¼英寸（6mm）的钻头，在每个小坑的位置打一个孔，别忘了滴润滑油。我知道上图看起来不是很漂亮，但是我们还没做完呢！

现在为管线固定夹钻孔。你应该用比螺栓稍微粗一点的钻头，这里我用的是⁷⁄₃₂英寸（5.5mm）的钻头。如果你完全参照我用的材料，那么这里你也用应该用种钻头，就算你的螺栓稍微大一点也没关系。

注意：

如果你用软木垫而不是鼠标垫，那么一定要在固定管线固定夹的那个孔上做上埋头孔，并且用平头金属螺栓。就用½英寸（14mm）的大钻头或者埋头钻，一点一点往下刮，直至获得上图的效果。

现在我们要把这些孔变成一个通槽，把铝板夹到台钳上，装上那个锯钻。

从最上面的孔开始往下锯，把孔与孔之间的部分都锯掉。显然离得近的两个孔之间的部分很容易去掉。

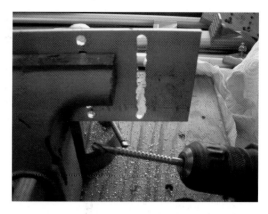

锯完后，用金属挫把两边修整好。

你有几种可选择的锉刀，单向锉刀可以打出很光滑的表面，但是效率赶不上双向锉刀。如果资金宽裕的话，两种都买，开始时用双向的，快结束时用单向的加工。不过这些并不影响稳定支架的操作。

现在，不要来回地磨。用两只手扶好锉刀，向着远离身体的方向锉，然后松开撤回来，再用力向远离身体的方向锉。别忘了戴护目镜。

漂亮! 去把其他的槽也用相同的方法完成。

找到管线固定夹螺栓螺母，把管线固定夹装到底座上。和木质底座有点不同，我们要用A-B胶把它们固定住。我太喜欢这个了!

顺便提一句，你可能已经注意到了我的这些照片里铝板上的槽的位置不一致，忽略它吧，我没法告诉你在试出合适的位置以前我开了多少槽，最终还得你自己决定，我并没有把所有的摄影机都拿来试。

把A-B胶混合好。

在管线固定夹顶端厚厚地抹上一层。

第二部分　手持式摄影机支架

找到螺栓和螺母把电线管管线固定夹拧紧到摄影机底座上，两个都装上。

把外径为1¼英寸（32mm）的管子固定在管线固定夹上，我们这样做的目的是让管线固定夹安装在一条直线上。这些步骤更快速完成，趁A-B胶干以前。

在晾干底座的时候让我们开始做配重基座。

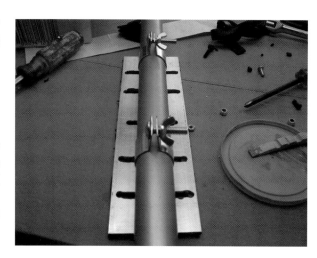

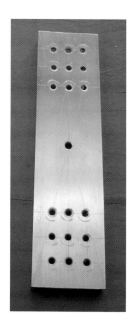

如左图所示，槽铝配重基座上有很多孔，但是在99%的情况下你只会用到中间位置的。但旁边的孔有时也会很有用，如在摄影机上加一支话筒，就可能使基座失去平衡，这就需要用到边上的孔。

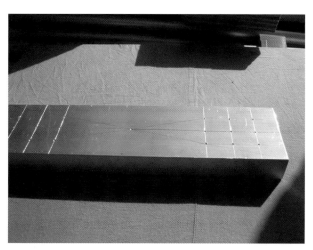

首先用中心冲在铝板上画线。用和摄影机底座上一样的尺寸，在基座上划线，然后用组合角尺辅助，在每个线的中心画上垂直线，作为打孔标记。

在长边方向中心线上距离短边½英寸的地方，做一个标记，对称地在另一面也做上标记。

用冲子和锤子，在每个交点打上一个小坑。打好以后如左图所示。

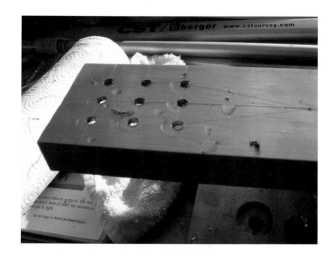

用¼英寸（6mm）钻头钻所有配重基座上的孔。用⁵⁄₁₆英寸（8mm）钻头，钻中间和支架链接的孔。

钻好后，给手电钻装上锥形磨石，把所有孔边的毛刺清掉。磨石上的碎屑可能会沾在你手上。如果你没有锥形磨石也可以用金属锉刀。

把槽铝底座套到长螺杆上,在螺杆上做好截断标记,螺杆要留出螺母的位置,但是不要太长,以免超出槽铝两边。然后把槽铝卸打下来,用钢锯把螺杆截断。

你可能还得把螺杆的端口用金属锉加工一下,以方便螺母拧上去。剩下的步骤就和木质支架一样了。

用鼠标垫做摄影机底垫

如果你在用金属做摄影机底座,你一定要用和左图一样厚的垫子,为什么?因为木质底座我们可以为管线固定夹的固定螺栓做埋头孔。由于铝板很薄只能做一点埋头孔,意味着有一点螺帽会在底座上凸出来。所以用像鼠标垫这种厚一点的垫子,就能够弥补这个缺陷。

现在就去把你的鼠标垫拽过来,别舍得,反正以后也要买新的。我找了个圆形的,方形的其实更好加工。

先撕掉表面带颜色的那层。

一旦开始做就很简单了。

把摄影机底座放在鼠标垫上,把轮廓描下来。如果鼠标垫不够长,可以分两块连起来。

用剪刀把垫子按尺寸裁出来。

好了,看见右图中的螺帽了吧,就是它惹的麻烦,用平头螺栓更好,但这么小的平头螺栓可不好找。

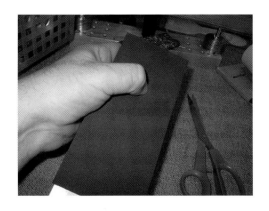

把垫子铺到底座上感觉一下凸出的部分。

然后在那个凸点用铅笔做个标记，一会儿要在这里打洞。另一个螺帽的位置也要打洞。

在鼠标垫上打洞，大小正好能把螺帽包上。

我打这个孔的工具其实是打孔套装里的。

它是一个打孔冲，我用锤子在上面敲一下就得到了一个完美的圆洞。用其他剃须刀片之类的工具也没问题，这个洞不需要多么完美。

还记得前面粘轮子时用过的环氧胶吗？多混合一些，然后均匀地涂在摄影机底座上。

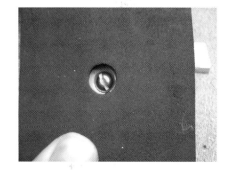

把垫子上的孔对准螺母，然后把垫子和底座站在一起，放到一边晾干。

手柄支架

手柄支架是一个非常简单的装置，可以帮助定位整个支架姿势形态，方便在镜头之间衔接，并且有很多其他的用途。记住，这个小发明也不是必需的部分，但是它制作简单、用途多，为什么不做一个呢？

物料清单

☐ 你需要一块木板或者是铝板，用来安装PVC管子，尺寸应该为6~8英寸（152~203mm）长、1.5~3英寸（38~76mm）宽。我用的是铝板，就是制作《成功的滋味》式摄影机支架剩下的材料。

☐ 这是一个PVC管材接头，用来连接两根PVC管，可以在水暖供应部门找到。你只要找一段足够你把手伸进去的就行，图中这个直径为1.5英寸（38mm），长度是3英寸（76mm）。

☐ 带有螺母的平头螺栓，要$\frac{1}{2}$英寸（14mm）长。

☐ 螺丝刀

☐ 一个比螺丝刀杆粗的钻头

☐ 和你的螺栓粗细一样或者粗一点的钻头

☐ 尺子

☐ 台钳或者其他夹具

开始制作手柄支架

把PVC管接头夹好，用那个与螺栓尺寸匹配的小钻头垂直把接头钻穿。

换上粗一点的钻头，把顶部的孔扩大一些。

在距离铝板或木板一端约1英寸（25mm）的地方，用小号钻头在你的铝板或木板上钻一个孔。

用螺丝刀从PVC接头上较大的孔伸进去，从里面把螺栓拧进PVC管另一侧较小的孔里。

把螺栓穿过接头和上面提到的木板或者铝板，并上好螺母。

看，简单吧？

如何校准稳定支架

忠告一句：除非你已经习惯了，不然，开始的几分钟总是令人沮丧并且漫长的。这是一个非常灵敏的设备，与商用支架不同的是，我们做的是带有能够完全自由旋转的手柄，这提高了对操作的要求。但这种相互独立的自由运动，更加方便使用。换句话说，你需要耐心一点。

第一个小技巧虽然不是必需的，但长远来看却非常有用。因为摄影机底座被安装在管线夹支架上，所以可能左右摇摆。这种左右摆动对于蹲拍来说很有用（还记得老《蝙蝠侠》电视节目吧？），但是在多数情况下，都需要摄影机保持严格的水平。

找一个圆规（带尖的、看起来很危险的圆规，我们上小学时都用）。把带尖的一端靠到铝管的边上，带铅笔的一端放在靠近铝管中心线的位置。

首先把摄影机底座取下来，把整个支架放倒。

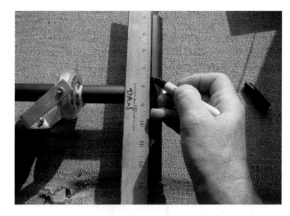

沿着铝管拉圆规，保持带尖的一端顶住铝管的边，这样就保证了铅笔的一端在铝管上平行运动，画出一道顶部标记线。

接下来用一个尺子或者其他直边，在刚才画的铅笔印上，用记号笔画上一条永久的标记线。

把摄影机底座装回去，把整个支架放到水平操作台或者水平地面上。

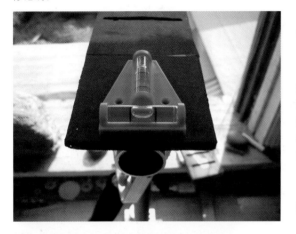

下一步，在摄影机底座上放一个水平仪。我用的是一个多向水平仪，可以一次得到所有方向的水平情况。它的工作原理和气泡水平仪一样，中间有个圆泡，但是这种只要3美元（约合人民币18元），而且很容易买到。我就是在 Lowe's Home Center家居市场买到的。如果你要在其他东西上架摄影机（如三脚架、车载摄影机支架等），你也需要这种多向水平仪。

把管线固定夹松开一点，调整摄影机底座，直到水平仪显示各个方向都水平为止。然后拧紧。

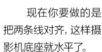

用记号笔在管线固定夹上做记号，与刚刚在铝管上画的重合为一条线。

现在你要做的是把两条线对齐，这样摄影底座就水平了。

万事齐备，现在用与摄影机匹配的螺栓把摄影机安装到摄影机底座上。我喜欢用内六角螺栓或者六角螺栓，二者都能方便找到拧紧的工具。具体用哪个槽，取决于你的摄影机类型和电池的大小等。左图所示为索尼PD-100型摄影机。所以我用的槽是从管线固定夹数起第二个，靠近底座右边的那个。现在先不要把螺栓上得太紧。我们还要左右调整摄影机。

现在让我们来看看成果，平衡很好，就是它了。

把摄影机放在一个水平平面上。如果用平板铝板做底座，你不得不把它架在几块木头上。这样底部的固定螺栓才不会凸出来碰到地板。

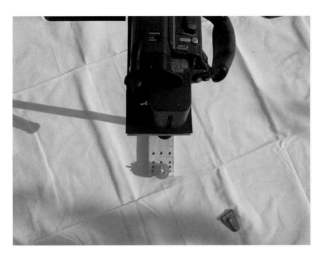

如上图所示，让支架底座和上摄影机底座平行在一条线上。

如果摄影机有折叠式LCD监视屏，把它打开，把所有悬挂在相机上的盖子、背带或镜头取下来，把你要用的电池装上。我强烈建议你用小一点的电池，因为大号电池是拍摄移动镜头的杀手（尽管我在这里用的是大号电池）。

现在拿着手柄把支架抬起来一点（就一点），看它是往左偏还是往右偏。如果往左偏，就把摄影机稍微往右挪一点，反之亦然。来回调整直到平衡。现在只是一个初步调节。

嘿，Dan！我的车轮套不上轮轴了！这是怎么回事！

很高兴你这么问。抓住手柄拿起支架，举在前面，抓住支架杆的中间让整个支架保持水平。然后放开抓住支架杆的手。

在1.5～2.5秒支架就能回到原来的竖直位置。记住，我们现在只是在调节左右方向的平衡，你的摄影机可能偏向其他方向，没关系，一会儿会再调节。我们现在要关注的是摄影机需要花多长时间摆动回最顶上的位置。如果摆动得太快，就把配重块减掉一些（前后的配重块要同时减）。如果根本不转或者回转速度太慢，就需要再加一些配重块。摄影机和电池越重，需要的配重块就越多。后果就是设备整体越来越重，你就快要拿不动了。尽量不要弄得太重。

把手柄支架夹在三脚架上或者桌子上（如果没有这些，也可以找朋友帮你拿着）。

把支架手柄伸到PVC接头里面，然后站在它旁边，确保手柄放在手柄支架里面的位置和角度，如同你自己用手拿着时一样。仔细看一下本书"已经平衡了，下一步该如何？"部分。把你的全向水平仪放在基座上，尽量靠近中心。

看起来如何？超出你的想象吧？好了，现在来细调左右方向的平衡。在摄影机底座上左右平移摄影机，直到水平仪气泡到中心为止。移动摄影机的时候要一点一点地增量移动。这个支架很好看，也很灵活。一旦调整好了就把摄影机底部的固定螺栓拧紧一点，不能太紧，不然会破坏平衡。别忘了，现在只是调节左右方向上的平衡，这意味着，水平仪要在整个底座上校准。

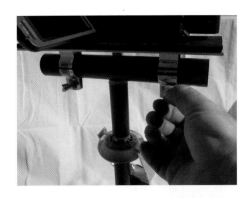

把管线固定夹的固定螺栓松开一点，直到能够用力推动摄影机沿着铝管前后移动即可，不要松到让摄影机从边上滑下来。在这个过程中，要确保摄影机底座始终是水平的。

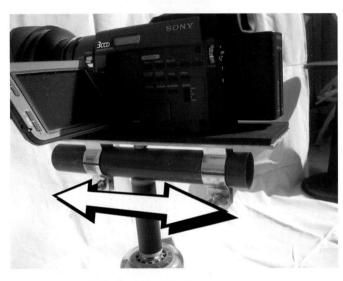

前后推动调整摄影机直到水平仪显示水平。

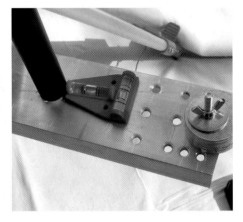

水平以后把元宝螺母拧紧，同样要检查一下摄影机底座是否还是平衡。前面在铝管上画的那条线派上大用场了吧？

另一个小技巧是：利用可以调整配重基座上的重型垫圈。基座上的孔越多，就可以越好地控制配重（但也不能太多），并且大多数情况下不用把所有重型垫圈移到另一个孔里面。因为下面的重型垫圈的内径很大，不必把螺栓拆下来，垫圈就可以在各个方向上移动。所以微调一下垫圈就可起到调节平衡的作用。

如果你使用分体式的LCD监视器，可以用配重基座前面的孔来安装它。好一点的监视器都自带支架，方便固定在这个位置上。这也是为什么配重基座的安装位置非常重要（可移动性也很重要）

在手柄支架上调整好平衡后，手持看看是否依然能够保持平衡。可能还需要一点微调。实际操作这个支架时还有很多运动状态，所以这些在手持状态下的调整非常重要。

如果你没有手柄支架，也可以调节平衡。事实上，商用支架就是没有这种手柄支架的。把支架放到一个水平面上（我说的是水平的平面），然后轻轻抬起来一点。看支架向哪边偏，做相应的调整，然后是前后方向的调整。抬起、调整，抬起、调整，在调好之前要反复多次。只要耐心点，一定会调好的。

已经平衡了，下一步该如何？

就像我在本章介绍中所讲的；使用稳定支架需要练习！我惊奇地看到许多电影制作人，匆忙的跑到租赁商店，花35~200美元（约合人民币220~1 260元）一天的租金，以为Steadicam™（斯坦尼康）或者Glidecam™（格莱得康）支架可以为他们解决一切。现在就让我澄清一下关于这个设备的误解，那种以为拿着这种支架就可以向疯子一样乱跑，同时摄影机还能保持稳定的情况是不存在的。

另一个我经常看到的错误方式就是单手操作。稳定支架是个需要双手操作的设备！一只手提着手柄，另一只手抓住万向轮上边或者是下边的立柱扶稳。握在万向轮下面是常见的手法，因为这样可以方便地做倾斜角度的拍摄（或者你想倒置摄影机拍摄）。我两种方式都用过，确实没有直接简单的方法，只能用两只手！

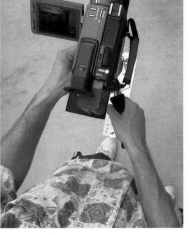

用你常用的手握住手柄。如果你是个右撇子，从中间立柱的方向看，手柄是指向左边的。同理，左撇子手柄就会指向右边。这也是你用手柄支架调节平衡的时候需要使用的角度。

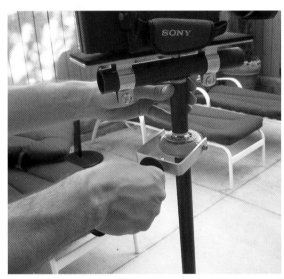
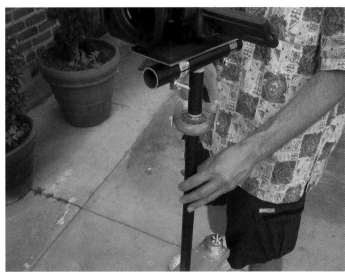

另一只手轻轻扶住支架立柱掌握摄影机方向，握住万向轮的上面或者下面，用这只手控制推拉摇移都可以。

操作常识

行走时的使用

我的一位良师益友克Kris Malkewicz（出版过很多电影摄影方面的书，你也可能上过他的课）是一个技术高超的摄影师。简直就是人类版Steadicam摄影机支架。他推荐的练习方法就是练太极拳，效果非常好。太极和稳定摄影机支架简直是绝配。太极拳的动作可以帮助减少疲劳，让你的运动平稳，重心始终在中间。现在就去买一套太极拳的视频教程，至少学点基本知识，然后应用到摄影机操作当中。这是大家都非常推荐的！

在你学太极之前，可以先从如下方法开始：到水池里接一杯水，装到齐杯边，然后试着走走，尽量保持杯子中的水不洒出去，这个就是你操作稳定支架需要的基本功。膝盖弯曲，躯干在两脚之间，脚跟先着地。照这样练习，至少可以保证你拍摄前3分钟不出问题，后面就可能开始疲劳了。练习摄影技术同时也要练习耐力。每天的练习时间按照5分钟的增量不断增加。也可以尝试换手。练习可以让你的手也能得到开发。如果你能做到这一点就太好了，再增加5分钟的训练时间。如果你要接受摄影任务了，每天的练习时间一定要比真正需要工作的时间长。然后好好休息一下（把每天午饭后的时间计划为训练时间是比较合理的），再投入到工作中。

下面几张图有助于你理解我所讲的内容。

俯拍：把万向轮下面的中心支柱平衡地向后拉。前面在铝管上画的那条线派上大用场了吧？

仰拍：把万向轮下面的支架向前推。

行进：保持膝盖微曲，它们相当于当减震器。如果你想推拉镜头，必须保持移动平稳镜头始终在一个高度。用脚跟先着地的步法可以帮助你得到这种效果。

以身体为中心平移摇拍

保持后背正直，膝盖微曲，手相对躯干姿势不变。保持摄影机沿着水平面上的弧线运动，以腰为轴。

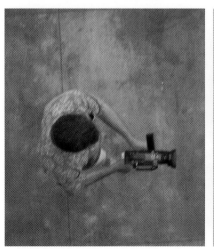  

以万向轮为中心摇拍

身体保持不动，用另一只手转动中心支柱。

关于稳定支架的最后补充

摄影机的焦距也和稳定支架有很大的关系。广角镜头是比较简单的，有些商用支架甚至推荐使用广角镜头转接环。虽然广角镜头转接环可以让拍摄看起来很平滑，但我觉得有些将就的成分。电影应该是设备为拍摄服务，而不是拍摄将就设备。我曾经在稳定支架上使用长焦镜头，同样取得了很好的效果，但这的确需要熟练才行。从广角镜头开始，随着你的进步逐步拉近镜头。你的每个微小动作都会在镜头中表现得很明显（你会看比别人更加敏感的体察这些影响）。现在你已经有了自己的稳定支架，请多加练习，你一定会为自己的成果自豪的。

第12章 《成功的滋味》式支架

《成功的滋味》式摄影支架简介

这个支架在本书的第三版做了些改动。首先，它比以前更坚固了，因为现在大家都开始用高清摄影机了（包括我）；其次，这一版中的支架比前两版中的更容易制作。

稍加练习，就可以利用这个支架得到非常不错的拍摄效果。如果你需要镜头在距地面很近的高度运动拍摄，这个支架就可以帮你办到。想要跟随一个杀手的脚步上楼再下楼吗？想对一只找不到东西的狗进行跟拍吗（我养的上一条狗"Monk"，它能够找到自己想要的东西。我新养的狗"Silvie"，左图中的那只，它除了跟着自己的鼻子跑以外，其他什么都不会）

和之前支架的另一个不同就是这个支架用了一根铝制的拐杖做提手。最酷的是这东西能更好地保持平衡，就算你身高7英尺（2.1m），也可以随意调节提手的长度。

物料清单

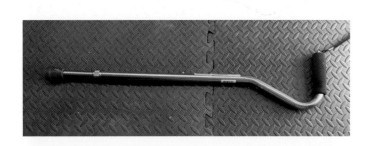

☐ 一根铝制拐杖。注意一下拐杖的手柄部分，试着找一个和图中类似的。这种拐杖比传统的弯头更容易掌握平衡。

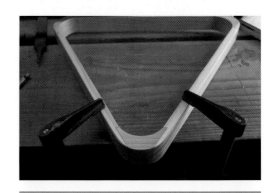

☐ 一个木质的桌球三角框架，就是玩桌球时用的三角框。大多数摄影机都可以装进这个框里。我用的是松下HVX-200 HD，并不算小，我试过很多其他材料，甚至把铝板弯成三角形。但是这个三角框是我最喜欢的，而且不到10美元（约合人民币63元）就可以轻松买到。

☐ 直径为¼英寸（7mm）的螺杆。它其实就是一个没有螺帽的螺栓。螺杆会有各种长度规格，一个长6英寸（15cm）的就够了，这可能就是你能买到的最小的尺寸了。

☐ ¼英寸（7mm）螺杆。它基本就是一个没有螺帽的螺栓。螺杆买时会有各种长度规格，买一个6英寸（15cm）的就够了，这可能就是你能买到的最短的了。

☐ ¹⁄₁₆~1/8英寸（1.5~3mm）厚、3~4英寸（76~100mm）宽的铝板，或¼英寸（7mm）厚的橡木板或者其他硬质木板。具体长度由你的摄影机长度决定，找一块和摄影机底座长度一样的，或者用摄影机安装孔到摄影机前底座的距离再加至少1英寸的长度。

注意：

你可能用不着水平面了！这种三角框的一个底面就是现成的平面，直接把摄影机安放在三角框里面。把摄影机底部的固定螺孔和三角框底面的中心对齐。现在还能把摄影机的LCD打开翻到对着你方便操作的位置上吗？如果可以，你连底托板都不需要了。如果不行，那你还得找个办法让摄影机往前移一点，这就是为什么要加一块托板。或者你可以把一个分体式的监视器直接固定到把手上，这样也用不着另加底托板。

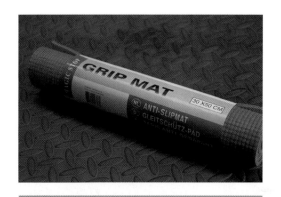

摄影机底托上用的垫子。我用的是一种99美分（约合人民币6元）一卷的防滑垫。垫子的厚度至少要像照片中这样，鼠标垫仍然是比较理想的选择。

2个直径为$\frac{1}{4}$英寸（7mm）的一字金属螺栓及螺母。这两个螺栓的长度应该足够穿过你的摄影机底托（不管是用木头还是铝板）和三角框，并且最后还能剩一点拧螺母。

工具列表

黏合剂，用于粘摄影机底托和垫子。我用的是热胶枪。

组合角尺

手电钻

$\frac{1}{4}$英寸（7mm）钻头

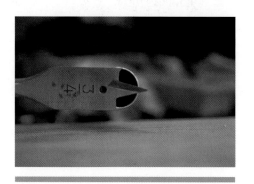

和拐杖下半部分管径相同的钻头，我用的是$\frac{3}{4}$英寸（19mm）。

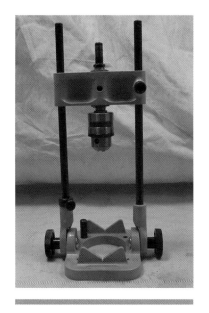

☐ 钻床或者电钻架。这两个都很适合在圆管上钻孔。

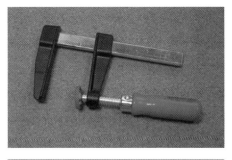

☐ C形夹具，要大到可以把你的三角框夹到操作台上。

☐ 台钳

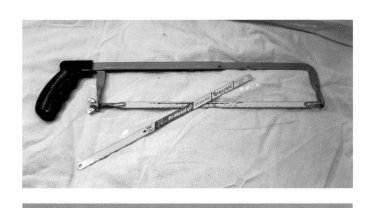

☐ 钢锯

☐ 螺丝刀

☐ 活口扳手

☐ 工具刀

☐ 打孔工具套装，这不是必需的。实际上，在这个项目里我们只用到了其中的打孔冲（参看第6步）。

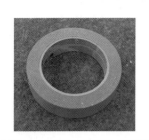

☐ 胶带纸。如果你用铝板做摄影机底托，你还需要后面的工具。

☐ 锤子

☐ 中心冲

☐ 金属锉刀。一定要读一下附录部分的"金属加工"。

开始动手吧

1 在三角框上选一个角当顶角（嘿，这是个等边三角形，随便哪个角都行！）。在这个角的正中间画一个"X"，把三角框夹到操作台上，让顶角对着你。

用和拐杖底部一样粗的钻头，垂直于三角框顶面，在顶角的"X"标记上钻一个孔。

如上图所示。孔一定要垂直于三角框顶面。

2 左图中的物体就是我们要做的目标：拐杖穿过三角框上的孔，用螺杆横穿三角框和拐杖头，起到固定作用。当然，拐杖头和三角框上都要钻上相应的孔。

先把拐杖头上的橡胶去掉，然后把拐杖头插到三角框顶角上的孔里，这里应该是严丝合缝的。

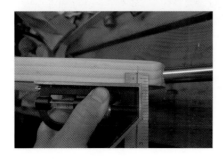

为了插入螺杆，我们还要钻些¼英寸（7mm）的孔。先在三角框上距离顶角几英寸（1英寸=0.025 4米）的地方画一条垂直于三角框边的线，然后再取这条线的中点做一个标记。

这就是我们要钻孔、安装螺杆的位置。

这地方让我有点犯难，这个孔必须是水平方向，而不是垂直于三角框的边。我发现最简单的办法就是把三角框的底边固定在工作台上，前面钻的大孔朝上。忽略三角框的角度，水平地钻进去。如果你的手电钻上有水平仪会大大的简化这个工作。

现在我们需要在三角框顶角的另一边相同位置再钻一个孔。先用一块胶带纸粘到三角框上，盖住上面的大孔和侧面的小孔。

用1/4英寸（7mm）钻头在侧面小孔的位置戳一个洞。

对于大孔，我用圆珠笔沿着边缘戳了一圈小洞标识大孔的位置。

小心地把胶带纸揭下来。

把胶带纸再贴到三角框的另一边，注意胶带上的标记要和三角框上的大孔对齐。现在在胶带纸上的小孔就是另一个面需要钻孔的确切位置。真高兴不用再测量这些东西，因为我每次都搞砸，这是个非常好、非常傻瓜的办法。

现在就简单了，用1/4英寸（7mm）的钻头对准胶带纸上的孔钻就可以了。第二个孔同样是水平方向。

试一下螺杆，确保它能顺利通过这两个孔。如果有点费劲，可以把其中一个孔再钻大一点点，能顺利穿过螺杆就行，千万不能太大。

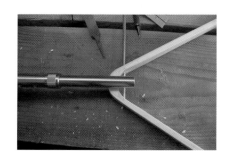

❸ 把拐杖摆到三角框上，让拐杖头超出螺杆1/2～1英寸（14～25mm）。

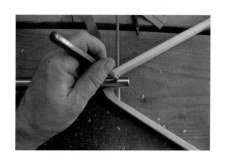

如上图所示，在电钻架上有一个V形的支架，管子正好能放在里面。这样就能保证钻头沿着管子的中心钻下去。

重要提示：有一些拐杖有内套管，可以调节长度，但是不可以旋转。如果你的拐杖是这样的，在钻之前要对好方向，确保在安装后拐杖的手柄朝向摄影机后方。

要保证拐杖手柄正确的朝向也很简单。把拐杖穿过三角框的大孔，整个平放在工作台上，让手柄就平放在工作台上。确定好钻孔的方向。

拐杖上的孔钻好后，把拐杖插到三角框上，然后把螺杆穿进三角框并穿过中间的拐杖头。

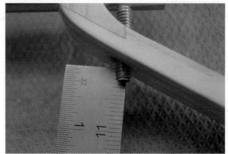

4 在螺杆的一头拧上盖母（或者普通螺母）。如果这边的螺杆需要更长一点，就把螺杆再向螺母方向推一点。反之就往回拽一点，直到螺母拧进并顶在三角框上。然后保持螺杆位置不动把螺母取下来，量一下螺杆凸出的长度，另一面也需要这么长。

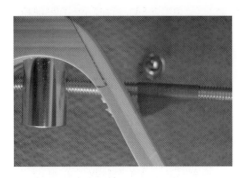

按照螺杆另一端的尺寸，在待切割的一面做好标记。我喜欢用胶带纸做标记，因为很容易看清楚。

把螺杆夹到台钳上，用钢锯把多余的部分切掉。还是不要用螺栓切断器，不然螺母就拧不上去了。

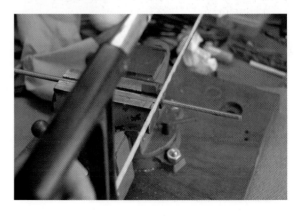

　　　　　　第二部分　手持式摄影机支架

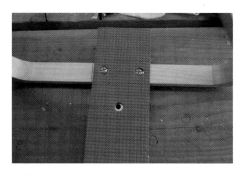

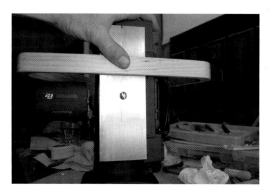

截断以后确保的你的螺母还可以拧上去。如果不行就用金属锉把螺杆的切口修整一下。不过不能锉掉太多，金属锉一般几下就可以把多余的碎屑去掉。

❺ 现在来做摄影机底托。只有当你的摄影机装在三角框上翻不开LCD屏时，你才需要这个底托。

我发现，在摄影机底托中间先钻出一个¼英寸（7mm）的孔更方便一些。如果你在用金属做这个底托，还是建议你先去读一下后面的附录。

大部分的摄影机都用¼英寸（7mm）的安装螺栓。通过刚刚钻的孔把摄影机和底托连接起来。把摄影机的LCD屏幕翻出来，面向上方。用三角框从摄影机的后面套上去，移动到快要与屏幕边缘重合的位置，这里就是三角框和摄影机底托连接的位置。

用记号笔沿着三角框的边在底托上画一条标记线。

最好在底托上再画上一个箭头标出哪边是支架的前面。

用组合直角尺沿着刚刚在底托上画的线，确认一下这条线是否和底托长边垂直。确定好以后就用三角框的一边顶着这条线，沿三角框的另一侧画线标示出三角框的位置。

现在底托板上有两条线，表示三角框的宽度。然后找出这两条线的正中间位置，再画一条垂直于底托长边的线。

在上面确定的中间线上。找到距离底托长边½英寸（14mm）的位置。用中心冲和锤子砸出一个小坑，对称位置也砸一个。然后用¼英寸（7mm）钻头在这两个小坑上钻孔。

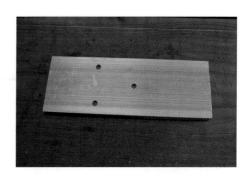

现在你的摄影机底托上应该已经有了3个孔，一个固定摄影机用，另两个用于连接三角框。

量出摄影机底托宽度的一半，在上面做个标记。在三角框的底边外侧上找到中点，也做一个标记。右图所示为我在三角框的内侧上做的标记，只是便于理解最后的安装位置。再强调一次，你自己做的标记一定要在三角框的外侧。更清楚点说，如果你的三角框有边10英寸（25cm），那么你的标记位置就是5英寸处。这样我们既有了底托的中心，也有了三角框的中心。

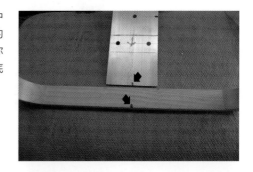

把两个中点对齐。然后在底托板的两个边的位置做上个标记。再次强调，你的一定得在三角框的外侧做标记。

这样就在三角框上面画出了底托的边框。

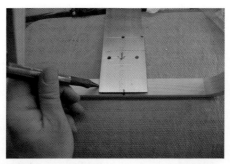

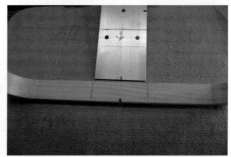

现在把底托和三角框摆在一起，让三角框对齐底托上的两条线，检查三角框底边外侧的两条线是否和底托的边对齐，用组合直角尺确认一下，让底托和三角框的边互相垂直。

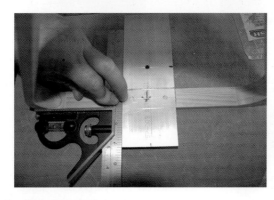

对齐后，透过底托上的孔在三角框上做出标记。

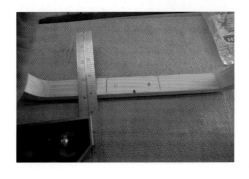

除了所有的标记都应该是在三角框的外侧以外，现在你应该得到了左图所示的效果。

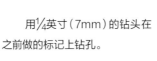

用¼英寸（7mm）的钻头在之前做的标记上钻孔。

安装衬垫

6 把摄影机底托摆在垫子上，用工具到或者剪刀裁出一块和底托一样大的垫子。

把底托板摆在裁好的垫子上，四边对齐，用记号笔透过底托板上的孔在垫子上点标记。

把底托板移开。

在垫子上打孔。我用的是打孔工具套装里的打孔冲。把它对准垫子上做的标记用锤子砸一下即可。

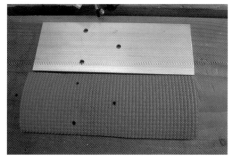

3个孔都打好。

把垫子粘在底托上。最好用热胶枪分两次粘，一次粘一半的面积（每次贴好以后要等15秒，等胶凝固），这样可以保证垫子和底托上的孔尽可能对齐。

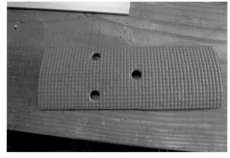
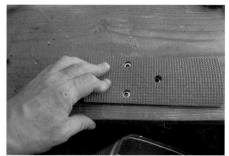

安装底托板

7 用¼英寸（7mm）的圆头金属螺栓和螺母，把底托板和三角框连接起来。现在你该明白为什么垫子要厚一点了吧，原因就是不能让螺栓头凸出来顶到摄影机上。
把拐杖重新连接上，像第4步那样。

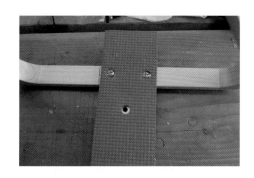

最后用¼英寸（7mm）金属螺栓把摄影机装到托板上去，现在就大功告成了！

这个支架使用起来非常方便。注意，使用时要假装你正提着一杯满满的、几乎要洒出来的热咖啡，拍摄质量取决于脚步的平稳程度。

第13章 《城市大街》式环形支架

《城市大街》式环形支架简介

10年前的一天，我在洛杉矶的日落大道上开车。当时我正在路口等红灯，突然看见有人正在用一种我从没见过的摄影机支架：一个简单的圆环，中间有个横梁，上面架着摄影机。他们就像拿着方向盘一样。我第二天就如法炮制了一个，我使用了一个去掉辐条的自行车车圈。我必须承认，它非常好用。

大约一年以后，由Mike Figgis（迈克·菲吉斯）制作的电影《时间密码》大卖。后来我才知道他发明了这种摄影机支架，它可以让演员轻松掌控摄影机，哪怕没有任何拍摄经验。这点我对Figgis曾表示过怀疑。现在这种商品已经在Manfrotto网上出售了，大约要300美元（约合人民币1 900元）。

现在，你可以很容易地做一个。

物料清单

☐ 一个金属圈。前面提到过，我做的第一个这种支架用的是自行车车圈，它很好用。但是我后来看上了吧台凳的垫脚圈。不知为什么，我在洛杉矶的大街上或者Goodwill之类旧货商店到处都能见到这种凳子。只要想，就一定能买到一个二手的吧台凳。为了证明我说的"大街上到处都是"，我在街边拍了一张这种凳子的照片，上面没有椅背和坐垫。反正我们也不需要。只管拿出螺丝刀把上面的金属圈拆下来。我找到的是直径19英寸（48cm）的圈，你也可以找个小一点的，只要能放下摄影机就可以！如果你找不到，可以像我上次一样，去垃圾场捡了个铁圈，然后用钢锯把中间的部分锯掉。前面也提过，我曾经用自行车的车圈做过一个，你应该明白了，就是找个类似的大圆圈。

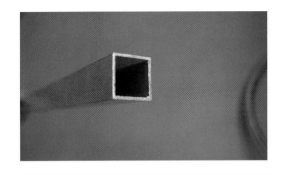

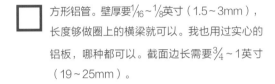

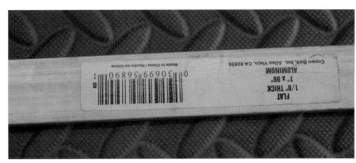

方形铝管。壁厚要$\frac{1}{16}$~$\frac{1}{8}$英寸（1.5~3mm），长度够做圈上的横梁就可以。我也用过实心的铝板，哪种都可以。截面边长需要$\frac{3}{4}$~1英寸（19~25mm）。

铝板，可以是$\frac{1}{16}$~$\frac{1}{8}$英寸（1.5~3mm）厚，宽度最好和你的方形铝管一样。我的铝管边长是1英寸（25mm）。所以我就要用1英寸（25mm）宽的铝板。铝板需要的长度是铝管的两倍。这些铝材都是我在大型家居市场买到的，所以别找借口了，赶快去搜罗吧。

制作《城市大街》式环形支架的工具清单

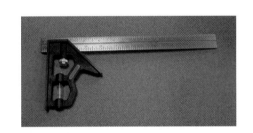

组合角尺

记号冲成中心冲

锤子

金属锉

60号粗砂纸

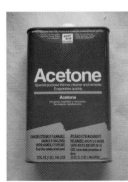

丙酮

车间抹布

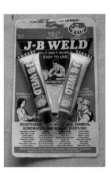

A-B胶

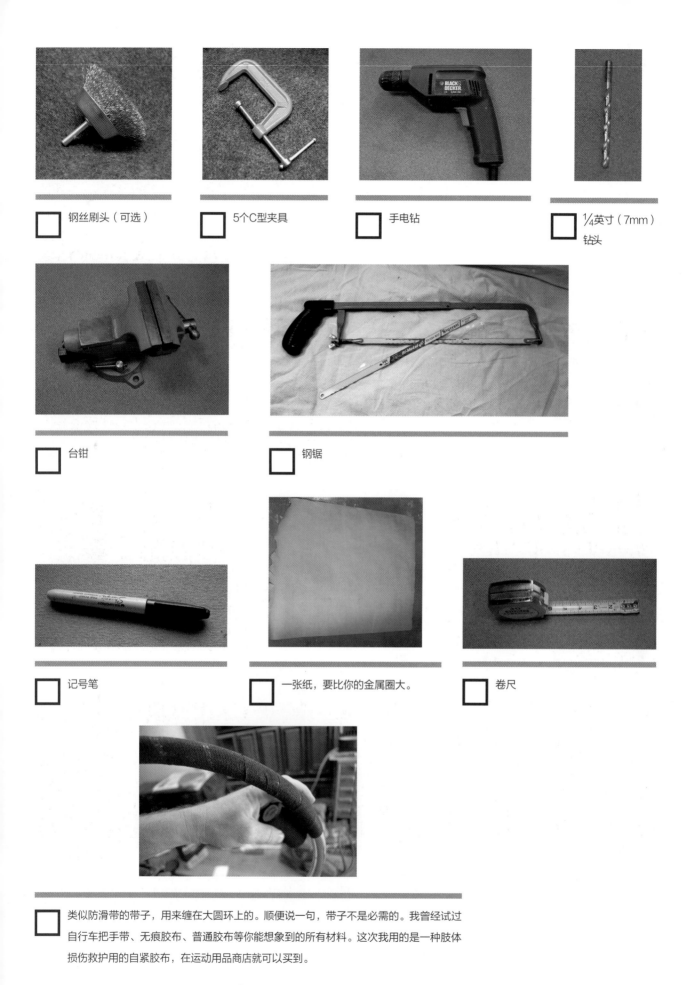

□ 钢丝刷头（可选）

□ 5个C型夹具

□ 手电钻

□ ¼英寸（7mm）钻头

□ 台钳

□ 钢锯

□ 记号笔

□ 一张纸，要比你的金属圈大。

□ 卷尺

□ 类似防滑带的带子，用来缠在大圆环上的。顺便说一句，带子不是必需的。我曾经试过自行车把手带、无痕胶布、普通胶布等你能想象到的所有材料。这次我用的是一种肢体损伤救护用的自紧胶布，在运动用品商店就可以买到。

开始动手吧

开始项目之前，请先阅读附录部分的"金属加工"！

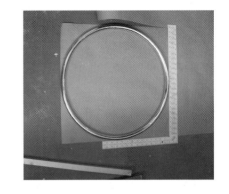

现在要决定我们的摄影机横梁在金属环的安装位置。这里用折纸的方法，很快就可以搞定。不管你用的金属圈有多大。

① 剪出一块和金属环大小一样的纸，一定要保证是正方形的。我用直角尺来确定我剪得是方形，用其他测量工具也可以。

② 把上面裁好的纸对折。然后把金属圈摆在上面，让金属圈和纸的三边都相切。这样可以得到圆圈的正中心。但是我们要的安装位置是比中心更低一点的地方。

把对折后的纸再对折，留下一个清楚的折痕，然后再展开。

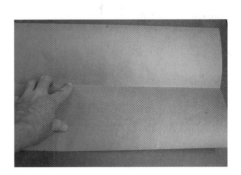

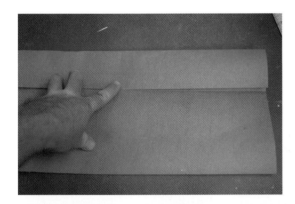

现在把纸的上半部分再折一下，顶边对齐上一步做好的折痕。

把圈摆到纸上，确保金属圈和纸的底边相切。纸的最上沿，就是安装横梁的位置。

用记号笔在纸上沿和圈相交的地方做个标记，两边都做上。

最好把方形铝管现在就摆在环上，让它和刚刚做的两个标记对齐。量一下环的顶端到横梁的距离，然后问问自己：我的摄影机可以放进这个空间吗？会不会撞到环的顶端？如果需要只管调整几英寸（1英寸=0.025 4米），没有问题。如果需要调整的距离太长，那就说明你需要一个更大一些的环，或者需要一台更小一点的摄影机。

③ 把圆环摆在铝管上，小心地把圆环上的标记和铝板对齐。

用记号笔，沿着圆环的内侧在铝管上做标记。

当然两端的相交处都要做上标记。

把铝管夹到台钳上，用钢锯沿着标记线锯掉多余的部分。你不用非要沿着弧线锯，这里按照标记线的角度锯成直线切口也可以。

用钢锯锯铝管非常容易。你可能会惊讶于速度如此之快。另一面也按照这个角度锯好。

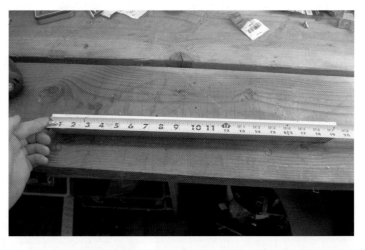

在圆环上试一下看看能否放进去，铝管的上沿应该和前面在圆环上做的标记对齐。如果你的铝管太长了，用金属锉挫掉一些。现在你也可以在圆环上再做记号，标识铝板的上沿，以免之后混淆。

量一下方形铝管顶面的长度，在中间做个记号，如果你的横梁是20英寸（50cm），那么中间位置就在10英寸（25cm），对吧？

4 现在我们要为横梁钻几个摄影机安装孔。

用中心冲，在铝板的中间划一条垂线。

以铝管上中间这条垂线为参考，在左右两边分别画出两道线，每条线间隔1英寸（25mm）。如果你的摄影机因为某种原因无法保持平衡，可以移动到这些安装孔从而调整平衡。

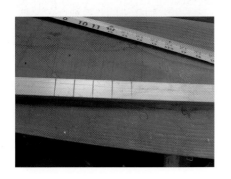

 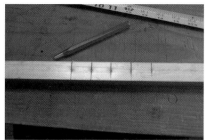 

把组合角尺设置到铝管宽度的一半，配合中心冲，在每个垂线的中心划一个小横线。

在上面划好的每两条线的交点处用中心冲砸一个小坑。

用1/4英寸（7mm）钻头，在每个小坑上钻孔，孔要钻穿整个铝管。在这种单薄的铝材上不用担心切削润滑油的问题。如果你用实心铝板，那肯定需要用到切削油。如果你搞不清我现在在说什么，为什么不先读一下附录呢？

 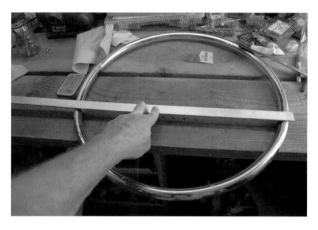

5 把铝管摆在圆圈中间，让铝管的上沿和圆圈上的标记对齐。

把实心铝板摆到摄影机横梁上。铝板一端要正好和圆圈的外沿平齐。

因为圆环外沿有些弧度，所以铝板端口的一角和圆圈对齐了，另一角肯定会凸出来一些。不用担心，我们稍后会用到凸出的这部分。

在铝板的上沿和圆圈的外沿相交的地方做标记线。按照这个长度截出两段铝板。

用金属锉把铝板切口的毛边都去掉。

用60号砂纸或者钢丝刷把每个铝板的一面打粗糙，然后清洁干净。横梁铝管的侧面也打磨粗糙并且清洁干净（没有孔的侧面，两个侧面都加工）。我比较喜欢用砂纸，因为砂纸打出的表面更有助于A—B胶的黏合。我一般用钢丝刷做清洁和完成后的抛光工作。

用车间抹布沾上丙酮把所有的零件都清洁一下。

你现在应该有清洁好并准备粘连的两条铝板和一根摄影机安装横梁。

 把金属圈标记处以下1英寸（25mm）左右的地方都用砂纸打磨粗糙。

然后用丙酮清洁，但是要小心别把标记也擦掉了。

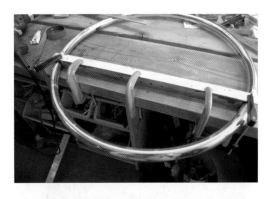

把摄影机横梁摆在圆圈里，在横梁上放一块刚刚加工好的铝条，将它们整个夹在工作台上。

用锤子敲打铝条的两端使其弯曲，直至贴在金属圈上。然后松开夹子，整个翻过来，把第二个铝条放上去，同样敲打两端，让它绕在圈上。

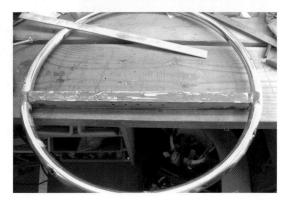

把铝条都移开，按照A—B胶包装上的说明，混合一些A—B胶，均匀地涂在摄影机横梁和金属圈上与横梁对齐的点上。

我给摄影机横梁侧面上了点黑漆。这和支架的实际应用没有任何关系，只是为了好看。

把圆圈和铝板、铝管按照安装位置载夹起来。用车间抹布蘸上丙酮把挤出来的A-B胶擦干净。过几个小时后，把夹子松开，把圆圈翻过来，在另一面上涂A-B胶，放上铝板，然后整个在夹起来，这次要静置至少一整夜，让胶干透。

7 如果愿意，你可以在圆圈上缠无痕胶布、自行车把手带或者类似东西。这里用的是处理运动伤害时用的自紧胶布。

8 你还需要用1/4英寸（7mm）螺栓把摄影机固定在横梁上。螺栓的长度取决于你所用铝管的高度还有摄影机上螺孔的深度。如果铝管的高度是1英寸（25mm），摄影机的螺孔深度是1/2英寸（14mm），那么你至少要找一个1 1/2英寸（38mm）左右长度的螺栓。稍微短一点的安装螺栓更有助于横梁和摄影机之间的紧固。如果螺栓太长了，可以在铝管的底部加上一些垫圈。

9 试一下吧！把摄影机安装上去，看一下是不是和左图中的差不多。装上摄影机后，支架整体应该左右平衡，如果不行就试试横梁上其他的安装孔。这个完全凭感觉判断，还有你用着是否顺手。

使用经验

你可以像握方向盘那样用两只手，也可以用一只手提着用，只要能够满足拍摄的稳定性，尽量用自己舒服的方式操作。

我曾经把这种支架挂在摇臂上使用。发挥你的想象力，我相信你能找到很多用法。

第14章 《雪山红泪》式肩扛支架

《雪山红泪》式肩扛支架简介

肩扛式支架有几个让我特别头疼的地方。大多数这类商用支架只有很小的调节余地。手柄很短，手臂被迫抬高，就像在身上套上了枷锁一般。垫肩使用的也是便宜货，很不舒服。垫肩的设计者好像更在意运输和仓储方便，而不是用户的实际体验。

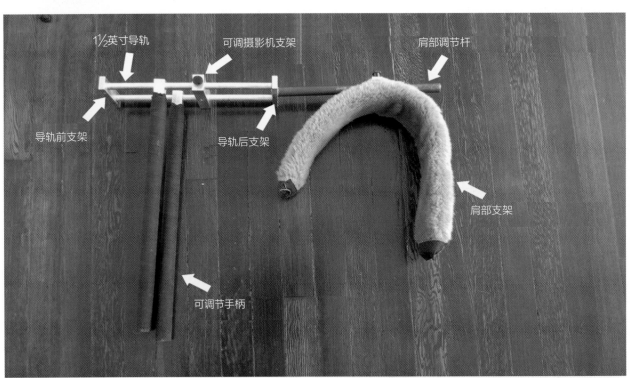

½英寸导轨　　可调摄影机支架　　肩部调节杆

导轨前支架　　导轨后支架

可调节手柄

肩部支架

在开始制作《雪山红泪》式肩扛支架之前，让我们先来仔细看一下上图。上面有两个½英寸（14mm）粗的轨道，把手也安装在上面。这个长轨道的好处是可以方便地调节把手位置、摄影机的位置，以及摄影机LCD屏幕的距离（也可以方便的用取景器观看）。轨道后面是一个可调节的支撑杆。通过这个调节支撑杆不仅可以让摄影机向上或向下，还可以调节左右倾斜。这让上肩后摄影机的水平调节更加方便，还能锁紧固定。

没错，这个是有点长！但是如果你曾经用过这种支架的商用版，你一定会惊讶地发现，长手柄给你带来了多少方便，而且会禁不住地问，为什么以前没人把它做成这样呢？

略读一遍设计方案后，你可能会觉得这个支架很难制作。其实不然，耐心一点，肯定会做出来的！

项目开始前一定要阅读附录部分的"金属加工"。

☐ 2个8-32号母头旋钮（内径尺寸大概为4mm）。好，让我们先来讨论一下尺寸问题，事实上，这只是我用的，为什么？因为我们经常做的一件事就是用丝锥在铝材上钻螺孔。丝锥的作用就是钻一个带螺纹的孔，这样我们就可以往孔里拧螺栓。我最常用的丝锥是8-32号，其次是10-32号。至于你，如果找不到下面列出的这种，可以用任何一种1/4英寸（7mm）以下的丝锥。

> **注意：**
> 对于使用公制单位的国家的读者来说，我不会一直列出丝锥的公制英制尺寸转换，我知道你们中的一些人肯定会一直为8-32号丝锥寻找完美的尺寸转换。那个并不是很重要，真的不重要，任何 $\frac{1}{4}$ 英寸（7mm）以下的都可以。

先看一眼下面工具列表中的丝锥和丝锥钻头。先买丝锥，然后再根据丝锥的尺寸去配螺栓是很明智的（顺便说一句，用丝锥攻螺纹孔非常简单，也很酷）。所有的螺栓和螺母都要根据丝锥的尺寸选择。

☐ 1个公头旋钮，尺寸是＃8-32× $\frac{9}{16}$ 英寸［长度要求也没有那么死，大约 $\frac{1}{2}$ 英寸（14mm）或者更长的也没问题］，再次强调，任何 $\frac{1}{4}$ 英寸（7mm）以下的旋钮都可以。让我再重复一次，我知道很多人略读了前面我写的几个段落以后就给我发各种各样的E-mail，所以，注意了：这里提到的所有的螺栓，旋钮，紧定螺栓，螺母的尺寸都是根据你买的丝锥决定的。我所列的都是8-32号。因为我的丝锥就是这个尺寸。

☐ 2个平头金属螺栓，大约2英寸（50mm）长，同样是8-32号（或者根据你的丝锥来的尺寸，对吧？）。后面很有可能需要用钢锯再截掉一些。不用担心，长点总比短了强。没错，这次必须要平头螺栓。

☐ 铝板，总共需要2块，1英寸（25mm）宽、 $\frac{1}{4}$ 英寸（7mm）厚、4英寸（100mm）长。我买到的是12英寸（30cm）长一根的，自己把它裁成4英寸（100mm）长。自己切割比在商家那里切便宜很多。手工费比铝板还贵！

☐ 另一个尺寸的铝板，这个要1 $\frac{1}{4}$ 英寸（31mm）宽、 $\frac{3}{4}$ 英寸（19mm）厚，同样我买的原料是12英寸（30cm）长，自己裁出一块2英寸（50mm）长的和一块4英寸（100mm）长的。

有机玻璃或者丙烯酸有机玻璃。你将要用这些来做肩扛部分。我曾经制作过两种尺寸的肩垫，我比较喜欢长一点的，稍微舒服些。主要的限制是要能够放进你的烤炉，所以也不能太长。短一点当然更容易制作。我给你几个参考尺寸：12英寸×24英寸×0.093英寸（300cm×60cm×2.36mm）厚或者11英寸×14英寸×0.093英寸（280cm×350cm×2.36mm）厚。在任何五金商店里面都可以找到。不用太担心厚度，就是需要那个厚度。而且，你可能发现昂贵的有机玻璃产品和便宜的产品看起来差不多，那么就用便宜的！

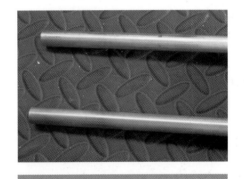

½英寸（14mm）的圆形铝棒，别和圆形铝管搞混了，铝管是空心的。你需要两段12英寸（30cm）长的。

外径¾英寸（19mm）的铝管。后面你需要根据自己的身材和摄影机的类型来切合适的长度，不过最好先找到至少2英尺（60cm）长以上。

2个外径1英寸（25mm）的铝管，要17英寸（43cm）长。你经常是要先找一段长的，然后自己再切割。切管器或者钢锯都是必要的工具。这些用来做把手。我是个大众身材，但是如果你是个大高个或者比较矮，那就需要调整这个长度了。最好制作的时候就多留几英寸（1英寸=0.025 4米）。

2个方形铝棒，截面边长¾英寸×3英寸（19mm×76mm），总共需要两块。

2个紧定螺栓，和你的丝锥尺寸一样，我用的是⁸⁄₃₂英寸×¼英寸（7mm）长。如你所见这个东西很小，别忘了买一个与之配合的内六角扳手。

☐ 一卷运动胶带。这种胶带一面带胶，通常用于保护脚踝、手腕等。至少要找1½英寸（3.8cm）宽、12码（11m）长的。

☐ 用在肩垫上的垫子，我用的是羊皮。这东西在洛杉矶服装市场很便宜，并且可以让你的肩垫非常舒服。你也可以用薄泡沫胶皮。

工具清单

☐ 台钳。本书中大部分项目都需要它，尤其在这个项目中用处最大。

☐ 记号冲或中心冲。它们的用处在附录里面解释过。

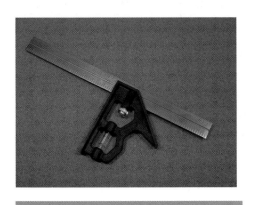

☐ 合角尺

☐ 切削润滑油，或其他可以用于钻孔的润滑油。详见附录。

☐ 鱼嘴大力钳

☐ 可变速手电钻或者是钻床。最好能有台钻床，它能把许多工作做得更好。

☐ 一个#8-32丝锥和配套钻头。在汽车零件商店很容易找到这种套装。在五金商店里通常是分开卖的。先找到合适的丝锥[任何¼英寸（7mm）以下的都可以]。在丝锥包装上会告诉你需要什么尺寸的钻头。再提一句，丝锥是在钻好的孔里攻螺纹用的。

☐ 你还需要用到一个钻头，比丝锥大一点点。尺寸没严格要求，只要大一点就行。

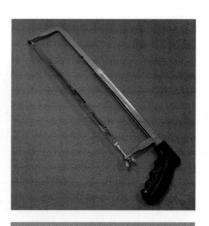

☐ 丝锥扳手，用拧丝锥。

☐ 一个½英寸（14mm）的钻头。

☐ 切管器，这是为切割铝管准备得，当然用钢锯也可以。

☐ 钢锯，记得多买些锯条，它们很便宜，但是报废得也很快。如果想锯得快点，就找每英寸18个齿的，24个齿的是最常用的。齿数越少，锯得速度越快。

☐ 锤子

☐ ¾英寸（19mm）孔锯和柄轴。它基本上就是一个大钻头，照片中的另一个物体叫作柄轴。有好多种尺寸的柄轴，确保你找到的柄轴能够匹配你的孔锯。

☐ 金属平锉

☐ 大一点的圆锉（照片中的没有手柄），别想用小平锉来代替，这里一定要用圆锉。

☐ 螺栓刀

☐ 记号笔

☐ 剪刀

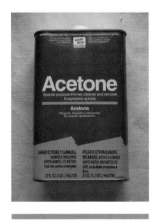

☐ 丙酮

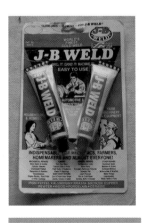

☐ A–B胶

☐ 钢丝刷头，要能够装到你的手电钻上。这个并不是必需的，但这东西在清洁铝质零件时非常实用。

☐ 埋头钻头，针对这个项目，直径为½英寸（14mm）的就足够了。

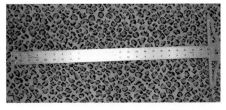

☐ 一个¼英寸（7mm）的钻头。请别把这个钻头和你的丝锥配套钻头搞混了。辛辛苦苦钻好一个孔，结果孔大了，实在是很郁闷的事。

☐ 带长直边的大尺子，要匹配有机玻璃的长度。

☐ 车间抹布或者旧抹布

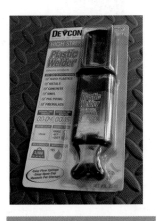

☐ 60号砂纸

☐ 厚的棉线手套。在拿热丙烯塑料的时候要带上这个。所以千万别漏掉这个。

☐ 粘塑料和金属级的环氧树脂胶。

☐ 一个内六角扳手。尺寸要能和前面材料列表里的小紧定螺栓匹配。

☐ 在离开五金商店前考虑一下，你的丝锥尺寸和平头螺栓、紧定螺栓、公头旋钮都能配合使用吗？

☐ 柄轴和孔锯尺寸也能配合使用吗？看见孔锯底下伸出来的钻头了吗？你需要这样的，别找那种"内置"柄轴的廉价孔锯。

开始动手吧

制作肩垫

　　这真是个好东西! 它能够贴合你的肩膀形状, 非常舒服。很多年轻人可能都不知道, 把乙烯唱片放在咖啡杯上, 然后放进烤炉里烤, 唱片就会融化成一个烟灰缸或花盆。我们要做的差不多, 只不过稍微复杂点。

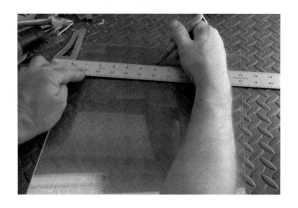

❶ 量出塑料板宽度的一半。

用油性记号笔穿过这个标记在塑料板上画出中线。

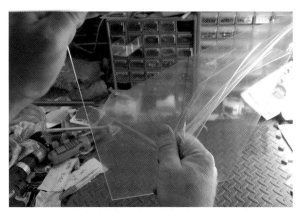

如果还没有把塑料板上的保护膜撕掉, 现在就先撕掉。

❷ 在烤炉里垫上锡箔纸。如果你的情况和我一样, 塑料板不得不斜着放, 那最好在侧壁也垫几层锡箔纸。

如果炉子够大或者塑料板比较小, 最好还是平着放。不过不能平放也没关系。

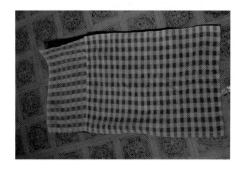

　　关上烤炉门, 将温度设定在350℉ (177℃)。大约需要20分钟塑料板才能被折叠或者弯曲。不用担心在塑料冷却之前你能否一次性折好, 你可以将其再放回烤炉加热。在地上铺一块毛巾。到20分钟的时候就带上你的棉线手套。

　　做下一步工作时动作要快一点, 赶在塑料冷却之前。

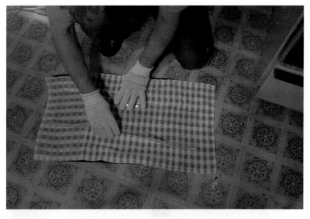 

3 把变软的塑料板铺在毛巾上。快速地把一边折向之前画的中线。然后把另一面也折向中线。使劲按住折叠的部分，整个都压平。

压好后的样子如上图所示。

然后再沿着中线对折，两边尽量对齐。使劲压住它。

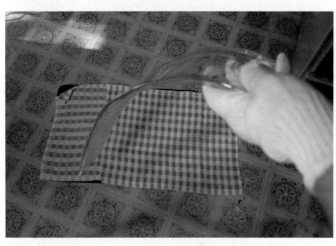 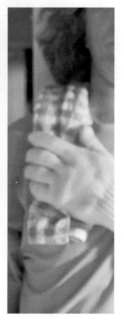

你应该得到了和上图差不多的厚塑料板。如果没有压好，可以再放回烤炉烤一下。

把折好的塑料板用毛巾卷起来，然后搭到你的右肩上。前面的一端至少要低过锁骨。后背的部分就只有通过向墙上靠来折弯它了。把前端紧紧压在胸口上，后端使劲靠到墙上。这样坚持几分钟，直到塑料板冷却。

冷却后的样子如右图所示。

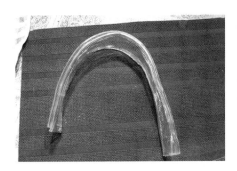

如果觉得成型以后不舒服，再放回炉子软化一下，在成型一次就可以。

肩垫做好后先放在一边，现在来做支撑杆的底座，这个底座要固定在肩垫上。

上图是用小一些的塑料板做的短版肩垫。大多数商用支架都是这种尺寸的肩垫。我发现长一点会更舒服一些，但也不用太长。尺寸自己决定就好。

支撑杆底座

（你读过了附录了吧？）

4 这个零件要连接到肩垫上，上面有两个旋钮，可以便捷地调节支撑杆，然后固定住。

量一下肩垫的宽度。应该是不到3英寸（76mm）。这个底座长度可以在2~2½英寸（50~63mm）。我做的是2英寸（50mm）长，所以在这些设计方案中用的都是2英寸（50mm）。

拿出那个1¼英寸（31mm）宽×¾英寸（19mm）厚的铝板，在上面量2英寸（50mm）长。用中心冲在这个位置划出一条线。如果你用钢锯锯这段铝板，一定要在台钳上夹牢。锯的时候沿着标记线走，确保切口平整。

5 在铝块上沿对角线划出一个"X"。确定铝块的中心位置。

用中心冲在对角线的中心砸一个小坑。如果你还不知道如何做，没关系，去先读一下附录，我等你。

6 把¾英寸（19mm）孔锯装到钻床上，然后让中心的引导钻头对准中间的小坑。速度要设定到最低，大概一分钟500转。我承认，我用的是钻床，但我的确也用手电钻做过这个！

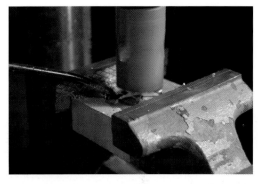

不管用哪种钻，钻穿这么厚的铝块都需要很长时间，一定要不断地加润滑油并清洁碎屑。我先澄清一点，用钻床的确更方便，但不是更快。好消息是在这个项目里，你只要钻两个这样的孔，并且第二个铝块要薄很多。

的确，好像要过一百年才能钻完，但是看看我们的成果还是很漂亮的。

7 接下来我们要在铝块上攻螺纹孔，然后把它锯成两半。

沿着铝块的长边方向画一条中线。一会儿要沿着这条线把铝块切成两半。

接下来，量出孔边缘到铝块最近的边的距离，把组合直角尺设置到这个距离的一半。

现在把铝块立起来，注意不要把组合直角尺上的尺寸碰歪了。把组合直角尺顶在铝块的右侧，然后在这个位置上在铝块的顶面划一条垂直于长边的线。在左边也画一条，现在把组合直角尺设置到铝块厚度一半的尺寸。在铝块顶面沿长边方向画一条中心线，与前面做的两条横线相交。在铝块顶面形成两个十字标记，用中心冲在两个十字中心砸个小坑。

8 找到与丝锥配套钻头。最好平时就把丝锥和配套钻头放在一起，那样更容易找到。

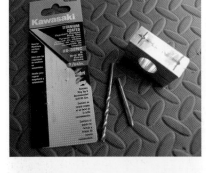

装上钻头，对准前面砸的定位小坑，把铝块整个钻穿，别忘了不断加润滑油！现在你应该已经在铝块上钻了两个管穿孔了。

9 把钻好孔的铝块夹到台钳上。确保前面画的中线露在钳口的外面，方便切割。

　　　　　　　　　　　　　　　第二部分　手持式摄影机支架

沿着中线把铝块锯成两半，稍微歪一点也没关系。

漂亮! 看，没费多长时间吧?

➓ 在刚刚锯好的两块铅块中选一块，放到台钳上，底面朝上。

把丝锥卡到丝锥扳手上。

把要攻螺纹的孔和丝锥都浸上润滑油（和前面切割金属时用的润滑油一样）。

小心地把丝锥拧到孔里。这和拧螺栓一样，区别在于每向里拧两三圈就要往回倒一圈。就这样重复直到穿透整个孔。然后给另一个孔攻出螺纹。

⓫ 下一步最好找个朋友帮忙，或者对着镜子操作会更容易。把塑料板肩垫搭到肩上。为你刚刚攻好螺纹的支架找个合适的位置: 它应该就在塑料板肩垫顶部的某个位置上。尽量让支架的面朝向正前方。用记号笔沿着支架的前边在肩垫上画一条标记线。

取下肩垫, 把支架和刚刚做的标记线对齐。在肩垫上沿着支架的边缘画出它的轮廓线。

现在肩垫上顶端有了一个支架的外轮廓。

⑫ 用两个平头螺栓从上面拧进支架铝块。如果你以前没有做过螺纹孔，这感觉还是挺酷的。你只需要螺栓伸出铝块的底面一点点。让螺栓穿过整个铝块非常重要。

好了, 再回到厨房。你需要带上那个支架铝块、鱼嘴大力钳和棉线手套。

用大力钳夹住铝块支架, 如右图所示。

打开炉子, 把铝块置于火苗的正上方（图中看不到, 但那里确实有火焰）。你需要拿着它在上面加热大概5分钟。

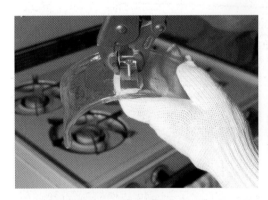

你应该得到和左图所示差不多的效果。前面让大家把螺栓多头露出支撑块底面, 就是为了能在热熔时在塑料板上留下小坑, 这样就很容易知道下一步在哪里钻孔。

足够热以后, 对齐塑料板肩垫上的轮廓线, 把它压到上面。如果很热, 塑料板就会熔化。缓慢地向塑料板施压, 直到在塑料板上形成了一个完整的平面, 如果不够热, 只能让塑料板熔化一点, 没关系, 继续加热然后再来压。

⑬ 找到那个比铝块上的孔稍微大一点的钻头, 装到电钻上。

第二部分　手持式摄影机支架

把电钻对准塑料板上留下的小坑，慢慢地钻穿。要慢慢地钻，如果钻得太快或者太用力，会把有机玻璃钻碎。两个小坑都钻上孔。

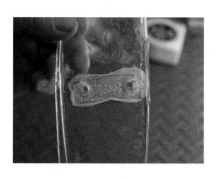

现在你的塑料板上应该已经为铝块支架准备好了带两个孔的安装位置。

⑭ 把铝块上的螺栓取下。如果铝块还很热，可能不好取下来，要等它冷却下来。如果还是不好取下来，熔化的塑料可能跑进螺纹孔里面了，用线刷清洁一下铝块底面。

把埋头孔钻头装到电钻上。在肩垫的内侧，在每个孔上做一个埋头孔。但是不要钻得太深。只要能让平头螺栓的螺帽不凸出肩垫内侧就行。

如果真钻深了也没关系，别太深了就行。

⑮ 把下半截铝块夹到台钳上，清洁所有面。清洁时小心一点，然后把支架底面磨粗糙些。

用车间抹布沾上丙酮把留在铝块上面的污迹擦干净。

⑯ 把2英寸（50mm）螺栓从肩垫的底部穿上去，穿过铝块。先别拧紧，在铝块和肩垫之间留出足够的空隙涂抹环氧胶。先别把它们粘上，把螺栓向后拽一点。环氧胶过多地粘到螺栓上，是起不到作用的。

按照包装上的说明混合一些环氧胶。

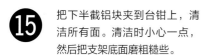

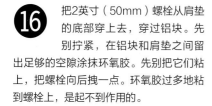

在铝块和塑料板之间涂上些环氧胶。

然后翻过来，在埋头孔里也涂些环氧胶。

从后面把螺栓拧紧，直到铝块严丝合缝地嵌到塑料板里。

用丙酮和车间抹布把挤出来的环氧胶清理干净。一定要在胶干透以前清洁！

⑰ 还记得我们用来钻塑料板孔时用过的钻头吧？用它在闲置很久的另一半铝块上钻两个孔。

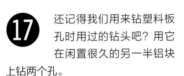

现在上面两个孔足够容纳下面伸出来的螺栓了。试一下，把上半截铝块装到下半截铝块上。

把¾英寸（19mm）铝管插到铝块之间的大孔里，然后拧上母头旋钮。现在要看一下母头旋钮是不是能在拧到头之前就把支架紧固住。如果不行就用钢锯把螺栓截掉一些。但是

要注意两点：在截断以前一定要让环氧胶干24小时以上；锯的时候要把上半截铝块留在上面，从而起到支撑作用，防止螺栓变弯。锯完后还要用金属锉去毛边，不然很难再把母头旋钮拧回去。还有个方案就是在旋钮和上半截铝块之间加些尼龙垫片帮助紧固。

制做摄影机支撑轨道和摄影机底座

轨道的后支撑

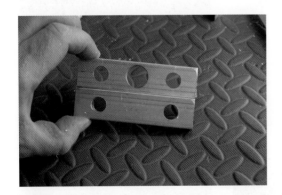

⑱ 我们要制作如上图所示的零件。因为其中一个中间有一个大孔，所以我就分开来介绍制作过程，以免混淆。但一起做也没问题，特别是钻两边的小孔时，可以把两个铝块同时做标记并叠在一起夹到台钳上。

找到1英寸（25mm）宽、¼英寸（7mm）厚的铝板，在上面量出100mm。对于这个支架，需要两块4英寸（100mm）长的铝板。用中心冲划好标记线，用钢锯截断（用电圆锯或者带锯机更好）。

4英寸（100mm）长的铝板截好后，沿着长边划出一条中线。我用的是1英寸（25mm）宽的铝板，中线位置就是½英寸（14mm）。把组合角尺设置在½英寸（14mm），然后用中心冲划上一条中线（记号冲也可以）。

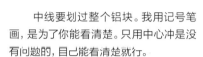

中线要划过整个铝块。我用记号笔画，是为了你能看清楚。只用中心冲是没有问题的，自己能看清楚就行。

⑲ 现在来画长边的中心线，如果是4英寸（100mm）长，中心就是在2英寸（50mm）处。

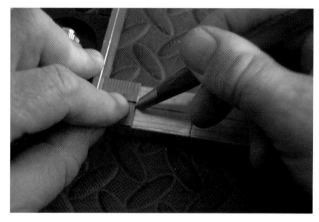

然后把组合直角尺设置到¾英寸（19mm）。从铝板的左边量起，到¾英寸（19mm）的地方画一条垂线。右边也是一样。

用中心冲和锤子，在每个交叉点打上一个小坑。就是在中心和距离两边¾英寸（19mm）的位置。

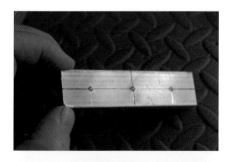

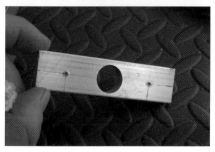

⑳ 还记得在那块厚铝块上做¾英寸（19mm）的大孔吗？现在要再钻一个。只不过这次的材料要薄得多，没有那么麻烦了。用¾英寸（19mm）的孔锯，在中间位置钻一个孔。把孔锯的引导钻头对准中间的小坑，然后钻下去就可以了。

㉑ 下面的工作就比较简单了。把½英寸（14mm）的钻头装到电钻上，在铝板两侧小坑的位置上钻孔，钻这样的孔一般都很轻松。

22 这一步你需要½英寸（14mm）的实心铝棒。如果你还没有把它们切成两段12英寸（30cm）的，现在就去切吧。

把轨道后支撑（你刚刚做的那个）夹到台钳上，只露出一个孔在上面。把½英寸（14mm）的铝棒塞进½英寸（14mm）的孔里。在我看来那应该是能装配上的，但是经常装不进去。所以还要把孔扩大一点。

把圆锉伸到孔里面，锉掉一些，把孔扩大一点。锉的时候尽量均匀地在圆周上锉。我保证这用不了多少时间。一般情况下，把4个孔都加工好也只要几分钟而已。

一边锉一边检查铝棒是否能穿过去。一旦能顺利穿过就算做好了。然后把剩下的孔也都加工好。中间的大孔先不管，稍后再处理。

 23 现在让我们来做轨道的前支撑，前支撑上面只有两个孔。

把还没完成的前轨道支撑和做好的后支撑对齐。确认你还可以看见后支撑上的标记划痕。

把组合角尺和已经完成的后支撑上的标记线对齐。用中心冲在没有完成的前支撑上同样位置划上标记线。另一边做相同的操作。

现在在宽边中心位置划上中心线，和前面做的两条垂线相交。

用中心冲和锤子在两条线的交点打上小坑。

在两个小坑的位置上分别钻出两个½英寸（14mm）的孔。

现在用圆锉扩大一下前支撑上的孔，让½英寸（14mm）的铝棒可以插进去。

把轨道撑和轨道安装在一起看一下是否合适。

 给摄影机底座做标记的最好方法是用一个轨道支撑做比照。把两个支撑叠到一起，这样它们的总高度就和摄影机底座顶部平齐了。

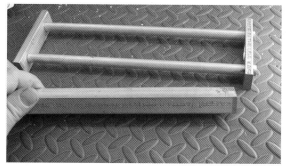

25 开始制作摄影机底座。

我们需要再次用到前面剩下的1¼英寸（31mm）宽、¾英寸（19mm）厚的铝板。

底座同样需要4英寸（100mm）长。最好的方法就是直接用一块轨道撑做比照，把它一端对与厚铝板齐放，在轨道撑另一端划一条标记线。

26 给摄影机底座做标记的最好方法是用一个轨道支撑做比照。把两个支撑叠到一起，这样它们的总高度就和摄影机底座顶部平齐了。

用中心冲在轨道撑的另一端划上标记线，然后按照这条标记线的位置截出4英寸（100mm）长的厚铝板作为摄影机底座。

用组合角尺对齐轨道撑上的标记线，直接在摄影机底座上画出延长线（这也是用记号冲或中心冲在金属上做标记线的好处，因为记号笔的痕迹很容易被抹掉）。

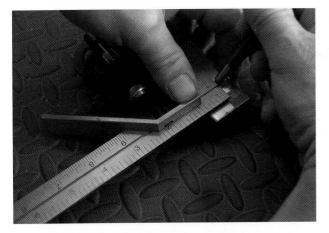

用中心冲在两个交点上分别砸上定位小坑。

用½英寸(14mm)的钻头在两个小坑的位置钻孔。

画完和轨道支撑对齐的那两条线后,把组合角尺设置在摄影机底座宽度一半的位置上,用中心冲沿着长边方向在宽度一半的位置上,划出一条与上面两条垂线相交的中线。

和轨道支撑一样,用圆锉把孔稍微扩大一点。让轨道可以轻松地插进去。

㉗ 在摄影机底座上还需要再钻两个孔,一个用于摄影机的连接螺栓,一个用于锁紧用的公头旋钮。在长边方向的中心做一条垂直的标记线。

量出宽度的一半,划一条横向的中心线,和刚刚做的线垂直相交。

用锤子和中心冲在两条线的交点砸出一个小坑。

这是为摄影机连接螺栓准备的安装孔位:在刚刚做的小坑位置钻一个¼英寸(7mm)的孔,穿过整个摄影机底座。

第二部分　手持式摄影机支架

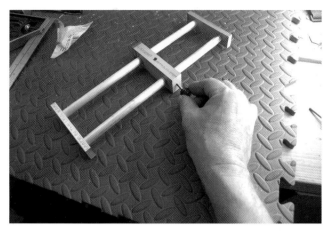

 现在，我们既需要摄影机底座能在轨道上调整位置，又要其能固定在轨道上。为了达到这个目的，我们需要在摄影机底座的一端加上一个公头旋钮。

我们需要#8-32的丝锥（或者任何和你的公头旋钮尺寸一样的丝锥），正好和工头旋钮的螺栓尺寸相同。

在摄影机底座的一个侧面上划出"X"形的对角线，在交叉点用中心冲打一个小坑，然后用和丝锥配套的钻头在这个小坑的位置钻上一个孔，这个小孔要一直钻穿到½英寸（14mm）的大孔里。

像前面的轨道支撑一样在侧面的孔里攻螺纹（现在你应该对攻螺纹这工作很熟悉了。早告诉过你很简单）。最后把公头旋钮拧进去试一下是否合适。

 29 既然你已经对钻孔和丝锥操作很熟悉了，下面我们就来为前支撑块做几个紧定螺栓用的螺孔（前支撑块就是只有两个孔的那个）。提一句，前、后支撑块都可以用这种固定方法。我打算在前支撑用固定螺顶，后支撑用A-B胶，以防将来需要把摄影机底座拆下来。

利用前面为½英寸（14mm）孔划的中心线确定前支撑顶面（或底面）的中心。你需要让紧定螺栓从½英寸（14mm）孔的底部拧上去。

再次用中心冲在铝块上划线。

然后量出轨道撑铝块厚度的一半，在一半宽度的位置划一条线与前两条标记线垂直相交。然后用锤子和中心冲在交点处打上小坑。

用和丝锥配套的钻头在这两个小坑的位置钻孔。然后用丝锥攻螺纹。

把紧定螺栓套到你的六角扳手上。

把紧定螺栓拧到前支撑底部的螺孔里面，现在先不要拧到头。

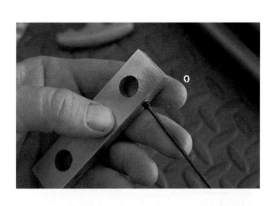

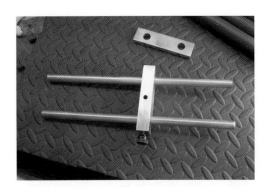

30 把轨道穿过摄影机底座。

然后把轨道插到前支撑上。让轨道的末端和轨道撑的表面平齐。拧紧紧定螺栓。

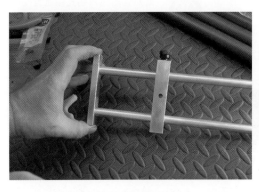

把摄影机底座滑到轨道中间附近，然后拧紧旋钮。完成后，把这些零件先放在一边。

31 找到外径3/4英寸（19mm）的那个铝管和60号粗砂纸，认真地把铝管的一端打磨粗糙。把每个直径1/2英寸（14mm）轨道的一端也同样打磨粗糙。

越粗糙越好！用车间抹布和丙酮把铝管、轨道的端口以及后支撑了三个孔都擦干净。

按照包装上的说明混合一些A-B胶。在铝管粗糙的端口均匀地涂上一层。

把后支撑装到铝管上。用车间抹布和丙酮把挤出来的A-B胶擦干净。

　　　　　　第二部分　手持式摄影机支架

在每个½英寸（14mm）轨道口上也都涂满A-B胶。

从后支撑的另一面，把轨道用力插进½英寸（14mm）的孔里面。同样，在胶干之前，把多余的A-B胶清理干净。

完成后，把它们放在不容易被人碰到的地方静置24小时。最后，最好用组合直角尺却确认一下后支撑和铝管成直角。

组装轨道和支撑杆

32 快做完了吧？没错，现在就来做手柄。

你需要两段截面边长¾英寸（19mm）、3英寸（76mm）的铝块。现在就去截出来吧，我等你。

把组合角尺设置到½英寸（14mm），在距离一端½英寸（14mm）的位置做上标记线。另一个铝块也一样。

量出宽度的一半，做一条和前面的标记线垂直相交的横向中心线。用中心冲在交点砸一个小坑。另一段也进行相同的操作。

用½英寸（14mm）钻头在小坑位置钻孔，要穿过整个铝块。

和前面加工过的几个孔一样，用圆锉扩大一点，保证轨道能够顺利穿过。

33 在我们改变这些铝块的形状之前，有两个需要注意的地方。首先，把前支撑取下来时一定要先松开紧定螺栓；其次，把¾英寸（19mm）的铝块套到轨道上，试一下当你转动这个铝块的时候铝块的角是否会超过摄影机底座的顶面。理论上不会，但如果超出了，还得把铝块的角再锉掉一些。

然后，把前支撑装回去，不用紧固，现在只是用它作参考。把连接手柄的铝块转到和前支撑平行的位置。在安装长手柄后，手柄不能超过轨道撑的边缘。所以用记号笔（是的，在这里用记号笔没问题）在连接手柄的铝块上，对齐前支撑侧面端口做个标记。两边的铝块都做上标记。

虽然你父亲曾经告诉过你不能把一个方形桩子放进圆形的洞里。但我们现在就要做这件事。

把这个铝块夹到台钳上，在钳口上面露出棱边。用平锉把上面的两个棱锉圆。你可能以为这个工作很费时，其实不然。铝是非常软的金属，把4个棱边都锉圆也用不了5分钟。

把棱边锉圆的时候，只需要锉到记号笔做的标记线就可以。一边锉一边检查铝块能否顺利插进外径1英寸（25mm）的铝管里。

你甚至可以把铝块直接敲进铝管里。但是如此一来，铝块就再也拔不出来了，所以把它们整个夹到台钳上。

把给你找麻烦的那些棱边锉掉。

直到你可以把铝块敲进铝管上记号笔做的标记处。

如果想要美观一点，还可以把铝块露出部分的表面都锉一锉。

看见了吧？多漂亮！另一个手柄也如发炮制（有了前面的经验，制作另一个手柄会快一些）。

找些胶布之类的东西把你的新手柄裹起来。我用的是一种运动用胶布，一面带胶，非常方便。

整体组装和调整

等不及了！现在我们就把整个支架装起来，趁最后一步加工之前先试一下。

34 首先，把摄影机底座套在轨道上，然后是手柄，最后是前支撑。用内六角扳手把前支撑拧紧。用1/4英寸（7mm）的螺栓把摄影机和摄影机底座连接起来。我用的是六角螺栓，你可以用任何1/4英寸（7mm）的螺栓或者金属螺栓。这个螺栓长度一定要能穿过摄影机底座还要再长出一点。但是，如果太长就起不到固定作用了。可以用钢锯截掉一些，没问题的。

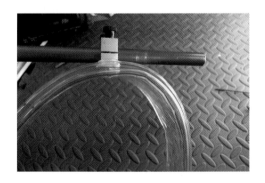

把肩垫也套再支架后面的铝管上，然后拧紧上面的旋钮。

把整个支架架在肩膀上，然后把肩垫上面的两个旋钮松开一点。前后推拉整个支架找到合适的位置。一旦找到拍摄的舒适位置就把旋钮拧紧（别忘了，摄影机的底座也可以前后微调，所以对于轨道的前后位置也不用过于纠结）。

把支架取下来，拆掉摄影机。在后半节铝管距离肩垫连接处4英寸（100mm）或者5英寸（12cm）的地方做一个标记。

用钢锯或者切管器把标记外多余的部分截掉。

接下来我们给肩垫上加些垫子，然后就完成了！

这就是我为什么把铝管留得长一些为了在调整时留出足够的余地。

包裹肩垫

35 关于垫子。我用的是羊皮垫，因为它真的非常舒服。你也可以用薄泡沫海绵、人造羊皮或薄人造皮毛。任何让肩膀舒服的材料都行。

如果你和我一样用了羊皮，你肯定要手忙脚乱一阵才能找到让羊皮覆盖整个肩部支架的合适角度。用弹簧夹把羊皮的一端夹住，然后把它平铺到整个肩部支架底面上。

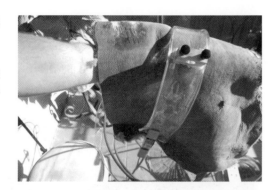

用记号笔把肩部支架的外轮廓描下来。

量一下肩部支架最宽的地方，然后加$\frac{1}{2}$英寸（14mm，留出肩部支架的厚度）。无论这个尺寸是多少，取它的一半。也就是说，如果加完以后的尺寸是 4英寸，那么一半就是2英寸。

把羊皮平铺在桌子上，先别开始剪。

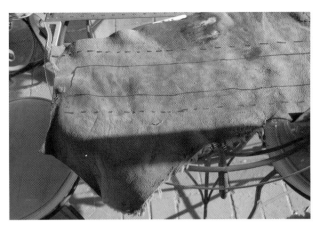

在羊皮的轮廓线外侧和长边平行画一条线，这条线和轮廓线的距离就是上面算出来的尺寸，两边都画上。如果你的羊皮或者其他材料不够大（像我一样），窄一点也没关系。只是会在肩部支架顶面留一道空隙而已，不碍事。

画完后得到如上图所示的效果。

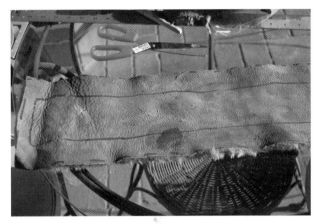

沿着外侧的线剪裁下来。

把裁好的羊皮先放到一边。

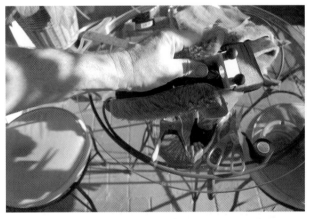

36 现在我们要找一种方法把羊皮粘到肩部支架上。你可以用线缝也可以用胶粘。我太懒了，这两种方法都没用。还记得前面用在手柄上的胶布吗？我打算用这个把羊皮固定到肩部支架上。将胶布带胶的面朝上，把整个肩部支架缠起来，缠的时候要一圈压着一圈，中间要不留缝隙。

小心地把前面描在羊皮上的轮廓线和肩部支架的底面对齐。把它粘上去，然后扯着两边包到肩部支架的顶面。

我的羊皮垫在肩部支架的一端显得有点窄，没有把支架全部包上，于是我干脆把其他地方也和窄的地方取齐。所以支架顶部看起来就像是我故意设计的。

最后把肩部支架装和支撑铝管再装起来，我们就完工了！

这种方法效果还不错，而且非常简单，如果没粘好，重新做也很容易。

调节和使用新的肩扛支架

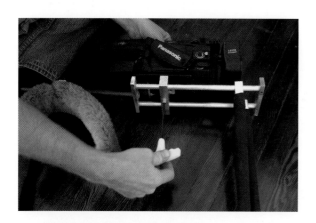

把摄影机用螺栓固定到摄影机底座上。

拧紧底座上的定位旋钮。

把肩扛支架架到肩膀上，握着摄影机顶端的提手，先别管摄影机，它可能很摇晃，先确认肩部是否舒服。

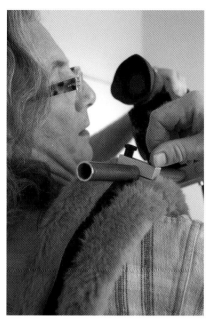

把肩垫上的紧固旋钮松开一点。

扭动摄影机调节到水平位置。然后找到前后舒服的位置。最后把旋钮拧紧。

现在你可以去抓手柄了。把手柄向前推一点，它们会自己锁定位置。几乎不需要什么压力。如果你想调节手柄位置（哪怕是在拍摄中），松点劲就可以移动了。为了拍摄时稳定，手臂最好紧贴身体两侧握着手柄。多数支架都会强迫你把手臂抬起来。现在你应该理解我为什么把手柄做得这么长了吧。

上图是一个前视图。你可以调节支撑铝管向前或者向后，也可以调节摄影机底座。很容易就可以把LCD屏幕调节到你需要的位置。

如果你需要把一只手放到摄影机上做变焦等操作，就把两个手柄都交到一只手里，另一只手放到摄影机上。因为我们的手柄是可以自由活动的，不需要松开紧固螺栓之类的操作，就算正在拍摄中你也可以这样调整姿势。

如果对你来说两只手一前一后的姿势更舒服，同样，这个设计允许你这样使用，而且非常便捷。

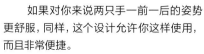

就算坐着拍摄，用这个支架也非常舒服，因为你可以迅速调节手柄到舒适的位置。

我精力过剩，向大家展示一下各种使用的姿势。我曾经用过很多商用肩扛支架，只有我自己做的这个是最舒服的。我在新版书里把设计方案传授给大家。希望你有时间动手做一个这样的支架。相信你会和我一样高兴拥有自己的肩扛支架的。

第三部分　摇臂

　　摇臂和推车一样，谁都希望能拥有一个。好，这就给大家介绍3种摇臂。照片中这种摇臂就是首先要为大家介绍的《杀手之吻》式摇臂。这是这本书介绍的摇臂中最短的一种（是的，不用怀疑，上面的照片确是我在用这种摇臂在拍摄自己的电影）。

　　在本书的早期版本中，我只用一种支架连接摇臂和三脚架。在这部分的最后我增加了一种不同的支架，它做起来更困难，花费也更多，但如果你住在美国以外的国家或地区，你可能别无选择，两个支架都很好用。如果你很在意外观是否够专业，那么《双重赔偿》式摇臂看起来更酷（我个人不太介意设备的外观，只要好用就行）。

　　我强烈建议你制作本书后面介绍的摇臂专用的三脚架。它非常经济实惠，就是把测绘用三脚架改装成电影用的三脚架。就算你已经有一个三脚架，最好再做一个专门给摇臂用。摇臂拆装非常便捷，所以如果你有两个三脚架的话，把摄影机从摇臂转移到三脚架上不会浪费多少拍摄时间。

　　总有人问我，这些摇臂能否实现摄影机的平移或者倾斜运动。答案是可以也不可以。通常我操作《杀手之吻》式摇臂时会用一个云台把摄影机和摇臂连接起来，然后在摄影机一端操作摇臂。所以如果你的摄影机在三脚架上，那你不得不移动摄影机本身。和《双重赔偿》式摇臂一样，《大爵士乐队》式摇臂上有一个静态支架和一个倾斜支架。制作一个可以远程控制平移和倾斜的系统非常复杂。但是有些公司制作了带马达的云台，也可以安装在我的摇臂上（这些电动云台非常昂贵）。

　　在第18章里，有几个使用摇臂的窍门，它们适用于本书介绍的所有摇臂，所以建议读一读！

第15章 《杀手之吻》式摇臂

《杀手之吻》式摇臂简介

这部摇臂是用水暖管做成，它迅捷并且易于制作，是《逃狱雪冤》式摄影推车的完美补充。当摄影机的重量超过7磅（3kg），你会感觉到摇臂的末端上下的微弱震动。但是，通常你在摄影机端操作这部摇臂时，无论握住摄影机还是云台，甚至是握住摇臂的上臂或者下臂，这种震动就会消失，因此不用担心。这种震动非常微弱，甚至当你从摇臂较重的一端操作时可以忽略不计。

这种摇臂有两种不同的版本，A版本和B版本。在你去采购材料之前，让我们先来看看它们有什么不同之处。

A版本拥有一根稍长的配重平衡管，配重安装在末端一根竖管上。配重的作用是平衡摄影机。这和游乐场的翘翘板有点儿像。如果一个100磅（45kg）重的孩子坐在翘翘板的一端，一个50磅（22.5kg）重的孩子坐在另一端，那肯定不太好玩。如果两个孩子都重50磅，跷跷板就会完美平衡，两个孩子就能轻易把对方翘起或放下。但如果你将重心平衡点移向翘翘板的一端，靠近支点的孩子必须花费更大的力气才能翘动相对远离支点的孩子。像其他摇臂一样，《杀手之吻》式摇臂配备的也是长平衡管，因为配重和摄影机中间的平衡支点已经被调整了，所以你只需要少量的配重就能保持摇臂平衡。配重离平衡支点越近，你需要的配重就越多。

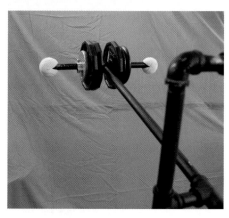

B版本拥有一根较短的配重平衡管，配重施加在两根横管和配重平衡管组成的T型结构上。它的优点是更短的平衡管允许你在更狭窄的场景中操纵摇臂。缺点是你必须配置更多的配重，整个摇臂也会更重，而且震动也会带来更多的问题。但是在我看来，这些都不算什么大问题。

另一件关于B版本的事情是，我使用了一根直径为2英寸（50mm）的管子连接摄影推车。如果你的摄影机较小，不到5磅（2kg）的话，你可以用一根直径为1英寸（25mm）的管子以同样的方式连接摄影推车。

你是否在摄影推车章节为你的摄影推车做了一个摄影机底座？如果是的话，你可以用这个2英寸（50mm）水管把摇臂如法炮制的安装在你的摄影推车上。（你将会发现，我尽量让你从这本书里做出装备都尽可能的互联互通、组合使用。这样一来，你就不必为了拍摄一个镜头扛着许多重复投资的工具和材料了）。

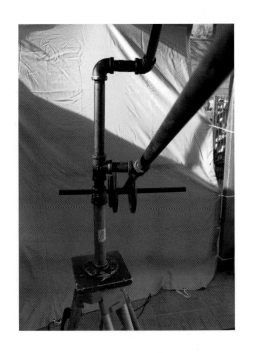

你还可以把《杀手之吻》式摇臂部署在第16章中提到的测绘用三脚架上（见第21章如何把测绘用三脚架改造成摄影机三脚架）。换句话说：两个摇臂，一个架子！

嘿，Dan！我到底应该做哪个？我真的很困惑。

别担心，我们现在就来弄明白。首先，你的摄影机有多重？记住，在你拍摄的时候可能会加在摄影机上的东西都算数：暗盒、对焦器、大胖电池、云台、35mm镜头转接环。看一看上页那张照片，摄影机上能有一吨东西！因此当我问"你的摄影机有多重"时，我的意思是算上所有你打算加上去的东西，也就是"整备质量"。你可以不加思索双倍摄影机的质量来估算。但你应该清楚，即使你把一台重型摄影机架在1根直径为1英寸（25mm）的管子上，也不会是什么世界末日。在第一张照片中，摄影机的重量交给了在摄影推车上的一根直径为1英寸（25mm）的管子和大量沙袋。这是

最好的摄影机了吗？不是。但在摄影机端操作它的人，工作得很好不是吗？（那可是好莱坞摄影师Mike Ferris在操作，他看起来并不怎么痛苦！）

因此，如果你的摄影机不到5磅（2kg）重，你可以轻易地把它放在三脚架或者摄影推车上直径为1英寸（25mm）的管子上，配合30英寸（75cm）的平衡配重杆。如果你想用短于24英寸（60cm）的平衡配重杆，明智的做法是把它放在三脚架或者摄影推车上直径为2英寸（50mm）的管子上。

所以，A版本（本书的前两版中）适合较轻的摄影机，B版本适则合较重的摄影机。

物料清单

《杀手之吻》式摇臂一章将会和本书其他部分的计划有点不同。我们会一步一步地制作这个摇臂，而不是直接给你一整张物料清单。到摄影机安装部分，我们会回到老路上。这些年来，我收到一些电影制片人的E-mail，说他们找不到和我用的一样长度的水管。我一旦知道了如何制作摇臂，就会在五金店确认所有的东西都准确无误。有一天，一位水暖工看着我说："这毫无意义。"我告诉他我住的房子是由图形大师M.C.Escher设计的。他并没有领悟这个笑话。

如果你正看着一步一步教你做的照片，你只需要去五金店购买照片中的部件就行了。这样的话，尺寸出现问题时你马上就能知道，当需要的尺寸和出售的尺寸不一样，你可以省去很多烦恼。比如配重部分的管子，如果他们没有6英寸长的管子，但有9英寸长的，你就知道在这个项目里，这段管子无所谓多长，只要足够长就行。

把这些牢记于心。在转身去五金店之前，让我们先来看看A版和B版摇臂有哪些相同的需要。

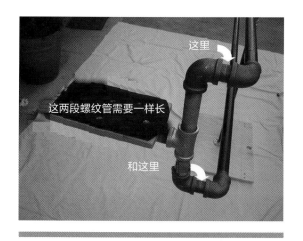

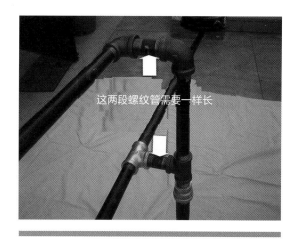

摇臂摄影机的这两个水平螺纹管必须是相同的长度，一般为1½ - 2½英寸（38 - 63mm）。

中心部分的两段水平螺纹管也必须长度相同，一般为2 - 3英寸（50 - 70mm）。

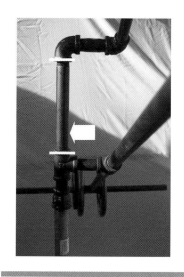

等长的单管与组件。

分隔上下平衡拉杆的管子必须跟摄影机端组装在一起的一堆零件一样长。

所以1英寸（25mm）螺纹管、T型接头、活接头拧在一起后，必须和另一只单管长度相等。随意搭配不同的螺纹管，直到可以和另一只单管匹配。

如果你想通过水管螺纹把摇臂安装在摄影推车上，你就需要在摄影推车地板上加装一个直径1英寸（25mm）或者2英寸（50mm）的法兰盘。具体的做法请参阅摄影推车章节。

关于你摇臂上使用的水暖管，还有一点：它是黑色的还是镀锌的并不重要，只要保证两端都有螺纹就行了。

现在，我们就要用手把所有部分拧在一起了。有的地方需要拧紧些，有的地方要稍微拧松一些。最好的办法是先弄明白摇臂的工作原理，再按需拧紧各部分，有的地方可能要用到水管钳。

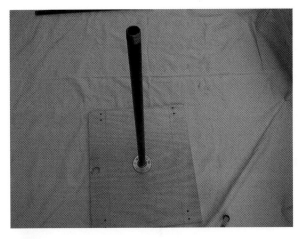

② A 版 本：把 1 英 寸（25mm）到¾英寸（19mm）的转接口，拧到1英寸（25mm）水管上。

在B版本中，你还需要一个2英寸（50mm）到1英寸（25mm）的转接口[除非你能找到一个2英寸（50mm）到¾英寸（19mm）的转接口，反正我是没找到]。先把2英寸（50mm）到1英寸（25mm）的转接口拧到2英寸（50mm）的水管上。再把一段直径1英寸（25mm）的螺纹短管拧在上面。最后在上面拧上1英寸（25mm）到¾英寸（19mm）的转接口。我们所作的就是为了实现2英寸（50mm）到¾英寸（19mm）的转接。

① 在A版本中，这是摄影推车上的支撑管。它可以是直径为1英寸（25mm）、长36英寸（1m）的水暖管（只有你把摇臂架设在摄影推车上才会需要）。架设在三脚架上需要一段6~12英寸（15~30cm）的水管。而在重型摄影机的版本B中，你则需要一段直径为2英寸（50mm）、长36英寸（1m）的水管。要得到它，你很可能需要去五金店截取长水管并配制作连接端的螺纹。所以如果货架上没有出售，记得问他要。

③ 拧上一个直径为¾英寸（19mm）的T型转接头，T型口向外。

除非我特别注明，其他所有部分都是A版本、B版本通用。

④ 接下来，让我们弄清楚分隔上下平衡拉杆的那组等长管子需要多长。所有这些材料的直径都是¾英寸（19mm）。从底部开始的尽可能地找一段短螺纹管，最好短于1英寸（25mm）。下一步，把它拧到T型接头的底部，保持T型口向外。然后再找一个短螺纹管拧到T型街头的顶部。再把一个转接环拧到它的上面。最后，把一段短螺纹管拧到转接环的上面。

然后，找一段和这组水管一样长的¾英寸（19mm）水管。

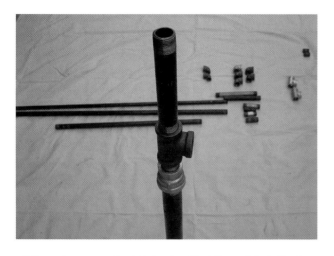

5 好了，回到摇臂上来。把刚找到的那段单长管拧到摇臂的T型口上。

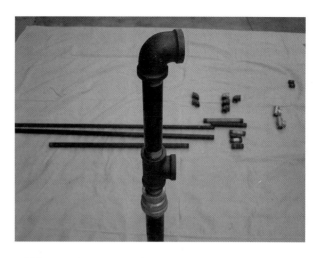

6 再在上面拧一个直角转接口，确保直角转接口的方向和下面T型转接口的方向一致。

7 在直角转接口拧上一个长2½英寸（63mm）的短管。并不一定必须2½英寸（63mm）长，它可以更短，但最好不要比2½英寸（63mm）长出太多。

8 在T型转接口拧上另外一个长2½英寸（63mm）的短管。这里是一个要点。这段短管必须跟你刚在直角转接口上拧的那个一样长！

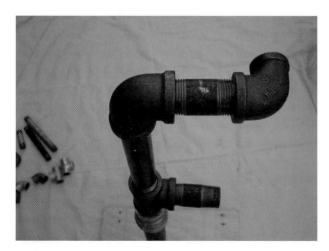

9 在顶端的短管上拧一个直径¾英寸（19mm）到½英寸（14mm）的直角转接头。

10 在底部短管拧上一个直径½英寸（19mm）的T型转接头。

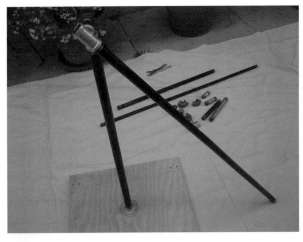

11 在T型头底部拧上一个直径¾英寸（19mm）、长48英寸（1.23m）的长水管。

12 为上方的直角转接头拧上一段直径½英寸（14mm）、长48英寸（1.23m）的长水管，它必须和下方的长管一样长。如果你在第11步用了40英寸（1m）长的水管，那么在这里也需要一段40英寸（1m）长的水管来匹配。还要记住，你刚在上面用了一个¾英寸到½英寸的转接头，因此你需要的是直径½英寸的水管。

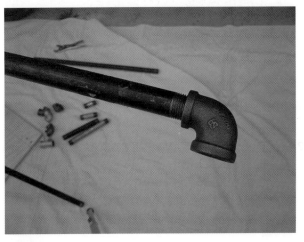

13 在上方直径½英寸（14mm）的长管末端拧上一个½英寸（14mm）到¾英寸（19mm）的直角转接头。

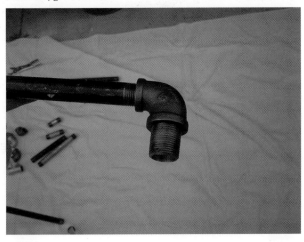

14 给直角转接头拧上一个直径¾英寸（19mm）的螺纹短管。

15 为那个螺纹管拧上一个直角转接头。看看你的方向是否和我的一致。

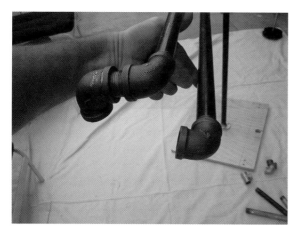

 给下方长管末端拧上一个直角转接头。

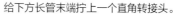

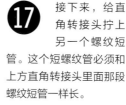 接下来，给直角转接头拧上另一个螺纹短管。这个短螺纹管必须和上方直角转接头里面那段螺纹短管一样长。

 接着为短螺纹管拧上一个向上的直角转接头。

⑲ 还记得之前组装过的这个组件吗？把它拿来。

拧松组件上的大转接环。现在，你得到两个部分。先把上半部分的短螺纹管拧在摇臂上臂的直角转接头上。接下来，把下半部分T型转接头下边的短螺纹管拧在摇臂下臂的直角转接头上（当然，"上半部分"和"下半部分"并没有多大区别，只不过如果你按我说的做，你的摄影机能够离地面稍微近一点）。

⑳ 重新把组件的两部分用大转接环拧到一起。

㉑ 在组件的T型头上拧一根9英寸（23cm）的长螺纹管。如果你找不到9英寸的，也可以用8～10英寸（20～25cm）的代替。大家可能发现右图中组件的大转接环部分不见了。别慌！这张图片来自本书的第二版，那时候我已经不用那套转接环了。你也可以不用它，做了你就知道了。

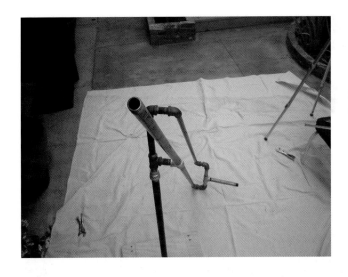

㉒ 好了，现在让我们处理后半部分。

如果你制作的是A版本：
在中轴的T型转接头上紧紧地拧上一个30英寸（76mm）长的水管。

如果你是在制作B版本：
就换成一个24英寸（60mm）长的水管。

㉓ 如果你制作的是A版本：
在长30英寸的管子末端拧上一个向上的直角转接头。

如果你制作的是B版本：
在长24英寸的管子末端拧上一个T型转接头。

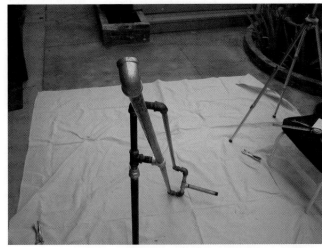

㉔ 如果你制作的是A版本：
在长管末端的直角转接头上拧一个6英寸（152mm）的管子。（记得方向向上！因为如你所见，一会儿要用它安置配重！）

如果你做的是B版本：
在T型转接头两侧拧上两根6英寸（152mm）的长管。如果你没有6英寸的长管，可以用更长的。两个固定配重的大旋钮是我尝试用PVC冲压裁剪而成的，但我发现它们很难装卸。如果你愿意尝试其他固定方式，放手去做吧！

在我们做摄影机托板之前，你还需要做点儿别的。抓住摇臂做上下升降动作，先不要加配重，这台摇臂的工作原理是随螺纹管的螺纹旋转。把每一处不应该活动的关节都拧紧，每一处应该活动的关节处都要先拧紧，再拧松一圈。如右图所示。

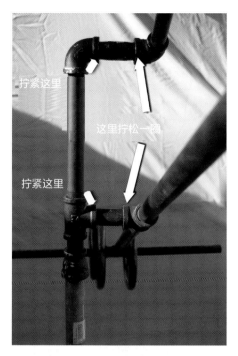

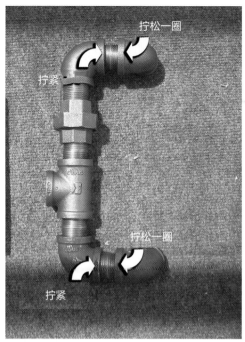

如果直径2英寸（50mm）的支架上有一堆转接头和螺纹管，选一个拧松一圈，并拧紧余下的。我倾向于把摇臂下面支架最顶端的短螺纹管拧松一圈。

明白了吗？一会儿我会让你把整个摇臂拆散并重新组装，再把该拧紧的地方用扳手拧紧。我知道这很烦人，但真的是最好的办法。

在把摇臂分解和重组之前，先给它做一个摄影机托板。一旦你有了摄影机托板，摇臂的调整工作将会轻松很多。

OK，让我们回到"我教你做"的老路上来。现在我们将要制作一个摄影机托板，一个你可以安装摄影机或者云台的摄影机托板。

制作摄影机托板的物料清单

□ 一块7英寸×9英寸（178mm×23cm）、厚½~¾英寸（14~19mm）的胶合板

□ 两个¾~1英寸（19~25mm）的管线固定夹，它们一般被放在电工部。上面的大螺栓一会儿会被替换，确定你找到正确的尺寸，通常是直径为¼英寸（7mm）的螺栓。

☐ 4只1¾英寸（44mm）长、带螺母的螺栓，用来替换管线固定夹上的螺栓。我的摄影机托板用的是½英寸厚的胶合板，如果你用的是¾英寸（19mm）厚的，这4只螺栓还要加长¼英寸（7mm）。

☐ 用来垫摄影机的鼠标垫或软木衬垫。你可以使用任何类似的橡胶垫或防滑垫。

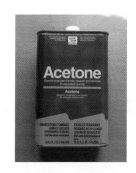

☐ 丙酮。你可能已经发现买到的水管都非常脏。一点点丙酮会是清洁它们的绝妙方法，尤其是一会儿你计划给摇臂喷漆的时候。

☐ 一些胶水。这些胶水用以粘合摄影机托板的衬垫。热胶、喷胶，甚至木材胶都行。

☐ 婴儿爽身粉。自从它成功消除了摄影推车轮子的吱吱声，我想你就已经有一瓶了。

☐ 如果你制作的是A版本，只需要一个管道夹。如果你制作的是B版本，则需要两个管道夹。它不是用来制作摄影机托板的。它的作用是在你用摇臂拍摄时，固定配重物。尺寸是¾英寸（或者#2管道夹）。

摄影机托板的工具清单

☐ 一把电钻

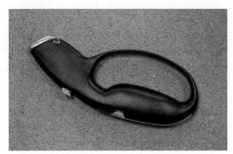

☐ 一把美工刀

☐ 5⁄16英寸（8mm）钻头和¼英寸（7mm）钻头

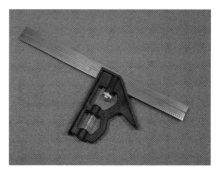

☐ 螺丝刀。找一个与你的螺丝相匹配的。

☐ 管钱钳或者大力钳

☐ 一套½英寸（14mm）的垫圈套件。我们只用套件中的打孔部分。对于给摄影机托板打孔来说，这真是一套伟大的工具，而且它非常便宜，真的很超值！

☐ 组合角尺

开始动手吧

安装管线固定夹

1 我们的目标是把两个管线固定夹安装在胶合板的中间，好让¾英寸水管能够穿过它们。

顺着胶合板的长边方向画一条中心线。

分别把两个管线固定夹摆在胶合板中线上，与短边的距离是1英寸（25mm）。然后用笔标画4颗螺栓的位置。管线夹的位置必须端正。

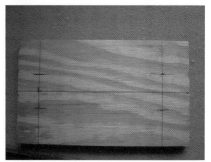

2 1英寸标记做完后，用组合角尺顺着短边的方向，穿过螺栓标记画两条垂直中心线的直线。

利用组合角尺和1英寸线在螺丝位之间划线，使4个螺丝位上出现十字线。这样一来，我们就标出了要安装两个管线固定夹的4颗螺栓的孔位。

3 现在，让我们弄明白在哪钻孔来安装摄影机或者云台。坦白地说，这部分我会讲得有点未卜先知，因为我用过很多种不同的摄影机。如果你要使用类似的摄影机，只需要确保安装孔和摇臂之间有足够的空间。你不会希望摄影机因为过于接近摇臂而蹭到它。或者你使用的是云台，你也需要在云台基座和摇臂之间有充裕的空间来安装它。考虑到这些，一两个在托板中间位置的安装孔就非常必要了。

测量出胶合板中心的位置，利用组合角尺画一条垂直于中心线的中轴线。一会儿我们将沿着它钻一些安装孔。

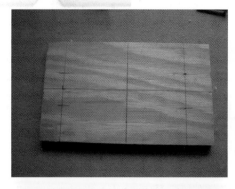

因为你很难用螺栓穿过一个一个大管子来安装摄影机，在管子处钻眼毫无意义。所以我们先把9英寸（23cm）水管摆在胶合板中间。

现在，你想在胶合板上钻多少摄影机安装孔都行。记得安装管线固定夹的4个螺丝孔要用1/4英寸（7mm）钻头，其他螺丝孔用5/16英寸（8mm）钻头［管线固定夹的螺丝是1/4英寸（7mm）的，但云台的螺丝要大一些，所以一开始钻足够大的孔是个好主意］。

在管子两侧，穿过中轴线做一对记号。这是为固定摄影机的摄影机螺栓准备的。确保他们离管子有足够的距离，这样一来你就有足够的空间去拧那两个螺栓了。

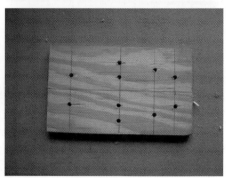

4 注意管线夹的顶部。有一对小螺丝固定着一个小夹子。你不需要它们就把它们拿掉。

卸掉管线固定夹的两颗螺丝，并用两颗长螺丝替换。

把水管穿过管线固定夹。

然后把长螺丝穿过你刚刚为它们钻的孔。

拧上螺母。确保在你拧紧后螺丝不会超出螺母太多。如果螺丝太长，你可以用钢锯去掉多余的部分。不用担心这些螺母会让摄影机托板变得不平整，我们一会儿还有摄影机衬垫。

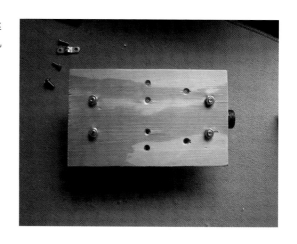

安装衬垫

现在，我们需要弄清楚应该在垫子的什么位置钻孔来匹配摄影机托板。在摄影机托板向垫子上喷婴儿粉是一个好办法。当然，你也可以用钻头透过摄影机托板在垫子上做标记。

5 首先，卸掉摄影机托板的所有五金件。如果你用的是鼠标垫，可以撕下有图案的一面，随你喜欢。把摄影机托板平放在鼠标垫上。垫子很可能不够大无法覆盖整个摄影机托板，没关系。

为了让你看得更清楚，我的婴儿粉喷得有点儿多。用冲压垫圈套件里的冲头对准婴儿粉标记的地方，用锤子冲出一个一个的孔。

用任意胶水把垫子粘到摄影机托板上，小心并确认垫子上的孔位和摄影机托板上的螺丝孔——对应。

等胶水晾干后，裁掉垫子多余的部分，并重新安装管子和管线固定夹。

重新组装摇臂

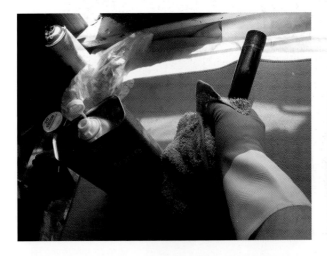

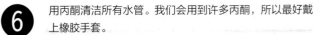

6 用丙酮清洁所有水管。我们会用到许多丙酮，所以最好戴上橡胶手套。

重新组装摇臂的目的，是确保该拧松的地方保持适当宽松，把该拧紧的地方拧紧。

当你开始组装摄影机托板的水管时，把它拧紧。如果你的摄影机托板完成得很扭曲，拧松管线固定夹的螺母，把摄影机托板调整得完全水平，再拧紧螺母把它固定住。

在尾部装配适当的配重，直到摄影机端微微抬起。如果加的配重太多，摇臂会升到最高然后停住，而你更希望它停在中间。

关于配重的注意事项：以前我从没遇到这种问题，但近年来的水管尺寸有些与标称尺寸有误差。这样一来，你的配重很可能套不进配置配重的$\frac{3}{4}$英寸（19mm）水管中。我们有一种简单的修正方法：

左图是一个电钻用的小砂轮，确定你找到的小砂轮比你的配重孔洞小一点。它真的很便宜，所以可以多买点儿。

把砂轮伸进配重孔洞把内壁打磨一下。一点就够，真的不用打磨太多。

通常，只要把配重内壁的漆面打磨掉就够套进配重固定管了。

一旦你给摇臂上了配重，就把水管夹推紧到配重，然后用螺丝刀拧紧上面的螺丝。

调整摇臂

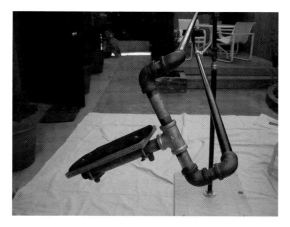

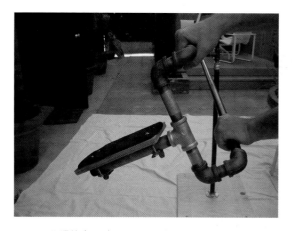

你可能会发现摇臂异常得扭曲失衡，因为所有东西都是用螺纹连接的。好吧，为了让你明白它的状态，"扭曲失衡"这个词夸张了点儿。（事实上，如果你的水管拧得不够紧，摇臂会被自己缠住。所以一定要确认该紧的地方已经拧紧了）。

只要抓住上下臂，推动其中一个的同时拉动另一个，直到摄影机托板水平。

使用液体水平仪来调整摄影机托板的水平是个好主意。但别忘了先把摄影推车或者三脚架调整好水平。

如果你试了又试，无论如何都不能把摄影机托板调整水平，还有另外一种选择：拆掉管线固定夹的上半部分，用方向相反的螺栓（便于调节）把管线固定夹的下半部分和水管直接固定到摄影机托板上；这样你就可以在管子和托板之间用木楔子了。这没什么丢人的。你可以在建材市场等地方买到它们。专业人士都用它们，所以你也能用。

使用新摇臂

这台摇臂有个巨大的优势,就是你可以转动摄影机托板水管的螺纹,倾斜摄影机托板,并让它在移动中保持这个角度。

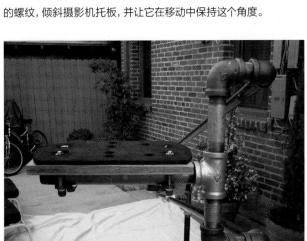

或者你可以沿着水平轴运动(大部分摇臂不能)。

或者,你可以安装云台。这是一架小型摄影机与一个小云台,但正如你在本章的第一张照片中所看到的,你也可以用大的!

在你使用摇臂前,请阅读第18章"如何用摇臂工作"。

第16章 《大爵士乐队》式摇臂

《大爵士乐队》式摇臂简介

假如让我自己说，我的确非常喜欢这台摇臂。如果你想要台相当长的摇臂，这是一个很好的方案。假设你用我们改装的测绘式的三脚架去支撑它，它的动臂甚至可以长达18英尺（5.4m）。它有两种摄影机支架，一种是可以安装云台的静态支架，另一种是可以控制摄影机仰俯的倾斜可调支架，详见本章的"打造完美器材"部分。若你还想要更多的运动控制，那么有几家公司推出的一些带马达、可以摇动和仰俯的电动云台也可以安装在这台摇臂上。它们都非常昂贵，大概要1 500美元（约合人民币9 487元）。

本章将介绍一种非常容易制作的支架，用来把这台摇臂安装到三脚架上。这种支架的原理是把螺纹管通过法兰盘拧到三脚架上，摇臂的左右摇动基于螺纹管的螺纹，效果非常不错。

不幸的是，如果你所在的国家不使用这类螺纹水管，你就做不了这种支架。不过没关系，我在本书这一部分为最后那款摇臂设计了另外一种支架，做起来稍微复杂一点儿，也贵了一点儿，不过依然可以接受。

在你把"《大爵士乐队》式摇臂"制造完成后，请花些时间阅读第18章"如何用摇臂工作"。

> **注意：**
> 在你开始制作这台摇臂之前，请先阅读附录"金属加工"！

物料清单

我把物料清单拆分了一下。这样一来，如果你不想一次就把所有东西都采购全，你就可以一部分一部分的采购了。第一部分是摇臂的主体部分，然后是三脚架连接架，最后是配种部分。

摇臂主体的物料清单

☐ 直径1英寸（25mm）、长24英寸（60cm）、两端带螺纹的长管。

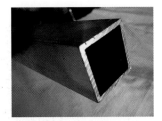

注意:
我的螺栓长度是基于我使用的截面宽为1英寸（25mm）的铝材。假如你用的是$1\frac{1}{2}$英寸（38mm）铝材，应该制定相应的方案。

☐ 一段截面是正方形或长方形的铝材。这是动臂的下臂，承受着所有重量。我的这段厚$\frac{1}{8}$英寸（3mm），截面为1英寸×$1\frac{1}{2}$英寸（25mm×38mm），长9英尺（2.7m）。9英尺（2.7m）或10英尺（3m）长最好，但如果你想要更长的，你需要找到截面更大的铝材，像是1英寸×3英寸的，或者使用更厚的铝材，让你的摇臂做到将近15英尺（4.5m）长。不要用比这些截面尺寸小很多的材料，除非你做的是一台非常短小的摇臂。否则摇臂会颤抖且不稳定。

☐ 一段截面是正方形或长方形的铝材。这是动臂的上臂，它不承受重量。为了给你一个直观的印象，我把它和下臂放在一起。上图左边的铝材是上臂，右边是上面提到的下臂。上臂用来使你的镜头在摇臂升降时保持相对水平。图中所示是截面为1英寸×1英寸（25mm×25mm）的正方形的铝材，只有$\frac{1}{16}$（1.5mm）厚。在保证铝材宽度［我这段是1英寸（25mm）］与下臂铝材宽度一样的条件下，你可以自行选择铝材。当你完成时，上臂应该会比下臂短一些。刚开始的时候找一段和下臂一样长的上臂，然后再裁短它是个不错的办法。但现在我没法告诉你需要裁掉多长，因为我不知道你做的摇臂有多大，也不知道摇臂的轴点在哪儿。

☐ 一段厚$\frac{1}{16}$~$\frac{1}{8}$英寸（1.5~3mm），越厚越好、长约30英寸（76cm）的U型铝材。U型槽内宽度一定要比动臂的宽度宽。如果你的动臂是1英寸宽，则槽内宽度至少要达到1英寸。槽内高度至少要有$1\frac{1}{2}$英寸，如果能达到2英寸，你的动臂活动起来会更自如。为了搞清楚动臂究竟如在槽内运动，你需要在购买材料前先阅读一下这一章。

□ 另一种选择：如果你找不到合适的U型铝，用角铝（L型）也不错，甚至更好。如果你要用角铝，你需要用厚度1/4英寸（3mm）以上的铝材。

□ 直径5/16英寸（8mm）的螺栓。我一会儿会切割这些螺栓，所以不必担心和纠结于确切的螺栓长度。螺栓的长度还取决于你铝条的厚度。2个2¼英寸（5/mm）螺栓、一个2英寸（50mm）螺栓、一个1½英寸（38mm）螺栓以及一个3½英寸（89mm）螺栓。

□ 直径1/2英寸（14mm）、长度如下（或更长）的螺栓：一个长1/2英寸（14mm），一个长4英寸（100mm）。

□ 直径1/2英寸（14mm）、长度如下（或更长）的螺栓：一个长1/2英寸（14mm），一个长4英寸（100mm）。

□ 5个5/16英寸（8mm）锁紧螺母，2个1/2英寸（14mm）锁紧螺母。锁紧螺母的顶部带有一个小尼龙环，它们的作用是让锁紧螺母固定在既有的位置上。

□ 一个3英寸（76mm）辛普森式角铁（L型支架）

三脚架连接架的物料清单

□ 4个1/4英寸（7mm）螺母

□ 一个用来搭配1英寸（25mm）管子的法兰盘

□ 4个直径1/4英寸（7mm）、长1英寸（25mm）的长螺栓。它们用来将法兰盘固定在胶合板上。

□ 一块4英寸（100mm）见方、¾英寸（19mm）厚的胶合板。

□ 一个直径½英寸（14mm）、长3英寸（76mm）的螺栓。也可以用直径⁵⁄₁₆英寸（8mm）的螺栓。它的作用是把摇臂托板连接在三脚架上。直径为½英寸（14mm）的螺栓最好，直径⁵⁄₁₆英寸（8mm）的螺栓是最低标准了。如果你摇臂的动臂超过10英尺（3m）长，则必须用直径½英寸的螺栓。

□ 一个元宝螺母。用来把你的安装支架固定在三脚架上。直径为⁵⁄₁₆~½英寸（8~14mm），这取决于你的螺栓有多大。再次强调，直径为½英寸（14mm）的螺栓和螺母最好，直径⁵⁄₁₆英寸（8mm）的螺栓和螺母是最低标准。如果你摇臂的动臂超过10英尺长，则必须用直径½英寸的螺栓和螺母。

□ 各式各样的垫圈：2个平板垫圈（平板垫圈看起来和常规垫圈很像，只是孔更小）、一个厚实的大垫圈（在你买这个大垫圈之前最好看一看支架是如何安装到测绘用三脚架上的），以及一个小到可以刚好伸进水管里面、用来安装法兰盘的垫圈。

□ 一块方形的小软木垫。因为它会和4英寸见方的胶合板粘在一起，所以至少也得那么大。这东西一大卷也没多少钱，并且在其他地方你也会用到它。

□ 一个½英寸（14mm）的锁紧螺母。锁紧螺母比一般的螺母要窄。

配重端的物料清单

□ 一段外径1英寸（25mm）、长12～24英寸（30～60mm，最短12英寸）的铝管。如果你已经做了稳定器，你应该已经有这个了。你还可以使用电工导管。带块配重去五金店，直到找到能正好穿过配重的管子。

□ 各种规格的配重，总重大约为20磅（9kg）。这仅仅是个良好的开端。根据摇臂的支点位置的不同，你可能需要更多或者更少配重。一堆小码的配重比一个大码的好，因为搭配更灵活。

□ 2个管线固定夹。这是用来固定配重的。它们能夹¾～1英寸的管子（比稳定器的那个要小）。

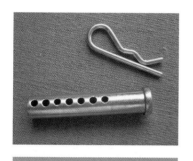

□ 一个带环形销的柱式开口销。这是一个套装，直径约⁵⁄₁₆英寸（8mm），长约2～3英寸（50～76mm）。它一会儿会从上方穿过铝管。

□ 一个尼龙直通间隔柱，长约¾～1英寸（19～25mm），它将被套在柱式开口销末端。如果你找不到直通间隔柱，没关系，把五六个垫圈堆在一起也一样。

工具清单

□ 一些靠谱的紧缩卡钳

□ 一把组合角尺

☐ 一个电钻。因为我们要钻金属，所以不要用电池供电的电钻。找一把插接电源的可调速电钻。

☐ 钻头。你需要如下规格的钻头：$\frac{1}{2}$英寸（14mm）、$\frac{1}{8}$英寸（3mm）、$\frac{5}{16}$英寸（8mm）。

☐ 鱼嘴大力钳

☐ 护目镜。在给金属钻孔时始终要戴着护目镜。我都数不出在我给钻孔时有多少金属碎屑飞溅在护目镜上了。想要不出意外，就戴上它。

☐ 切削油。正如你在附录"金属加工"中学到的，在你给金属钻洞时你最好上点儿油。

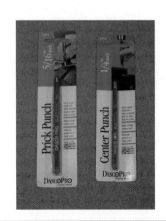

☐ 记号冲及中心冲。官方说，中心冲的作用是，用它在你将要钻孔的金属上砸一个小坑。你必须砸这个小坑，不然电钻在金属表面上无法准确定位。而记号冲的作用是在金属表面划出各种记号（用铅笔太对付了）。在我眼里，这两种冲头可以互换。如果你是完美主义想要照章办事，两种都买了吧。如果你正好缺4美元，随便买其中之一就可以了。

☐ 如果你还没有电钻架，我真推荐你弄一台。它是你钻孔的好帮手，它能让你钻的孔笔直——这是这类工作中最重要的了。它还带有一个"V"型槽用来固定管材，来确保我们能在管材中心钻孔（我在它上面做了好多东西）。台钻大概卖35美元（约合人民币220元）。如果你想做本书中的项目，那它就是一笔很超值的投资。

☐ 台钳。这是必须要有的。把它固定在你的长凳上，或者一块厚重的胶合板上。

☐ 卷尺

☐ 钢锯。准备些每英尺14~16齿的备用锯条（当锯铝一类的金属时，应该用多齿的细齿锯条）。

☐ 锤子

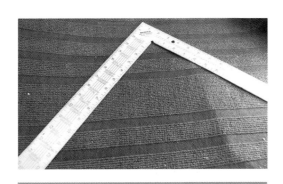

☐ 木工角尺。它有点儿用处，但并不是必需的。

开始动手吧

① 把摇臂的上臂和下臂并排夹紧，这样一来，我们就可以同时标记它们，因为上臂和下臂的孔必须位于同一位置。

首先，让我们看看完成后的样子。看见上图中上下臂末端的洞了吗？我们这就标记出它们的位置。

在我的上下臂上，我们在不影响铝材强度的前提下，尽可能地靠边给它们打孔。考虑到这点，用你的组合角尺在距边线大约1/4英寸（7mm）的地方标记出中心孔的位置。请注意，如果你的U型铝对边太短，或者你用了一个大矩形截面的铝材作为下臂，那么这种安装位置可能会让你在操作摇臂时遇见U型材和下臂"打架"的情况。我们一会儿再解决这个问题，你只要知道一会儿你可能要截掉一小块使洞更靠近边线即可。那是一个非常简单的修正。

好。现在我们将要在动臂的另一端做同样的事情，钻孔。这回要钻的是整个摇臂的支撑点。所以把你的上下臂并排夹好。

2 在右图中，下臂比上臂要长。它超出了中心柱，配重会连接在它的尾端。靠近仔细看，你会发现下臂上有两个洞。因为我发现我想让摇臂多伸出一点儿，所以我把支点位置从我之前设计的地方向后移了大约6英寸（15cm）。如果我把它向后移了12英寸而不是6英寸，那么我几乎得在摇臂末端加上双倍的配重，这将使你在用摇臂拍摄时面对的重量大大增加！所以支点的孔位非常重要，但也不是那种"非在哪不可"的情况，你总是可以钻另外一个孔。

让我们稍微探讨一下应该在哪钻中心轴的孔。按常理来讲，你应该把它设置在你摇臂长度的1/3处。对于我的9英尺（2.75m）摇臂而言，那就应该是在距离配重端3英尺（91cm）的地方。这是一个很好的位置，但我想让我的摄影机多伸出去一点，所以我把它向后移动到了距离配重端2英尺6英寸（76cm）的地方。如果你的摄影机超过7磅（3kg）重，我不建议你的中心点比我更往后。同样，中心点离我弃用的点越远，你需要控制的重量就越大。

换言之，好好研究一下它，做个小实验。确定你可能用到的最大的摄影机，把相同重量的重物夹在摄影机端，再把另一端加些配重。把摇臂架在一个支撑物上，例如锯木架上。尝试不同的支点，看看你如何才能轻松地控制它。诚然，这有点儿狼狈，但会给你带来灵感。

所有这一切都是相对的。如果你的摄影机2磅重（0.9kg），你的摇臂可以伸出的长度要比10磅重（4.5kg）的摄影机长得多。如果你的是12英尺（3.6m）摇臂，把中心点设定在1/3处会是一个非常好的主意。又或者如果你有一个大号摄影机并且你不想带着太多配重时，甚至把支点从我弃用的点向前移动一点儿都会是个好点子。

❸ 把小实验的结果牢记在心，给上下臂标画出连接中心柱的位置。从相反方向（也就是配重端）量起，沿着与摇臂垂直的方向划一条直线。如你所见，我画在了2英尺6英寸（76cm）处，而不是摇臂总长的 $\frac{1}{3}$（3英尺，91cm）处。记住，一定要确保上下臂的钻孔位置完全一致。

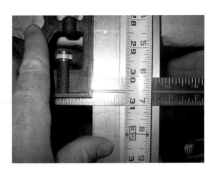

记住，一定要确保上下臂的钻孔位置完全一致。

❹ 现在把夹子取下，让上下臂分开。

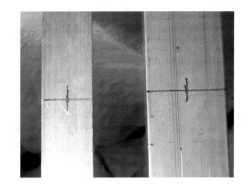

你需要在摄影机端和中间柱处，分别画两条线。垂直于我们刚刚划过的线，并穿过它们的中心。也就是分别为4个要打的孔进行十字定位。

❺ 用中心冲分别在4个定位点冲出小坑。你的钻头一会儿就可以沿着这些小坑钻孔了。

❻ 钻孔吧。如果你确定自己能钻出笔直的洞，那么你可以手电钻。或者你买了前面提到的电钻架，这就是个使用它的好机会。一台电钻架会让你感觉无比轻松。

我就用了我的电钻架，而且还略微改造了一下。我把它固定在了一个中间打了大洞的胶合板上。这样一来，我就有了更大的面积用来固定电钻架。当然，你不用胶合板也没什么大问题。

首先找来一些与上下臂相同厚度的废铝材垫在电钻架下面。然后用紧缩卡钳把电钻架、要钻孔的摇臂、废木材，总之一切都紧紧固定在工作台上。在你钻孔的时候，它们都不应该有偏移。给摄影机端钻孔我们用 $\frac{5}{16}$ 英寸的钻头，再给刚才冲出的定位小坑滴点儿切削油，开始钻吧。

你当然希望钻出的孔都很规矩,事实上你在钻头上花的钱越多,你钻孔时就越轻松,你钻的孔也就越耐用。确保电钻沿着你冲的小坑在钻。

右图是摄影机端钻出的两个安装孔,下一步我们将钻中心柱的安装孔。

照本宣科地给另一边钻孔:卡钳固定,使用润滑油,沿着标记的小坑钻孔。只不过这次给较粗下臂用½英寸(14mm)的钻头,给较细的上臂用⁵⁄₁₆英寸(8mm)的钻头。

看看你的孔是不是也能用一颗螺栓顺利穿过。(在上图中,我已经裁短了摇臂的上臂。在你确定了你的中轴点在哪之前,都不要轻举妄动的裁切它。)

再把上下臂并在一起,试试看两颗螺栓能否同时穿过两端的两套孔。如果能,那就太好了。如果不能,把中间那颗螺栓留在里面,从摄影机端齐头切掉铝材上不整齐的孔位,再给摄影机端重新钻孔。

7 如果你确定不会向配重端移动你摇臂的支点,那你现在就可以截短上臂了。从上臂的中心柱安装孔后面几英尺的地方,切掉多余的部分。这部分铝材对你没有用处。

8 现在我们来制作摄影机端的连接杆。它的作用是在我们上下操作摇臂时让摄影机保持相对水平。
先把U型铝找出来。

U型铝的槽必须大到能容下你的动臂宽度,并且还得有些余量让它运动。我的U型铝槽的尺寸深1½英寸(38mm)、宽1½英寸(38mm)。如果你一直按照我的尺寸准备材料,那么你的U型铝槽也不能比这个再小了。

第三部分 摇臂

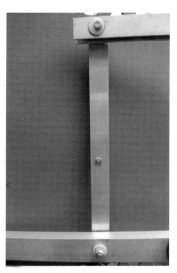

上下臂间距决定了在上下臂合拢之前你的摇臂能够升多高。这部分越长,你的摇臂能升的越高(不考虑摇臂长度和三脚架高度等其他因素)。别让上下臂间距小于8英寸,除非你有一个巨大的三脚架,否则也别让上下臂间距太远。上下臂间距12英寸(30cm)就很完美。

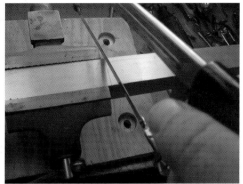

确定了间距为12英寸(30cm),那么我们只需要约13英寸(33cm)的U形铝材。也就是说,只需在你既定的间距上给头尾总共多留出1英寸。如果你一直都按照我的尺寸做,这段距离应该为3英寸(33cm)。

⑨ 为了把上下臂连接在U型铝上,我们还得再钻些孔。如果你仔细看上图,会发现这次的打孔记号并不在中间。这样做的原因是能给你的动臂更大的空间,好让它们在U型槽中自由运动。

我做的标记离U型铝开口½英寸(14mm),离端线½英寸(14mm)。在另一端也做上标记,一定确保两个标记水平对齐。

用记号冲在打孔标记上砸出定位用的小坑。当你在U型铝边缘用锤子时,最好找块木头垫在U型槽里,避免U型铝被砸弯。

现在,你应该是一个在铝材上钻孔的老手了。记住,戴上护目镜,将工作台架设在废木板上,把所有东西夹紧固定,在定位小坑里滴上点儿切削油,就可以开始钻孔了。这次用5/16英寸的钻头,确保走钻笔直。

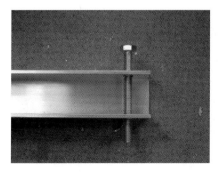

一旦你钻完了,就用螺栓穿过去试一试。一定要确保螺栓笔直穿过,这非常重要。如果不能,你只能再找块U型铝重新来过了。再次重申,这部分相当重要。

如果孔都是直的,用螺栓把动臂连进来试试看。试着转动动臂,确保转动时动臂的顶端不会碰到U型铝的内壁。

10 把你剩下的那段U型铝材拿来（可能长约17英寸，也可能长20英寸。如果它长于20英寸，你最好切掉多余的部分），把它和刚刚钻好孔的U型铝材并排放在一起。

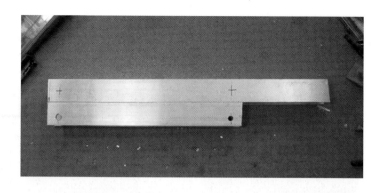

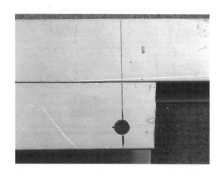

把两段U型铝的一端对齐，紧挨着平行并排放好。用组合角尺和记号冲沿着刚才钻洞的位置划一条垂直于铝材的直线，两边都要划。这就是为什么我们要用记号冲来做标记。

在U型铝上测量出划线处中心点的位置。然后用锤子和冲砸出定位小坑。两端都要做。在端线位置的标记（我们定义它为顶端）钻一个5/16英寸（8mm）的孔，在另一端也就是这个孔的下面约12英寸处，钻一个1/2英寸（14mm）的孔。

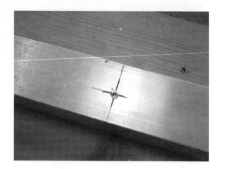

当你要钻一个如1/2英寸的大洞时，先钻一个上图中的小洞来作引导用的定位孔是个不错的主意。就像它的名字一样，这样的小洞能引导你的电钻轻松钻出准确笔直的洞来。

一旦你钻好了1/2英寸（14mm）的孔和5/16英寸（8mm）的孔，再在1/2英寸（14mm）的孔下面钻另一个5/16英寸（8mm）的孔。它不一定要与任何孔对齐，我们将用螺栓通过它把U型铝固定在中轴上。

11 现在，我们需要用螺栓把U型铝套在一根直径为1英寸（25mm）的钢水管上，再把它们安装在三脚架上。这部分作为摇臂的中轴，并会加强中轴的强度。摇臂可以沿着水管的螺纹左右摇动。

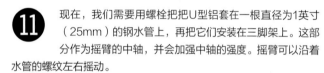

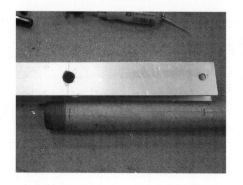

你需要一段直径1英寸（25mm）、长约24英寸（61mm）的螺纹管。把它和U型铝放在一起，水管的一端与U型铝上1/2英寸的大孔对齐，在水管上与U型铝的孔对齐的地方划上标记。一会儿我们会在标记处打孔，标记处最好整洁，而且不能在螺纹上。

如果U型铝对于钢管而言有点儿紧，就用锤子把它砸进去。当然，如果你用的是更宽的U型铝或者L型铝，就没必要动锤子了。

不管你用什么办法，一旦U型铝包住了钢管，接下来就可以给钢管扎孔了（如果U型铝太松，用夹具夹紧它们）。钻孔遵循给铝材钻孔的指南。唯一的区别是，钻过一个面后，翻过来钻另一面。显而易见，钻$\frac{1}{2}$英寸（14mm）的孔位用$\frac{1}{2}$英寸（14mm）的钻头，钻$\frac{5}{16}$英寸（8mm）的孔位用$\frac{5}{16}$英寸（8mm）的钻头。钢管要比铝材硬得多，所以要用慢速去钻，多加些切削油，还有锋利的钻头。

你不必像我这样把钻好孔的钢管再拿出来，我这样做是为了让你看得更清楚些。

用一个$\frac{5}{16}$英寸（8mm）的螺栓穿过下面的孔并用螺母拧紧。

基座部分

12 你必须有一个大小合适的三脚架和一个大小合适的托板用来连接摇臂。这就是为什么我喜欢用后续版本中测绘用三脚架作为廉价的替代方案。但如果你有更好的三脚架，忘了我刚才说的，用你的那个！

在这里，我将会教你如何制作测绘用三脚架版本的三脚架托板。这和把法兰盘固定在摄影小车上非常相似。

1. 切一块与三脚架基座差不多大或者大一点儿的厚$\frac{3}{4}$英寸（19mm）的见方胶合板。
2. 画两条相交成"X"形的对角线，X的中心点就是木板的中心。
3. 拿一个1英寸（25mm）的法兰盘放在木板中心，然后标记出连接法兰盘的螺栓的位置。

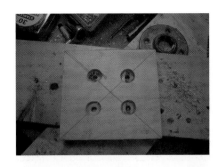

4. 为螺栓（这里不能用螺丝！）钻4个孔。这4个孔都是埋头孔。埋头孔的作用是让螺栓头的顶端和胶合板表面平齐。你需要钻的孔应该比螺栓头大一些，深度应该刚好把螺栓头埋在胶合板平面下，不用太深。我用的是支撑螺栓。如果你用的是一般的螺栓，在螺栓穿过前，记得垫一个垫片。

5. 在"X"的中心钻一个½英寸（14mm）的孔。如果你用的是⁵⁄₁₆英寸的螺栓，就钻一个⁵⁄₁₆英寸大小的孔。

6. 用螺栓把法兰盘固定在胶合板上，用螺母锁紧。

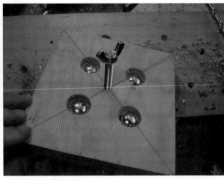

到目前为止它应该是这样的：

水管法兰被螺栓固定在胶合板上。如果螺栓超出了螺母，需要用钢锯切掉多余的部分。

背面是4颗螺栓，螺栓头都埋在胶合板平面下。中间有个孔用来把整个这部分连接到三脚架上。

下一步是可选步骤，但这确实是个不错的主意。你需要一些软木或者薄泡沫。成卷的软木最好。

你可能为本书的其他一些底座已经买了一些，这次别用鼠标垫。

在基座上涂满木材胶，然后翻过来按在软木上。

用重物压住让胶干几个小时，最后按基座裁掉软木垫多余的部分。

用钻头或者螺栓在软木上打孔，在法兰盘里垫一个垫圈并用螺栓穿过去。

第三部分　摇臂

把一个平板垫圈套在软木端的螺栓上。

再把一个紧锁螺母拧在上面。

就算你找不到紧锁螺母，也不能用别的螺母代替。你需要一个狭窄的紧锁螺母。

这一步很有用，也很必要，就是在各个方向确定部件的水平。我在建材市场买了一些"多向水平计"。我把一个安装在了摇臂支架上，你也可以这么做。当然你也可以用气泡水平计。

把三脚架翻过来看看下面。你会发现两种情况：如果你用5/16英寸螺栓来连接摇臂，你很可能留下这个看起来像巨大的回形针一样的情形；第二种情况你得把它完全去掉。首先，我们来连接"回形针情况"。

通常情况下，你应该把摇臂的中轴螺纹管拧紧在三脚架托板上面，再拧松一两圈，然后把它固定在三脚架上。如果你第一次做就这样做的话，会很别扭。所以我们这次先不连接摇臂，这样你更能理解这个连接托板的工作原理。

给穿过平台的螺栓加一两个垫圈，并用一个元宝螺母锁紧。即便你能用手指拧紧元宝螺母，也必须再用钳子把它拧得更紧。

现在是第二种情况了。如果你用的是1/2英寸（14mm）螺栓来安装摇臂，螺栓对于那个回形针一样的东西来说就太大了，穿不过去。所以把"回形针"拆掉吧。

取而代之的是一个超大号的垫片。它中间有一个能穿过1/2英寸螺栓的洞，而且要大到够得着上面圆环的外沿。我用的这块钢垫片就很好用。如果你找不到类似的东西，切一块1/4英寸厚的铝材，在中间钻一个1/2英寸的孔，就做成你自己的垫片了。

用钳子或者鱼嘴大力钳把元宝螺母拧紧，确认三脚架保持完美水平，还要确认三脚架充分地撑开（参看第23章关于如何制作三角撑）。一旦你真正开始使用它，就给三脚架的每个腿都压上沙袋。

将一个½英寸（14mm）的螺栓穿过中轴靠下的孔，再把较长的摇臂下臂穿上。别担心用什么螺母和拧多紧的问题，我们一会儿就会把它们再拆开（我在这里用了更长的螺栓，以确保我摇动摇臂的时候动臂不会滑出来）。总之，就是把长下臂用螺栓连接在中轴的孔上。

现在，为了确保制作支架和配重杆之前一切都没问题，我们先把摇臂松散的组装在一起。把摇臂中轴拧在摇臂托板的法兰盘上，然后拧松一圈。

将一个 5/16 英寸的长螺栓穿过中轴靠上的孔，再把摇臂上臂也连在上面。

来到摇臂前方。把上下臂都用长螺栓连接在U型铝上。

现在试着升起摇臂，或者直接把配重端降到底。看看前面的U型铝有没有影响到摇臂的升降。如果卡壳了，就把上下臂前端都切掉一点。如果一切顺利，就可以进行下一步了。

试着左右摇动摇臂。它能在螺纹管上完美工作。我喜欢螺纹管的另一个原因是在它上面摇臂几乎不会漂移，会一直待在你摆放它的位置上。看看前面，是不是和你上下升降它时一样保持在同一个角度上？是的话，你做得很好。如果不是，你的孔可能损坏了。那么回到钻床上吧。

13 好了，回到车间。（知道吗？在本书的前两个版本中，"车间"就是我的厨房。是的，电钻、钢锯和平底锅在一起。所以如果你住在拥挤的大城市，你也可以这样做，只要你不在意鸡蛋上可能会有点儿切削油。）

现在，我们要想办法把配重安装在摇臂尾端。简单的方法是，在长下臂的尾端钻一个大洞，找一个巨大的螺栓穿过大洞，再把配重套在巨大的螺栓上。但是，在稳定器项目中我还剩下了一些1英寸（25mm）的管，而且我发现体育用品店里的配重的孔跟这种1英寸的管简直是完美匹配。

可能会有个问题，如果这些铝管塞不进长下臂末端怎么办？好在我还有老虎钳。

把铝管卡紧在台钳上并开始挤压。它应该有足够的强度，别把它挤弯了。慢慢挤压铝管，直到它刚好被塞进动臂里。

大功告成了！

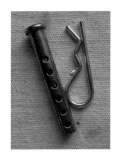

给开口销加上一些垫片或者加一个尼龙垫圈。它将穿过铝管并在另一头用销子固定。

现在，在铝管没有挤压的一端钻一个足够开口销穿过的孔。

这次我还是用5/16英寸（8mm）的钻头，用1/4英寸（7mm）的钻头也行。这部分的作用是，一旦你固定配重的管线夹失效，它将防止配重滑落。

让我们在靠后的位置，钻一个穿过动臂和它里面的铝管孔。你在任何位置钻这个洞几乎都可以，但最好越靠近后面越好。然后穿过一个螺栓并用紧锁螺母拧紧。我用的是直径5/16英寸（8mm）、长2英寸（50mm）的螺栓。

使用稳定器章节的管线夹来固定配重，用螺母锁紧管线夹。如果你有两个管线夹，则配重两边一边一个，这是最佳方案。如此一来，你就可以自由调整配重的位置从而微调摇臂的平衡了。

摄影机支架。我们将用一个3英寸（76mm）的角铁把摄影机安装在摇臂上。（看一眼本章的"打造完美器材"部分，能让你对这个摄影机支架有所了解）把角铁摆在摇臂前端U型铝的一端。

在角铁安装孔的位置给U型铝钻一个½英寸（14mm）的孔。

用直径½英寸（14mm）、长约½ ~ ¾英寸（14~19mm）的螺栓把角铁固定到U型铝上。这里也要用到垫片和紧锁螺母。

确认螺母在外侧。
让我们开始组装吧！

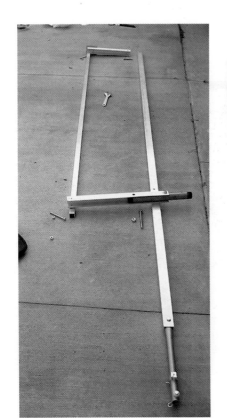

我们需要在所有移动的部分垫上尼龙垫片：你不会希望金属之间直接摩擦。然后用一个长螺栓穿过中轴顶端的孔，再垫一个尼龙垫片。

把铝上臂穿进来，在上面加一个尼龙垫片，最后用一个锁紧螺母拧紧。

⑮ 把摇臂的所有部件拿过来平放好。

如法炮制把下臂也装好。

如果你没有锁紧螺母，一定要用一些乐泰胶或者其他螺纹胶。

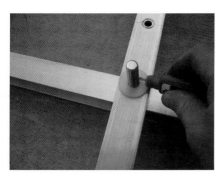

用同样的方法把摄影机端安装好，这次把铝臂放进U型铝内。

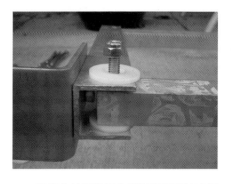

如果你的U型铝内侧没有足够的空间容纳两个垫片，像我这样里外各一个也没问题。用同样的方法安装好下臂。

现在我们要确认上下臂是否平行在同一个垂直平面上。把一把大直角尺卡在下臂下端。（不用在意旁边的绳索部分，我们一会儿就处理它。）

你的直角尺和上臂之间是这样贴在一起的吗？

还是看起来像这样有点儿间隙？如果有间隙，就得做出一些调整。

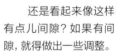

所谓调整就是给上臂的转轴处加上一两个尼龙垫片，直到上臂与下臂完全平行。

把摇臂的中轴钢管拧在三脚架托板的法兰盘上。记住，拧到头之后再往回拧松一圈。

然后把它们整个安装在三脚架上。如果你用的是测绘用三脚架，记得事先按照这本神奇的书中介绍的方法强化改装它。

在安装摇臂之前你调整三脚架的水平了吗？记住，在你往摇臂上装任何摄影机或者配重之前，一定要把三脚架调整水平。否则后面会非常麻烦。

顺便说一下，如果我之前没告诉过你水平三脚架的捷径，那我现在告诉你，就是先把托板装在摇臂上，然后调整水平（我假设你已经像我一样给托板装上了多向水平计），最后再安装摇臂。

嘿，它现在看起来有点儿摸样了！让我们再来看看配重系统吧。

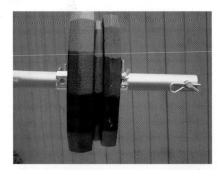

看，这就是我们的配重部分，在哑铃的两端都有一个管线夹。如果你已经制作了摄影机稳定器，你应该已经熟悉这种宝贝了，唯一的区别就是那一套要小一号。管线夹有两个作用，固定你的配重不让他们乱晃，能左右移动配重来微调摇臂的平衡。

别忘了你的开口销和吊环，它们是安全的保障。一旦你的管线夹打滑或者松动，开口销将保证配重块不从设备上滑落。相信我，你不会希望看到因为配重滑落导致你昂贵的摄影机失去平衡摔在地上。我见过这种悲剧发生（当然用的不是我的摇臂）！

这一步事关重要，不能跳过！

查看一下摇臂的活动情况，一旦没有问题了，就用钢锯把所有螺栓的多余部分切掉。

你还可以把云台安装在摄影机托板上，而不是直接安装摄影机。无论你把云台设定在什么角度，在拍摄过程中它都会保持那个角度。

安装衬垫

你可能已经发现，刚刚我们做的摇臂只能让摄影机固定在一个平面上，没法倾斜。对大多数人来说，大部分摇臂就是这样的。事实上，大多数售价在1 000~3 000美元（约合人民币6 325~18 975元）的商业摇臂才开始支持倾斜拍摄。[我们做的才不到200美元（约合人民币1 265元），太寒酸了吧？]

具体来讲，我们大概需要额外25美元（约合人民币158元）的投资，就能为我们的宝贝摇臂装上活动云台。

2个3英寸（76mm）或者更大的车库门滑轮。有些牌子的滑轮上面带孔，有些则不带。找那些带孔的，否则你就得自己钻。我选的这种是Prime Line生产的。

一个3英寸（76mm）辛普森式角铁（L型支架）。（对，总共需要两个，其中一个我们刚刚在上一节用过了，还记得吗？）

一个钢丝绳收紧器（花兰螺丝）。我这个是$\frac{3}{16}$英寸（5mm）的，只要是大于$\frac{5}{16}$英寸（8mm）的都行。

4个直径$\frac{1}{4}$英寸（7mm）、长$\frac{5}{16}$英寸（38mm）的平头或圆头螺栓。这些螺栓一会儿要穿过滑轮外侧的孔。尺寸按照滑轮外侧孔的大小制定。标准就是选那些插在滑轮外侧孔内不晃动的螺栓。

6个$\frac{1}{4}$英寸（7mm）的螺母，与上面的螺栓配套。

4个$\frac{1}{4}$英寸（7mm）锁紧螺母（尺寸也是为和上面的螺栓配套）。锁紧螺母的厚度大约是一般螺母的一半。

2个尼龙垫圈。垫圈的孔要能够穿过螺栓，垫圈长度约$\frac{3}{4}$英寸（19mm）。你也可以买几个短一点的垫圈叠在一起用。

再找一些晾衣绳，就是外面包着塑料、芯是铁丝的那种。

一片长9英寸（23cm）、宽1$\frac{1}{2}$英寸（38mm）、厚1/8英寸（3mm）的铝板。它将用来制作摇臂倾斜控制杆。

一个直径5/16英寸（8mm）、长4~6英寸（100~152mm）的螺栓用于制作手柄部分。或者你之前做过稳定器，你应该还剩下一些螺栓，用它就行。说到手柄，我给稳定器也做了一个一样的手柄。

2个5/16英寸（8mm）的锁紧螺母，里面有一个小尼龙垫圈用来拧紧螺栓。（有时候这种螺母也被称为"制动螺母"或"防松螺母"。）

2个直径3/8英寸（9.5mm）、长3英寸（76mm）的长螺栓。长度应该足够穿过摇臂动臂连接滑轮。

3/8英寸（9.5mm）的钻头

滑轮轴承

外径1英寸（25mm）、长约5英寸（127mm）的铝管。如果你做过稳定器，你应该剩下不少尾料来制作它。

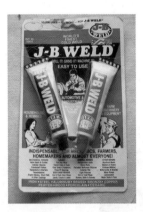

一套环氧树脂冷焊剂（A–B胶）

一小瓶螺纹胶

开始动手吧

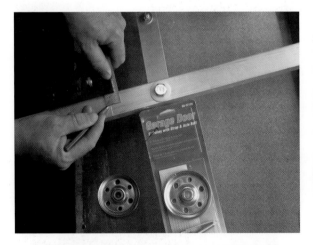

我们需要在摇臂下臂上钻一个孔，用来安装滑轮。我把孔钻在中轴前面（摄影机端方向）3~5英寸（76~127mm）的位置。滑轮中心孔的尺寸是3/8英寸（9.5mm），所以我们要钻的孔也是一样大。

记得用冲来保证走钻笔直。

一定要钻得笔直扎实。严格遵循钻孔指南部分，把铝材夹好再钻最好。（如果你用电钻架，从长远来看，把摆臂卸下来钻会简单一点儿。）

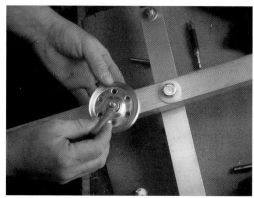

把$\frac{3}{8}$英寸（9.5mm）螺栓穿过滑轮和刚才打的孔。加一些乐泰胶或者其他螺纹胶，再把螺母拧在上面——除非你计划给摇臂喷漆，那样的话在喷漆前不要给螺母上螺纹胶。

注意：如果你的螺栓超出螺母很多，用钢锯去掉多余的部分。

用螺栓穿过位于摄影机端的第二个滑轮。再把角铁拿来，把螺栓套在里面。

按住滑轮和螺栓，在另一面用记号笔给一组对角的孔做上标记。

你的标记看起来应该如左图所示。冲出小坑、用大力钳夹住角铁、然后钻两个$\frac{1}{4}$英寸（7mm）的孔。

第二个滑轮安装在摇臂前方已经存在的孔中。但你必须用$\frac{3}{8}$英寸的钻头钻$\frac{5}{16}$英寸的孔，用以穿过更大的螺栓。为了穿过动臂、U型铝和滑轮，螺栓需要更长些。

把滑轮安装在摇臂下臂前方。

用1$\frac{1}{2}$英寸（38mm）长的螺栓向上穿过滑轮对角的孔。

在螺栓上垫上尼龙垫圈。

再在上面装好角铁，用螺母拧紧。先别用螺纹胶，我们在下一小节还要进行一些微调。

摇臂后部的滑轮如法炮制，不同的是，这次不用尼龙垫圈，直接拧紧螺母即可。

现在，让我们开始制作手柄部分。手柄可以很简单，打着孔的木销子就行。但我用铝管和轴承来做，就是想做得难一点儿。如果你之前做过稳定器，那么这里要制作的是同样的手柄。

切割出一段5英寸（127mm）长、外径1英寸（25mm）的铝管。

用砂纸打磨铝管两端的内侧。

同样给轴承外部打磨，确保一切都干干净净。

在塑料盖子上挤出等量的A-B胶并充分混合。

用木棍搅拌效果会很理想。

在轴承外侧涂上厚厚的一层。注意只是涂在外圈外侧。

现在这些轴承就会跟管子内壁非常贴合了。巧合？我看未必！

把轴承推进管子里，一边一个。然后把溢出来的A-B胶清理干净。确保轴承在管子里是笔直的，不要歪。

如你所见，我其中一端的轴承与铝管平齐，另一端则深入管内一些。这是为了隐藏手柄下端螺母而设计的。隐藏螺母并不是必须的，只是为了美观。

切一段直径 $\frac{5}{16}$ 英寸、长度为铝管长度加 $\frac{1}{2}$ 英寸[14mm，如果不隐藏螺母，则铝管长度外加约 $\frac{3}{4}$ 英寸19mm]的螺纹管。

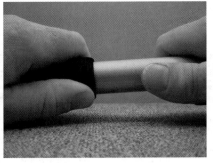

如果你想给手柄加上泡沫把手，先用一些水性润滑剂处理下泡沫把手的内部。不要用化石润滑剂，它会不断腐蚀泡沫把手。如果你找不到泡沫把手，或者不喜欢用泡沫把手，参考本书其他章节肩膀支架的手柄。你可以像我一样找一些胶带把它缠起来。

将把手套在手柄上，然后清理溢出的润滑剂。

好了，该为手柄控制杆钻孔了。你应该已经是一个钻孔的老手了，所以我在这里只告诉你钻孔的位置。

找出9英寸（23cm）长的铝板，钻3个孔。右边两个孔的间距离应该和刚才滑轮上对角孔的距离一致，钻头的尺寸应该和刚才滑轮上螺栓的尺寸一致。左边的孔是用来固定把手的。如果你的把手跟我的一样，那么你应该钻一个比$\frac{5}{16}$英寸（8mm）略大的孔。

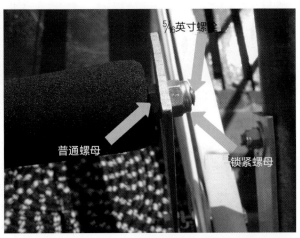

将把手安装在控制杆上时，先把一个普通螺母拧在把手里的螺纹杆上，将螺纹杆穿过控制杆上的孔，再用锁紧螺母拧紧。向相反方向分别拧紧普通螺母和锁紧螺母，最后拧上把手。

在手柄末端拧上另一个紧锁螺母。

拧螺母的时候最好用套筒扳手，这样会轻松很多。别拧得太紧，因为在控制杆运动时，我们还需要把手能够自由的转动。

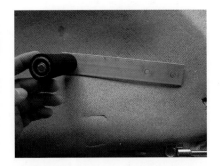

看，它多漂亮！

将手柄安装到摇臂上

将一对锁紧螺母平行拧在滑轮对角的螺栓上，用手柄控制杆保证它们平行。

在螺母上方涂一些螺纹胶。

然后在第一对螺母上面拧上第二对紧锁螺母。注意拧螺母时第一对螺母的位置不能改变。

再把控制杆穿过螺栓，最后用螺母拧紧。

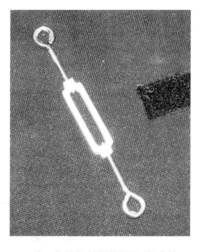

找出你的钢丝绳收紧器，把它拧到最松的位置。把晾衣绳系在一端。

把晾衣绳绕过两个滑轮。

最后把晾衣绳的另一端拉紧，系在钢丝绳收紧器的另一端。把它拉紧，保证晾衣绳紧实笔直。最后再用收紧器紧一紧。

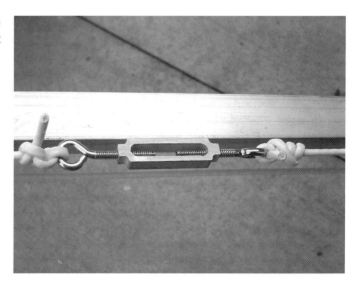

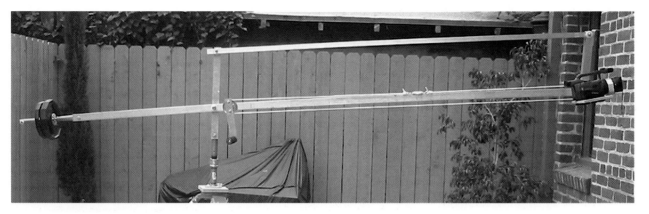

好了。转一转它,他应该工作得比较顺畅。

嘿,我的摄影机装不到角铁托板上!

是的,现有的角铁托板能够很好地适应小规模的摄影机,但安装较大的摄影机就需要更多的空间了。你可以做一个特大号的摄影机托板。

在本节中,我们将在角铁托板上给摄影机的螺栓钻第二个孔,并指出角铁连接滑轮上的一个缺陷。这就是为什么前面我不让你给那些螺母用乐泰胶或者类似的产品来固定它们。我们还要给角铁底部做一个小小的扩展,让它更长一点。你可以用胶合板来做这部分,或者用更好的材料,如铝材。非常重要的一点是,不要把扩展的这一部分做得比你实际需要安装摄影机的长度长太多,因为你必须让这一部分尽可能得轻。首先,让我们指出这种滑轮轴承的一个小缺陷。

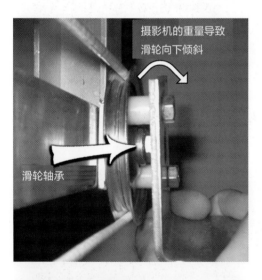

摄影机的重量导致滑轮向下倾斜

滑轮轴承

仔细看左图。看到指向轴承的箭头了吗?好了,它对于我们的需求而言有一点松,因此较大的摄影机重量会导致滑轮轻微的倾斜。如果你能找到一款类似的滑轮,它的轴承不那么松,请告诉我,因为我找不到!还好这是一项简单的调整,那么我们这就开始!

先把角铁从滑轮上卸下来,放在工作台上。把摄影机放在角铁上,在角铁的垂直部分和摄影机之间留出一些空间,大约¾英寸(19mm)就够。你需要为安装角铁到滑轮的螺栓提供足够的空间。现在,把它们反过来。

看我的食指在哪儿。这就是我朋友斯科特的摄影机的底部安装孔。(你不会认为我会用自己的东西做实验吧?)如果我们把角铁向后滑动,现有的孔(巨大的那个)会与摄影机的空匹配吗?不,至少这个案例中的SONY摄影机没有匹配。如果它确实对齐了,你可以去吃晚饭了。其他读者请继续往下看。

　　　　　　　　　　　　　　　　　　　　　　　第三部分　摇臂

用¼英寸（7mm）或稍大一点儿的钻头，滴上切削油，钻孔。因为这是比铝硬的金属，所以我们钻得慢一点。还有别忘了护目镜。接下来的事儿可能有点而乏味，但可以让你后面减少许多烦恼。按照之前的要求调整架好摇臂。千万要保证摇臂水平！如果不水平，从这里开始我们所做的一切工作都没有意义。

用冲在角铁上中间的位置，靠近边缘处砸一个小坑。如果角铁宽2英寸（50mm），那么就在1英寸（25mm）处砸坑。

 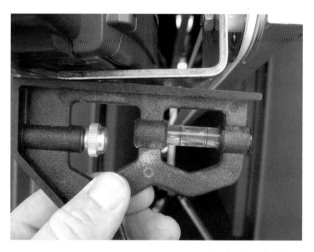

通过新钻的孔安装摄影机。摄影机在角铁上并不稳固，没关系。现在，你或许已经发现摄影机的重量使滑轮向外倾斜了。拿一支水平仪放在角铁底部，离水平还差得远是吧？

调整水平仪，直到气泡稳定在两处标记之间。看到水平仪和角铁底部的夹角了吗？那就是我们要弯曲角铁的角度。先把摄影机从角铁上卸下，再把角铁从摇臂上卸下。

敲打

弯曲角铁直到你刚刚测量的滑轮倾斜的角度

把角铁夹在台钳上，用锤子敲击调整。一旦角铁底部弯曲了一些，就把它装回摇臂并把摄影机装上测一测水平。我必须提醒你这个过程很冗长，一次只调整一点，重复尝试。

看，接近了，但并不完美。如果你的也不怎么完美，把摄影机从角铁上卸下，再把角铁从摇臂上卸下，多敲几下。

看看右图，你就能大致想象到在摄影机完美水平前我敲了多少下。

如果你的摄影机只是超出角铁一点点，在角铁上粘一块软木垫板就大功告成了。在这里你不能使用鼠标垫，因为摄影机只有部分压在角铁上，如果垫的东西又厚又软，摄影机会慢慢失去水平，不管你的螺栓拧得多紧。

如果你想做得更出彩，继续往下看。

把摄影机卸下角铁，把角铁卸下摇臂……你知道该怎么做。我们现在要为这个宝贝做一个摄影机托板。

找出组合角尺，画一条穿过角铁下部的直线。大约离新的摄影机安装孔$\frac{3}{4}$英寸（19mm）。

找一块方形的胶合板或者铝板，以你刚刚画过的线为中心，把它放置在角铁上。我的这块漂亮的铝板是免费的，它厚$\frac{1}{8}$英寸（3mm），超级轻，面积是4英寸×5英寸（100mm×127mm）。简直是量身打造。低调点儿，去祈求你的五金供应商吧！

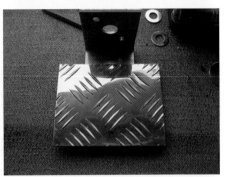

用中心冲在新平板边上砸一对小坑。这对小坑应该比角铁的宽度窄一些，参考那张平板放在角铁中心的照片。

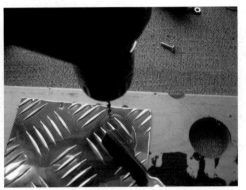

把平板夹在你的工作台——一块废木料上。给电钻装一个比一会儿你要用到的螺栓略大一点儿的钻头。在这里，我用的是$\frac{1}{8}$英寸（3mm）的钻头。接下来在小坑上钻孔。

看起来不错。

把刚钻好孔的板子放在角铁上。跟刚画过的直线对齐。一定要对齐！

穿过刚打的一对孔在角铁上做两个记号（最好用记号笔）。

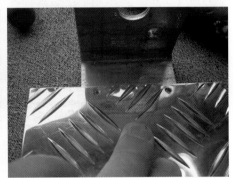

266

它看起来差不多是这样的。两个记号上方的直线是用来保证平板笔直的参考线。

在打孔记号处冲出小坑。用中心冲和锤子敲打一两下。我们现在是跟钢铁打交道了。

记得用一些切削油。你很可能要停下电钻，多加几次切削油，因为钢铁的密度很高，你的钻头必须要保持湿润。

把切削油和金属屑清理干净。用粗砂纸打磨角铁下半部的顶面。

同样，清洁并打磨平板的底面。

清洁你刚刚打磨过的两个部件。丙酮最适合这项工作，不过用肥皂水也行。

混合一点A-B胶，把它们涂在角铁下部的顶面（参考线以下）。

用螺栓把平板固定在角铁上。抓紧时间，别等A-B胶干了。

把它们整个翻过来，夹在一块废木料上晾一段时间。

用你早些时候在角铁上钻的1/4英寸（7mm）的孔做引导（这次不用砸小坑了），在平板上也钻一个1/4英寸（7mm）的孔。

好了，趁所有东西都夹在一起，我们再钻一个更远的孔，以备以后用到更大的设备。在你刚刚钻的孔的外侧大约3/4英寸（19mm）处冲出一个小坑。滴上切削油开始钻孔。

看它多漂亮！

好了，让我们给它加上一小块垫板吧。

我使用的是一块旧鼠标垫。把它裁成与平板一样的尺寸。将它按在平板上并把所有东西翻过来。

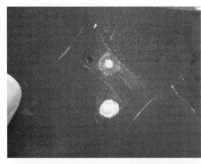

找到你刚钻的孔在垫板背面做记号。我用的是粉笔，或者你也可以用一些婴儿粉，它们留下的印记非常明显。

在标记处切出洞。你可以用小刀、剃刀，什么都行。我用的是打孔套件里的打孔冲来切割面料。

把垫板粘到托板上。我用的是环氧胶，它似乎是黏合金属和橡胶的最佳选择。当然你也可以实验用其他类型的胶水。

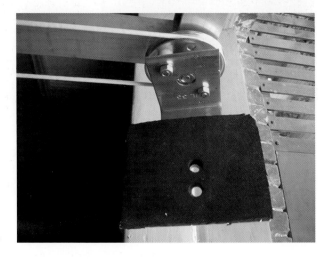

把角铁重新安装在滑轮上，这样你就做得差不多了。

对两个摄影机托板都有益的处理方式

你可能已经注意到大角铁上有一个大洞。在你把摄影机安装在大角铁上之前，先安装一个平板垫圈是一件非常简单的事情。但也可能变得非常麻烦，尤其是它不在地面上的时候。

让我们先把大角铁从U型铝上卸下来。很容易就可以用A-B胶把平板垫圈粘在大角铁底部（这个是相反的）。然后再看看，大洞变成了小洞。你也可以在角铁摄影机端的大洞里装一个紧缩环来安装摄影机。我还装了一个旧鼠标垫来缓冲摄影机，但这并不是完全必要的。

用砂纸打磨平板垫圈。

按照尺寸裁出一块鼠标垫。

在鼠标垫上钻一个和角铁上一样大的孔。我用的是打孔冲。

在角铁的摄影机端涂上环氧胶。（记住，我们现在做的是上面的大角铁，所以不要以为我把垫板放错了面！）

把垫板粘上。记得对准孔位。

> **警告：**
> 如果你计划在上面的大角铁上使用云台，不要再做下面的步骤了！

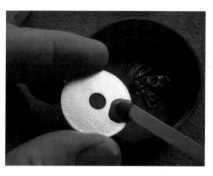

混合一些A-B胶，把它们涂满打磨过的平板垫圈表面。

把平板垫圈按在角铁上晾干24小时。

让摄影机的螺栓穿过孔，并给它加一个缩紧环。就是这样！

哎呀。你是不是有在大角铁上用云台的计划，又不小心做了上面的步骤？没关系。在挨着摄影机孔的地方另钻一个 $\frac{3}{8}$ 英寸的孔就行了。

记得去查阅后面的章节：第18章"如何用摇臂工作"和第19章"《T人》式摇臂配重架"。

第17章 《双重赔偿》式摇臂

《双重赔偿》式摇臂的简介

　　《双重赔偿》式摇臂是一个庞然大物。我的这台拥有20英尺（6m）长的动臂。你也可以把它拆散成上图中那样的便携零件。还得告诉你，我改装的测绘用三脚架无法承受超过20英尺长的摇臂。除非你有一台能支撑30英尺长摇臂的支架，否则在这一点上我还没有什么好办法。在我们更近一步之前，想都不要想是否能把这台摇臂装在一台单薄、不稳当的三脚架上。在你开始这个项目之前，最好去做一台第21章介绍的《第三人》式三脚架，再做至少4个沙袋！

　　如果你住在欧洲、澳大利亚等地，你很可能无法买到书中其他摇臂用的安装支架的材料。但别担心，你依然可以找到制作这台摇臂旋转底座的材料，而这个旋转底座也能用于安装其他摇臂。如果你愿意，也可以用更轻的材料制作这个旋转底座。若你有任何疑问，请发电子邮件给我，我的邮箱是Dan@DVcameraRigs.com。

　　在开始制作之前，让我们先仔细了解一下这台摇臂。

　　我们先从摇臂的尾部开始。摇臂尾部是一根独立的平衡杆，平衡杆上固定着一些配重。它们的作用是微调摇臂的平衡。通过沿着平衡杆移动配重或（和）平衡杆，你可以使摇臂达到完美的平衡。

接下来，在20英尺（6m）长动臂的末端，是一大堆重型配重。关于到底需要多少配重，我先给你个大致印象，20英尺摇臂的另一端是一台松下高清摄影机，因此摇臂的末端我装了大约167磅（75kg）的配重。如果你用的是15英尺（4.5m）摇臂，则所需的配重将大大减少。

沿着摇臂向前，你会发现旋转底座和装在上面的监视器。底座安装在三脚架上，可以左右旋转。由于监视器安装在旋转底座上，因此当摇臂转动时，监视器也会跟着转动，监视器画面会一直在你的视线中。

再向前看，摇臂下臂通过一对短杆连接着摇臂的上臂。上臂并不承受任何重量，但通过上臂的前后运动，你可以控制摄影机上下倾斜。（对不起，这台摇臂不支持摄影机自身的左右倾斜运动。）

看见下臂带旋钮的那部分了吗？它的作用是把两段5英尺（1.5m）的臂连接在一起。我有3个这种接头，如果你愿意，你大可只做一个接头把两段10英尺（3m）长的臂连接在一起（只要你有机会用到10英尺长的摇臂拍摄！）。又或者你只做一个10英尺（3m）长的短摇臂，那一个接头确实就够用了。明白我的意思了吗？在接头的上方，你会发现一根用螺丝扣连接的钢缆。在这种长摇臂上，为了让摇臂保持笔直和消除抖动，你需要用它拉紧摇臂来平衡重力带来的影响。短一些的摇臂可能并不需要这个装置。

在摇臂中间，有另一对短杆连接着上臂。这样做的原因是，上臂由很薄，很轻的铝管做成，需要这对短杆在中间起一个支撑作用。如果你的摇臂较短，例如10英尺（3m）长，你很可能就不需要这个装置，钢缆也是一样。如果有一天你发现你确实需要这些装置，你可以在摇臂完成之后随时添加上去。

在摇臂最前端的是用来安装摄影机支架的倾斜控制杆。

当摇臂的倾斜控制杆不能满足你的要求时，你可以通过调节摄影机支架上的旋钮获得更大的倾斜角度。你也可以把摄影机支架转过来，这样就可以把它倒挂在支架下面了。如果摄影机非常沉重，这可能是一个不错的主意。

由于这是一个大工程，我将拆分成几部分来讲，每个部分都有独立的工具和物料清单。但首先，我们要解决底座的问题，并把它安装在三脚架上。

在你去买东西之前，请先阅读附录部分的"金属加工"！

底座部分

一个用4颗螺栓安装的法兰轴承。它由一个底座和它里面的轴承组成，很像轴承座，只不过这个是水平安装的。内孔（中心的大孔）的尺寸是1~2英寸（25~50mm），尽量找只比1英寸大一点的，我的是1¼英寸（31mm）。这种配件五金店不一定会有，你可以上网找找看，网上也有很多零配件供应商。我是从Reid Supply公司找到的。

你需要如下的铝材来安装上面提到的轴承：2块½英寸（14mm）厚的铝材和一块厚1英寸（25mm）的铝材，尺寸取决于你的法兰轴承的尺寸。我的法兰轴承尺寸是4¼英寸（107mm）见方，因此每块铝材的尺寸都需要4英寸（100mm）见方或者更大［没错，4¼英寸的更好，但我的金属供应商那更大的铝材只有4英寸×12英寸（100mm×30cm）的了。让法兰的每条边缘比铝材超出1/8英寸（3mm）是完全没有问题的］。

注：这并不是你制作底座需要的全部铝材，但我们一步一个脚印地列出来，一会儿底座的U型结构需要一些相同材料。相信我，一会儿你就明白了。

一小段厚铝管。我的摇臂需要一小段直径1¼英寸、长3英寸的厚铝管。请阅读下面的说明部分，以确定用来匹配你的法兰轴承和铝材的小铝管规格。

这段厚铝管需要能正好插入轴承中。由于我的轴承孔为1¼英寸（31mm），因此厚铝管也需要1¼英寸的外径。如果你买的是1½英寸孔径的法兰轴承，你的厚铝管外径也应当是1½英寸。厚铝管的中心孔径应该略大于½英寸（14mm）。我并不要求你跑遍全世界去找跟我完全一样的零件尺寸，这并不是很重要。但你的厚铝管中间至少要能穿过½英寸（14mm）的螺栓。记住这一点，然后去找尽可能厚的、既能穿过轴承孔又能让½英寸（14mm）螺栓穿过的厚铝管。铝管的长度又是另一码事了，我的铝管长3英寸（76mm）。

如何确定厚铝管的长度

① 法兰轴承里有一个防滑圈，把它拿出来，再把厚铝管穿进防滑圈中，最后把防滑圈和厚铝管放回轴承里。

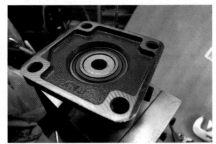

把轴承翻过来，调整厚铝管，让它与轴承底部平齐。把它们重新翻转回来。一旦铝管的底部与轴承的底部平齐了，在铝管位置不动的前提下，把防滑圈向上滑到轴承顶部。我们注意到防滑圈上有颗小螺丝，把它拧紧让防滑圈固定在当前位置。

② 从防滑圈向上测量½英寸（14mm）的距离并做标记。从标记处到最下面就是你所需要的厚铝管长度。

好了，切割好之后应该是这个样子的：从铝管顶端向下½英寸（14mm）是固定铝管的防滑圈，铝管底部与轴承底部平齐。

> **注意：**
> 如第二行右边的图所示，这就是你要采购的铝材的一部分。最上面的一块厚½英寸，这就是为什么你的厚铝管要超出防滑圈½英寸。是的，如果你最上面的铝材更厚，你的厚铝管超出防滑圈的部分也要相应增加。你是否会问"嗨，如果我用¾英寸厚的铝材是不是更结实呢？"是的，那样更结实，完全没问题。只要你给铝管增加足够的长度来匹配你的厚铝材。也就是说，如果你的铝材厚¾英寸防滑圈以上的铝管也应该长¾英寸。到头来，你不如直接准备一段长度超过6英寸（15cm）的厚铝管，因为不管轴承和铝材多大多厚，它都足够长了。到时候只要切掉多余的部分就行了。

还有最后一件关于铝管和法兰轴承的事我要警告你一下，这件事一直让我很抓狂，你买了一个带1¼英寸（31mm）孔的轴承，然后又买了一个外径1¼英寸（31mm）的管子去捅轴承上的孔，竟然不合适！我一直不知道这是为什么，但就是有的时候不合适，有的时候合适。万一它们不合适，你也不用担心，这是铝，只要拿一把金属锉刀（工具清单里没有），把铝管外层锉下薄薄一层就可以插进轴承了。

☐ U型底座部分你需要2块厚1英寸（25mm）、宽4英寸（100mm）、长12英寸（30cm）的铝材，还有……

☐ 一块厚1英寸（25mm）、宽4英寸（100mm）、长4¼英寸（114mm）的铝材，还有……

☐ 一块厚½英寸（14mm）、宽4英寸（100mm）、长4¼英寸（114mm）的铝材。换句话说，这块铝材尺寸和上一块一样，只是没有那么厚。

☐ 4根直径为½英寸（14mm）的螺栓。这些螺栓要穿过1½英寸（38mm）厚的铝材，再穿过法兰盘上的螺丝孔，最后还得留一点来拧螺母，所以它们要足够长。我的螺栓长度是3英寸（76mm）。你需要的螺栓长度可能取决于你的法兰盘。

☐ 4个½英寸（14mm）螺栓用的螺母。你可以用普通螺母搭配螺纹胶，或者用顶部带一个小尼龙垫圈的防松螺母。

☐ 一个垫圈。垫圈必须足够大，大到能全部覆盖内轴承的边缘。垫圈中间孔径需要为½英寸（14mm）。如果你找到了合适尺寸的垫圈却发现它中间的孔太小，没关系，我们随时能用电钻把它变成½英寸（14mm）的孔。

☐ 另外的部分是：1根直径½英寸（14mm）的螺栓。它的长度应该能刚好穿过你的1英寸（25mm）厚铝管及上面的垫圈，最后还能正好拧上一个锁紧螺母。你可能需要用钢锯把一个长一些的螺母锯成这样的长短。

☐ 1个垫圈。这个垫圈的尺寸至少要能覆盖内轴承的边缘，垫圈中间的孔直径需要有½英寸（14mm）大。如果你找到了一个尺寸完美的垫圈，只是它中间的孔太小了，不要紧，我们可以用½英寸（14mm）钻头把它钻好。

☐ 4个直径⅜英寸（9.5mm）、长½～1英寸（14～25mm）的内六角螺栓。你并不一定要使用内六角螺栓（这种螺栓需要用内六角扳手操作），我用它们只是因为我觉得好看。

☐ 这4颗螺栓是拧在法兰盘上的，它们一会儿会为我们解决一个大问题。正如你所见，我的螺栓其实可以更短些，但我在五金店没找到更短的螺栓。不过长一点也没关系，它们并不碍事。

☐ 8颗直径¼英寸（7mm）、长1½英寸（38mm）的内六角螺栓。

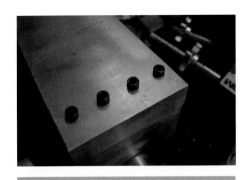

☐ 它们将被安装在U型底座的侧面部分。

☐ 一根直径½英尺（14mm）、能够横穿U型底座两端的长螺栓。我的长螺栓长7英寸（17cm）。如果你做的U型底座更宽或者更窄，你可能会需要不同长度的长螺栓。

工具清单

☐ 很遗憾地告诉你，这个项目需要一台钻床。其实也花不了多少钱，大约150美元（约合人民币948元）就能买到一台够用的钻床。所谓够用，就是你别想用它在你的车库里量产电影设备。我有一台Ryobi，我用它在金属上孔钻了很多年，非常耐用。你的钻床至少应该具备以下两个特性，一是有一个12英寸的夹具，二是可以调节钻头速度。给金属钻孔需要的转速要比为木头钻孔慢得多。有没有比这更好的金属钻孔设备呢？有，但是售价也足够让你瞠目结舌。上图中钻床旁边是一个钻床夹具，通常情况下钻床都配有这种夹具，但如果你没有，最好去弄一个。

☐ 你可能还需要一台电圆锯。在所有人都发电子邮件问我这是不是切割大块铝材的最佳设备之前，我还是先说明一下吧。我们的主旨是在不做太多小动作的前提下，尽可能用小成本完成制作工作。金属带锯机就像它的售价一样出色，它才是切割金属最好的设备，但它的价格也达到了电圆锯的3倍以上。你可能还记得我曾经说过你挑这些设备中的一种就可以。如果你想取消你的健身卡去使用钢锯切割铝材，完全没问题。

作为替代方案，你也可以去五金店买现成的铝材或者找金属供应商替你完成所有切割工作。在这个项目中，我的金属供应商为我提供了很多12英寸（30cm）和36英寸（91cm）的现成铝材，从而帮我节约了大量成本。另一方面，如果让金属供应商替你切割，每次切割它们会收取8美元（约合人民币50元）的费用。到最后，我发现还是自己购买切割设备比让金属供应商替我切割要省钱。如果这是你制作的唯一一个项目，找人替你做切割工作可能更省钱。请记住，底座的大部分材料的尺寸取决于你的法兰轴承规格。因此，把法兰轴承买到手，你就知道需要什么尺寸的铝材了。

☐ 一个台钳

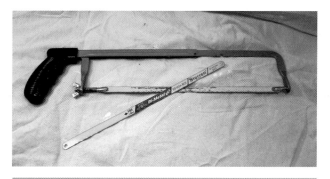

☐ 一把钢锯，还有一些14～18齿的锯条。

☐ 一个记号冲和（或）一个中心冲。记号冲的官方用法是给金属划标记（就像用铅笔给木头做标记）。中心冲的官方用法是用来在金属表面冲出小坑。但我经常把它们换着用。

☐ 一把组合角尺

☐ 切削油。给金属钻孔时使用切削油是非常重要的。不要用WD-40或者三合一润滑油，切削油也只是折中方案，还有更好的专业润滑油，但是它们都太贵了。你最好能找一个小油罐，把油装在小油罐里。

☐ 一个 1/2 英寸（14mm）的钻头

☐ 一个 1/4 英寸（7mm）的钻头

☐ 一把锤子

☐ 多向水平仪

☐ 扳手或者鱼嘴大力钳（两个都有更好）

☐ 螺纹胶

☐ 金属锉刀。去找一把每英尺（1英尺=0.304 8米）20齿的粗锉刀，它锉起铝材来非常迅速。如果你想让锉过的铝材更好看一点，还要额外再找一把每英尺60齿的细锉刀做善后工作。

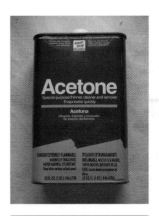

☐ 丙酮。丙酮是清洗金属的好帮手。使用时记得戴上橡胶手套。

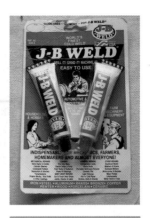

☐ A–B胶。这是黏合金属的好东西。制作这个项目你大约需要3套A–B胶。

☐ 车间抹布

☐ 60号砂纸

☐ 手持式打磨机

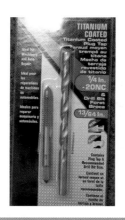

丝锥和与之配套的钻头。

好，我来讲解一下，丝锥是用来在你给金属上钻的孔中制造螺纹的，这既简单又神奇。通常丝锥都带有与之配套的钻头（钻头要比丝锥稍微小一点点儿），但有时你需要单独购买丝锥和钻头，取决于商家。如果你得单独购买，先买丝锥，包装上一般会写"使用24号钻头"或者类似的话。然后再为丝锥找到相应编号的钻头。这有点让我抓狂，为什么就不能在丝锥的包装上写上所需钻头的尺寸呢？就像是使用$^{13}/_{64}$英寸（5mm）的钻头。使用丝锥的一个好习惯是始终把丝锥和与之匹配的钻头放在一起。我有一个塑料盒，里面有很多小隔间，每个隔间里都是一对相配套的丝锥和钻头。没什么比钻螺纹孔的时候拿错丝锥更令人沮丧了。

在这个项目中你需要一个$^1/_4$英寸（7mm）丝锥和一个$^3/_8$英寸（9.5mm）的丝锥，还有与之配套的钻头。试着找找2英寸（50mm）或者更长的丝锥。

一个钻头。还记得那些直径$^1/_4$英寸（7mm）、长$1^1/_2$英寸（38mm）的内六角螺栓吗？你需要一个比那些螺栓直径稍大一点点的钻头。从你的购物篮中找一个那种螺栓，用它比量着去找合适的钻头吧。

内六角扳手。你需要3个内六角扳手，一个用来匹配$^1/_4$英寸（7mm）螺栓，一个用来匹配$^3/_8$英寸（9.5mm）螺栓，还有一个匹配法兰轴承防滑圈上的螺栓。

一个丝锥扳手。这是拧丝锥用的特殊扳手。

一个孔锯（它基本上就是一个钻头）。孔锯的尺寸应该与你塞进轴承里的厚铝管尺寸一致。我的孔锯是$1^1/_4$英寸（31mm）。一定要确认你的孔锯中心有一个用于定位的钻头。

□ 你还需要一个1英寸（25mm）的孔锯。

各种各样的夹子。你需要至少4个开口能达到7英寸（17cm）的夹子。杆夹的表现不错，而且比大C型夹更便宜。再找8个开口3英寸（76mm）或者更大的C型夹。C型夹是电影摄制工具，在拍摄时你也需要它。因此，尽量多找一些C型夹。

□ 为你的钻头准备一个钢丝刷。它非常适合清理铝屑。找一个2英寸（50mm）或者更大的即可。

我想就是这么多了。现在我们可以开始制作底座了。

开始制作底座

我先制作轴承部分，然后做大U型部分。

1 找来一块厚½英寸（14mm）的铝材。正如我之前说的，铝板的尺寸取决于法兰轴承的尺寸。我的铝板厚½英寸（14mm）、宽4英寸（100mm）、长4½英寸（114mm）。用标记冲在上面划两条对角线，形成一个大"X"。"X"的中心就是铝板的中心，在中心冲冲出定位小坑。左图中我用的是记号笔，只是为了让你更容易识别。

把孔锯装在钻床上。钻这个孔时，你最好找一块废木料垫在铝块下面，防止孔锯穿过铝板时直接钻到你的钻床平台上。把孔锯中心的定位钻头对准铝板上的定位小坑。一切就绪之后，把铝板和废木料紧紧夹在钻床平台上。如果你有左图中那样的钻床夹具，就使用它。另外你还要确认夹在夹具中的铝板是水平的。钻孔时应使用最慢速去钻，记得清理孔锯中的金属屑，并添加大量的切削油。这需要很长时间，有点儿耐心，这次可不是钻木料了。

2 为了把铝板和法兰盘固定在一起，我们需要在铝板上钻螺栓孔。接下来，我们就来确定这些螺栓孔的位置。有几种简单的方法可以做到这一点。把法兰盘放在你刚刚钻了大洞的铝板上并对齐，用锤子和记号冲，穿过法兰盘的螺栓孔在铝板上砸出定位小坑。或者，如果你手头有一些喷漆，穿过法兰盘的螺栓孔在铝板上轻轻喷一层油漆，也能帮你标记出螺栓孔的位置。别喷太多油漆，否则就是帮倒忙。在左图中，我把½英寸（14mm）铝板摆在了1英寸（25mm）铝板上面。这并没有什么特殊含义，我只是喜欢看到它们完成后在一起的样子。现在让我们在薄铝板上钻孔吧。

给钻床装上一个½英寸（14mm）的钻头。把钻头对准一个螺栓孔标记并把铝板夹在钻床平台上，然后开始钻孔。重复4次钻好4个孔。

3 看一看上图，接下来你就明白这是什么了。这是我们固定在底座部分地下面，紧挨着三脚架的另一块厚½英寸（14mm）的铝板。与三脚架连接后，并没有空间留给这些螺栓头，所以我们必须切掉这块铝板的4个角，为螺栓头腾出空间。

为钻床装上孔锯。这次使用的还是1英寸（25mm）的规格。我还是像之前那样在四角做了油漆标记，但这一步并不是必需的。你可以很容易地放一个螺栓进去，把螺栓头的轮廓用记号笔标出。当然你也可以什么都不标记，直接切。只要你的切口足够容纳螺栓头就行了。记得把铝板夹在废木料上。

4 把½英寸（14mm）钻头装回钻床。在1英寸（25mm）的厚铝板上划一个大"X"找到中心点，并砸出定位小坑。把刚刚切掉四角的薄铝板放在厚铝板下面并对齐，然后一起夹在钻床平台上。最后在上面钻一个½英寸（14mm）、贯穿两块铝板的中心孔。

5 将切去四角的铝板放在一边。把另一块厚度为½英寸（14mm）的薄铝板放在厚度1英寸（25mm）的铝板上面。以½英寸（14mm）厚的薄铝板四角的螺栓孔做引导孔，在1英寸（25mm）厚的厚铝板四角钻4个直径½英寸（14mm）的孔。这次就不需要砸定位小坑了。只是注意一定要夹紧各部件，并小心地把钻头对准薄铝板上已有的孔。

当你完成后，厚铝板上应该一共有5个½英寸（14mm）直径的孔。

6 接下来让我们把法兰下面的三部分粘在一起。
在法兰的下面，首先是中间有大洞的½英寸（14mm）厚的薄铝板，然后中间层是1英寸（25mm）厚的厚铝板，最下面是没有角的薄铝板。

使用A-B胶进行粘合操作。我们需要一些丙酮、车间抹布、4个3英寸（76mm）魔术腿、一些混合A-B胶的工具（雪糕棍），以及每个孔一个½英寸（14mm）的螺栓（长度并不重要，我们只是用它们来保证三部分能对齐）。

第三部分 摇臂

先用60号砂纸和磨砂机把待粘连金属的每一面都打磨粗糙，以便粘连。然后用丙酮把金属表面的金属屑、油污都清理干净。

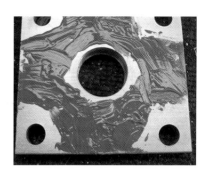

按照包装盒上的指示混合A-B胶。把它抹在最上面那块薄板上，注意别让胶溢到螺丝孔中。用4颗螺栓向上穿过1英寸（25mm）厚的厚铝板，然后把刚涂过A-B胶的上板翻过来粘在上面，那4个螺栓将帮你对齐两块板。把它们翻过来。

现在把没有角的下板也涂上A-B胶，翻过来粘在其他两块铝板上面。
用一颗螺栓穿过下板中间的孔。

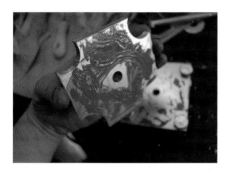

用4个夹子夹住四边并移去四角的螺栓。在A-B胶晾干之前，你可以用抹布蘸些丙酮擦掉四周挤出来的多余A-B胶。
好了，现在把这部分放在一旁，让胶晾干一晚。接下来我们将要制作大U型部分。

❼ 在那块½英寸（14mm）的薄铝板中心钻一个和你厚铝管外径一样大的洞。再在厚1英寸（25mm）的铝板中心钻一个½英寸（14mm）的孔，记得确认你已经把厚铝管切割成了之前测量的长度。

❽ 想你之前做的那样，把这两块铝板打磨并清洁干净。找一颗足够长的½英寸（14mm）的螺栓，它应该能穿过厚铝管和两块铝板，当然还要有与之配套的垫圈和螺母。在厚铝板的一面涂上A-B胶。

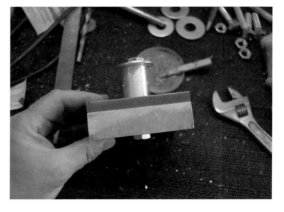

在厚铝管一端½英寸（14mm）范围内多涂一些A-B胶。把涂了胶的一端放在½英寸（14mm）薄板中间的大洞里，再把厚铝板粘在另一面，最后用长螺栓向上穿过这三部分并在另一端用垫圈和螺母拧紧。

给底座的每条边夹上一个C型夹并晾上一晚。

⑨ 这类带座轴承有一个特点，它的轴承内外都能旋转。我们并不想让它那样，因此我教你做一个小小的改装。

我们通过给它拧上4颗螺栓来固定轴承外圈。

有时候轴承座上有一个用来添加润滑油的小油阀，我们不需要它，把它拧下来。

首先，把轴承拧出来。最简单的方法是将轴承座夹在台钳上，再把铝管插进轴承里并用力上下扭动。

⑩ 一旦轴承被扭出来了，就把轴承座一边向上夹在钻床的夹具上。找到和$\frac{3}{8}$英寸（9.5mm）丝锥匹配的钻头并把它装在钻床上。沿着轴承座固定圆环在四面各钻一个孔。

注：现有的油阀孔可能已经是$\frac{3}{8}$英寸（9.5mm），如果它不是，把它钻大成$\frac{3}{8}$英寸。如果油阀孔已经是$\frac{3}{8}$英寸（9.5mm），但螺纹不对也拧不进我们的螺栓，直接用丝锥改变它的螺纹。

⑪ 4个孔都钻好后，把轴承座夹在台钳上，用$\frac{3}{8}$英寸（9.5mm）丝锥在孔中攻出螺纹。

⑫ 把螺纹孔清理干净，然后把轴承拧回原位。确认轴承和轴承座水平！在刚钻的螺纹孔中拧4个$\frac{3}{8}$英寸（9.5mm）的螺栓把轴承牢牢固定住。如果你用内六角螺栓你就得用内六角扳手去拧。

实际上你也可以用任何你喜欢的螺栓类型。此外，我用的螺栓看起来有点长，不过没关系。

为U型底座安装侧面部分：

把那两块厚1英寸（25mm）、宽4英寸（100mm）、长12英寸（30cm）的大铝材拿来。在其中一块一端1英寸（25mm）处用记号冲划一条靠近中间的线。

⑬ 如上图所示，之前晾干一晚的这部分干了吗？干了的话把它拿过来。

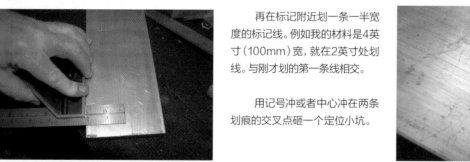

再在标记附近划一条一半宽度的标记线。例如我的材料是4英寸（100mm）宽，就在2英寸处划线。与刚才划的第一条线相交。

用记号冲或者中心冲在两条划痕的交叉点砸一个定位小坑。

拿来另一块大铝材放在刚做过记号那块的下面，对齐后用夹子夹牢。

在钻床上装一个$\frac{1}{2}$英寸（14mm）的钻头，同时给夹在一起的两块铝材钻孔。这样一来，两块铝材上的孔位就完全一致了。

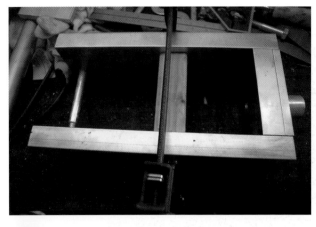

14 这就是整个部分的构造。底座宽4英寸（100mm）、长4½英寸（114mm）。侧面大铝材宽4英寸（100mm）。因此我们要用侧面铝材连接底座的4英寸（100mm）边。切一块大小合适的废木料撑在中间是个不错的注意，用一个½英寸直径的长螺栓固定在一端。

像其他粘连工作一样，这次我们也用A-B胶进行粘连。先把底座的两边和两翼大铝材底部1英寸处打磨，并用丙酮清洗干净。混合一些A-B胶涂抹在底座两侧。然后把两翼大铝材小心地粘在底座上，用废木料支撑中间部分，还要记得拧上长螺栓以确保两翼大铝材相互对齐。

把U型部分翻过来，在木料支撑部分夹一个大夹子。

用两个或多个夹子加固U型部分。在A-B胶晾干之前，用组合角尺多次确认两翼是否垂直于底座。把组合角尺的底部对准底座，观察角尺的尺子部分是否完全平行于侧翼部分。尺子部分全段都应该能接触到侧翼。然后再检查对面的侧边。如果两翼不垂直于底座，可能是你的废木料太长或者太短，如果是这样，干脆把废木料除去。

我在底座部分夹了3个固定夹子,在木料支撑部分夹了一个固定夹子。

用抹布蘸些丙酮,清除接缝处溢出的多余A-B胶。然后让整个部分晾干一晚。

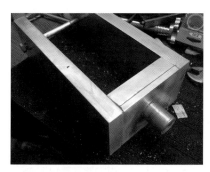

15 一旦它晾干了,就除去夹子和支撑用的废木料。

这是我们今天要做的内容:给U型底座两边各加4颗螺栓,让它变得坚不可摧。你需要1个¼英寸(7mm)的丝锥和与它配套的钻头,以及一个¼英寸(7mm)的钻头。如果你用内六角螺栓加固U型底座,你还需要一个直径比内六角螺栓头稍大一点的钻头,用来钻孔把螺栓头埋在里面。如果使用其他类型的螺栓加固U型底座,你可以跳过最后一个钻头部分。

我们的底座是一块厚½英寸(14mm)的薄铝板粘在一块厚1英寸(25mm)的厚铝板上。把组合角尺对着底座底部,移动直尺直到测量到厚铝板的一半。其实,你只要把组合角尺锁定在1英寸然后摆上去即可。

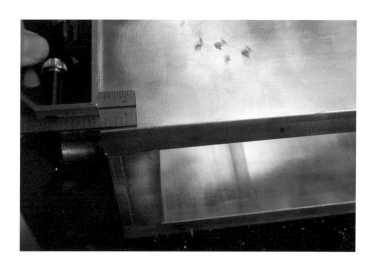

把U型底座翻过来,让12英寸(30cm)长的侧面冲上。从底部开始沿着刚才测量的长度做好标记。给对面的长铝板也做同样的标记。

用组合角尺和记号冲沿着刚做的标记划一条竖着穿过侧翼的直线。两翼都做。

为了让你看得更清楚，我又用记号笔画了一遍这条线的位置，其实就是底座上1英寸（25mm）厚铝板一半的位置。

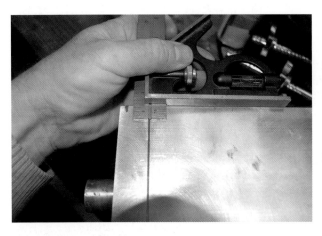

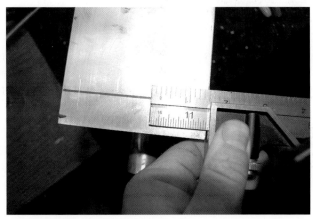

把组合角尺锁定在½英寸（14mm），然后从边上量起，划一条与刚划过的长线相交的线。在长线的另一端也做同样的操作。然后把U型底座翻过来，在另一个侧面也做同样的标记。

然后把组合角尺锁定在1½英寸（38mm），重复之前的步骤，划与长线相交的线。

现在U型底座的两侧应该各有4个标记了。用中心冲和锤子在每处标记上砸出定位小坑。双翼都要做。

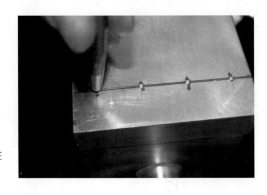

钻螺丝孔:

16 为你的1/4英寸（7mm）丝锥找到合适的钻头，并把它安装在钻床上。钻的洞应该比螺栓的长度（包括螺栓头）深1/2英寸（14mm）。你可以给钻床上装一个限制器，这样一来钻头就只会钻到指定的深度。我还没见过哪台钻床不带限制器的，去看看你的说明书吧。

先把8个孔都钻好（每面4个），再给钻床装上1/4英寸（7mm）的钻头。在刚钻的孔中用1/4英寸（7mm）再钻一遍，这次只钻1英寸（25mm）深! 千万要小心，只钻1英寸或者是钻你的侧板厚度! 如果你钻多了，会把一切都搞砸! 因此千万小心，记得用钻床上的限制器把钻头限制在1英寸（25mm）。

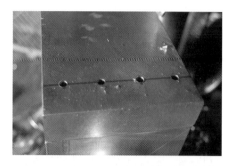

如果你使用内六角螺栓，你还得多做一步。先把那个跟内六角螺栓同样直径的钻头装在钻床上。

把限制器设定在内六角螺栓的螺栓头的长度上，大概不到1/4英寸（7mm）。

把每个孔都钻一下。记住，你只是为了把内六角螺栓头埋进去，因此只要钻一点就行了。

然后给每个孔中都加些切削油。

把丝锥伸进孔中（它会直接略过孔中开始部分的1英寸，不必惊慌）。接下来，如果你阅读过如何钻螺丝孔的部分，就应该会知道要先把丝锥向下拧两三圈，再向回拧一圈，然后重复。这次并不是贯穿孔，所以被丝锥钻下来的金属屑没地方可去。因此你每钻三四圈，就需要把丝锥退出来，然后把金属屑清理干净，再继续。重复这个过程直到丝锥钻到底。如果你拧丝锥用的力量太大，很可能会破坏孔中的螺纹，所以一定要有耐心。我知道这很枯燥，但钻螺丝孔没什么别的办法。

一旦你给所有的孔都攻上了螺纹，就用压缩空气或者高压水枪仔细地清理孔中的金属屑，一定不要让它们留在螺纹中。

用内六角扳手拧上内六角螺栓，两翼都要拧。然后这部分就完成了。

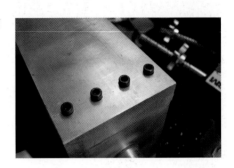

把它们组装起来

事先说明，这里有些图片是在摇臂喷漆之后补充的。别慌，我只是当时忘了拍照。

17 把法兰轴承中间的防滑圈套在底座粗铝管根部，拧紧定位螺栓。

18 确认轴承在轴承座里处于水平位置，轴承不要装反，还有一定要拧紧！

把法兰轴承套在底座的铝管上，紧挨着铝管上的防滑套，铝管底部应该与轴承底部平齐。

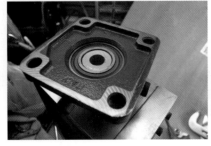

19 用一根½英寸（14mm）的螺栓向上穿过底座和铝管。

在另一面加一个和轴承尺寸一致的垫圈。

然后再加一个锁紧螺母，并把它拧紧。你必须使用锁紧螺母，因为它比平普通螺母要薄。而且½英寸（14mm）螺栓不能超出螺母太多，如果超出太多，则需要用钢锯去掉多余部分。

20 拿来底座的下半部分（上面有5个孔的那部分），用一颗½英寸（14mm）螺栓穿过它。铝板中间的大孔是用来隐藏螺栓头的。如果你在螺栓头下加一片垫圈，螺栓头依然能全部埋进铝板中间的大孔，最好加上垫圈。如果不能，就不加垫圈，也没什么问题。

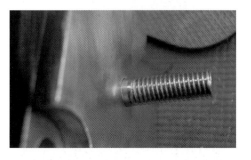

这里是关于添加垫圈的一些建议。螺栓的螺纹在靠近螺栓头的地方就没有了（除非是马车螺栓，但在这里用不了马车螺栓）。事实上，我最近发现螺栓的螺纹越来越短，比以前还短！我猜这样的螺栓能为制造商省很多钱，但对我们很不利。所以问题就是，我们加上一颗螺母，却发现固定螺母的地方没有螺纹了。

即使我已经在螺栓头下面加了一个垫圈，我还是需要在螺栓的另一面再加上几个垫圈，只有这样螺母才能有螺纹可拧。如果你也是这种情况，你就需要使用锁紧螺母来代替一般螺母。因为螺母这边的空间非常紧张。把它们都拧紧。

螺母处没有太多的空间是因为，这部分底座将连接在三脚架上。螺母不能超过测绘用三脚架底面的圆领口高度。为了让你看得更清楚，我把这台三脚架的腿卸掉了。这把直尺与三脚架领口平齐。如果你的螺母超过了领口，这个设备都会摇晃。所以你必须想尽办法来避免这种情况的发生。你可以不用垫圈，或者用垫圈配合锁紧螺母。只要螺母高度不超过三脚架的圆领，你用什么办法都行。

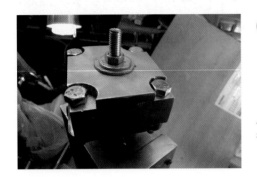

㉑ 把底座部分倒过来，在四角的孔中加上½英寸（14mm）螺栓。

给每个螺栓拧上螺母。我使用的是防松螺母，因为它们固定得非常牢靠。

如果你的螺栓太短够不到防松螺母的尼龙环，你也可以用锁紧螺母代替。记得要使用螺纹胶。

㉒ 当你准备好要将底座安装在三脚架上之后，找一两个大垫圈。垫圈需要大到能够覆盖三脚架底部的圆领口。我使用了一块方钢板，又在方钢板上加了一块小一点的垫圈。最后拧上元宝螺母固定它们。

如果你喜欢，你还可以给底座加上一些软垫（类似橡胶一类的东西）。这将加强底座的稳定性（也可能是心理作用，我的底座从来没离开过橡胶垫）。我使用在汽配市场买到的罐装喷胶来粘连软垫。

这样一来，底座部分就做完了。我们将在后面的"打造完美器材"小节为底座加装监视器。

下臂部分

摇臂的下臂是一个承受着所有重量的大家伙，因此它必须粗壮有力。在我们进入材料部分之前，你最好对它有个大致印象。我的摇臂总长20英尺（6m）。这真的已经很长了。不是开玩笑，许多商业摇臂都比它短得多。你可能会问，我要如何带着这样一个庞然大物去现场拍摄？你可以把它拆散，我把它拆成4截，每截5英尺。你也可以只把它拆成两截各10英尺（3m），这样可以为你节约一些时间和预算。

每两截之间的部分看上去都是这样。动臂的一端插入到这样一个接口盒中。

由于我的摇臂被拆分成4部分，因此我需要3个接口盒。如果你正在按照我的结构制作摇臂，有一种好办法来帮你理清前后顺序。方铝管切割完成之后，在每段铝管的前后分别标记"配重端"和"摄影机端"。这样一来，就算它们被拆散，你也不会弄错方向。

物料清单

☐ 如果你跟我一样做的是一根20英尺（6m）长的动臂，你需要一些大号方铝管：切面宽2英寸（50mm）、高4英寸（100mm）、厚⅛英寸（3mm）。如果你做的摇臂长度不超过13英尺，你也可以用截面宽2英寸（50mm）、高2英寸（50mm）、厚⅛英寸（3mm）的方铝管。再说一次，我有4截5英尺长的动臂，所以我去要3个接口盒。

☐ 制作一个接口盒你需要如下材料。

☐ 2块宽4英寸（100mm）、长12英寸（30cm）、厚¼英寸（7mm）的铝条。

☐ 2块宽2½英寸（63mm）、长12英寸（30cm）、厚¼英寸（7mm）的铝条。

☐ 一片¾~1英寸（19~25mm）宽、13英寸（33cm）长、1/16英寸（1.5mm）厚的铝片。这是一种非常薄的铝条，可将把它弯曲成长方形。大部分五金店都卖长36英寸（91cm）这种规格的铝条。

以上就是一个接口盒所需的铝材。记住，这只是一个接口盒的用料。如果你有3个接口盒，就把以上材料乘以3。两个接口盒就乘以3。

☐ 2块宽4英寸（100mm）、长12英寸（30cm）、厚¼英寸（7mm）的铝条，用来加固摇臂支点。只需用螺栓把它安装在方铝管的内侧。如果你的摇臂短丁14英尺（4.25m），你可能并不需要这个加固配件，但有总比没有好。在我的摇臂上，我给10英寸（25mm）动臂上钻了两个支点，这样摇臂就能够得更远一些。为什么不干脆直接用靠近配重端的备用支点呢？那是因为这会给摇臂的平衡多加60磅（27kg）的重量，就像你的腰围一样，每多一英尺（1英尺=0.304 8米）都会重很多。

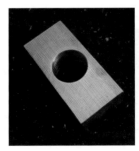
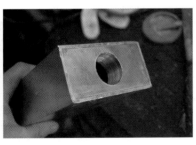

☐ 一块1英寸（25mm）厚的铝板。它的尺寸就是你买的方铝管内径的尺寸。你很可能要自己切下些多余的部分好让它完美地插进方铝管中。那些用钢锯的人要受苦了。如你所见，你还得在它中间钻一个直径1英寸（25mm）的孔。

☐ 一根铝管。直径1英寸（25mm）、长36英寸（91cm）。配重沿着它移动就可以微调摇臂的平衡。杆上的配重两侧用轴环固定。你也可以用我们在其他摇臂上使用的管线卡子，但是这些轴环显然更好看。你会在接下来的物料清单中找到它们中的一部分。如果恰巧你使用的是1英寸（25mm）法兰轴承，你就可以用你刚刚剩下来的厚铝管继续制作摇臂。

以上就是你制作动臂部分的全部铝材。在后面的摄影机支架和倾斜控制部分你还需要更多的金属材料。但正如我之前说的，分段制作会更容易一些（我向你保证）。

每个接口盒需要的五金件：

请记住，这只是一套接口盒的五金件。你有几个接口盒就要把这些螺母和螺栓的用量加几倍。

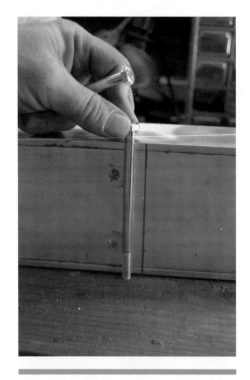

☐ 注：这些螺栓的长度取决于方铝管和¼英寸（7mm）铝条的尺寸。仔细测量它们，你还要给一个垫圈和一个防松螺母留出空间。

☐ 4个直径⁵⁄₁₆英寸（8mm）、长3英寸（76mm）的螺栓

☐ 2个直径⁵⁄₁₆英寸（8mm）、长5英寸（12cm）的螺栓

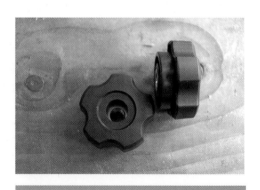

☐ 6个⁵⁄₁₆英寸（8mm）螺栓用的垫圈

☐ 6个⁵⁄₁₆英寸（8mm）防松螺母。防松螺母的螺纹尽头有一个小尼龙环。

☐ 2个⁵⁄₁₆英寸（8mm）母电木旋钮。母电木旋钮就是中间能穿过螺栓的电木旋钮。

☐ 2个用来连接电木旋钮的$\frac{5}{16}$英寸（8mm）螺栓。它们应和刚才列出的摇臂上的永久螺栓一样长或者稍微长一点。因为你每次拆卸和组装摇臂都要靠这些螺栓，再考虑到还要加上电木旋钮的厚度，因此如果你在五金店找不到和刚才那些螺栓一样长的螺栓，可以找稍微长一点的。你需要一个3～$3\frac{1}{2}$英寸（76～88mm）长，以及一个5～$5\frac{1}{2}$英寸（120～130mm）长的。不想多啰唆了，这就是每一个接口盒所需要的物料清单。我知道你们大部分人喜欢简读，而且不想一次又一次地往返于五金店。现在我来说说那些你不必按拆解部分数量加倍的物料。

☐ 4个直径$\frac{1}{4}$英寸（7mm）、长$\frac{1}{2}$英寸（14mm）的内六角螺栓。不用内六角类型也可以，只是内六角螺栓会更好看。

☐ 一个$\frac{3}{8}$英寸（9.5mm）的电木旋钮。这个电木旋钮的尺寸跟我刚才提到的不同。它是用来固定微调配重杆的。

☐ 一个$\frac{3}{8}$英寸（9.5mm）的锁紧螺母。记得这种螺母吧？它们比常规螺母更窄。

☐ 一根直径$\frac{3}{8}$英寸（9.5mm）、长36英寸（91cm）的螺纹杆。一会儿你会用到很多这种螺纹杆，我们就多准备点，比如准备一根36英寸（91cm）长的。

☐ 2个1英寸（25mm）内径的轴环。它们的作用是固定配重杆上的配重。你最好先量一量，有时候1英寸（25mm）轴环能套进去1英寸（25mm）外径的水管，但有时候却不匹配。如果你的轴环内径在25.5～26mm，就应该能匹配。如果你找不到合适尺寸的轴环，就用那种1英寸的，一会儿我教你如何通过打磨把它的内径扩大一点。轴环的侧面还有一个螺丝孔，你还需要找两个和孔匹配的内六角螺栓（需要内六角扳手）。

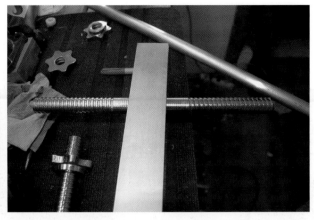

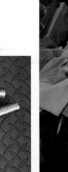

□ 2根哑铃杆。我用它来固定配重。别担心上面的橡胶把套，一会我们就去掉它。

□ 你的摇臂有多长？如果超过了12英尺，你很可能就需要用钢缆加固它。不过没关系，你随时都可以加装钢缆。但如果你像我一样，制作的是一台庞然大物，那我们最好从现在就开始介绍钢缆加固部分吧。

□ 一个直径$\frac{3}{8}$英寸（9.5mm）的花兰螺丝（钢丝绳收紧器）。当吊环螺栓完全收紧后，花兰螺丝至少应该有7英寸（17cm）长。

□ 2个直径$\frac{3}{8}$英寸（9.5mm）的吊环螺栓。这不是你花兰螺丝中的吊环螺栓，是额外需要的。它的长度取决于动臂铝材的高度。由于我的动臂铝材高4英寸，因此我需要的吊环螺栓（不包括吊环）长度至少应该为$4\frac{1}{2}$英寸（114mm）。

☐ 2个 $\frac{3}{8}$ 英寸（9.5mm）的防松螺母，以及配套的垫圈（吊环螺栓用）。

☐ 直径 $\frac{1}{8}$ 英寸（3mm）的钢缆。所需钢缆长度是你的摇臂长度再加2英尺（60cm）。

☐ 4个 $\frac{1}{4}$ 英寸（3mm）的钢丝绳铝套

工具清单

这里要用到制作底座单元的大部分工具，还要加上以下工具：

☐ 直径 $\frac{5}{16}$ 英寸（8mm）、长6英寸（15cm）的钻头。说实话，我没有找到这种钻头，但我知道它确实存在。钻头必须足够长，长到可以穿过摇臂方铝材的宽度外加两块 $\frac{1}{4}$ 英寸（7mm）厚的铝板。我的办法是先用一根直径 $\frac{1}{4}$ 英寸（7mm）的长钻头钻通铝材的两面，再用一根直径 $\frac{5}{16}$ 英寸（8mm）的钻头分别从两边把 $\frac{1}{4}$ 英寸（7mm）的孔扩大成 $\frac{5}{16}$ 英寸（8mm）的孔。尝试通过测量并直接使用 $\frac{5}{16}$ 英寸（8mm）的短钻头分别在两边打孔并不是一个好办法，这种方法几乎不可能钻出两个完全笔直连通的孔。

☐ 在你制作接口盒时，木楔子会帮上很大的忙。上图所示是我用来垫滑轨的木楔子。

☐ 一个长水平仪。如果你使用过轨道，你应该已经有这种长水平仪了。如果你使用轨道但是并没有长水平仪，那你真的需要一个。

☐ A-B胶。我知道这在前面的列表里已经有了，但我还是想提醒你一下。你至少还需要一套A-B胶。在它晾干时你还有工作要做，因此别用那种快干型的。

☐ 一支记号笔

开始制作摇臂部分

1 这就是整台摇臂拆散后的样子。左图中最下面的5英尺（1.5m）部件左端将会连接配重部分，中段的两个支点用来连接底座部分，右端则是一个干净利落的公头。右端的公头可以插进它上方另一段5英尺部分左端的母口接口盒。上面的右端又可以插进再上面一段的左端，以此类推。如果图片是彩色的，你就可以清楚地看见我在每段摇臂的两端都用彩色胶带做了标记：蓝色连接蓝色、红色连接红色、黄色连接黄色……除了特殊的配重部分，每一段摇臂都是一端公头、一段母头接口盒。最后一段摇臂的末端也是一个接口盒，另一端还有用来安装摄影机托板的安装孔。如果你制作的是10英尺（3m）长的摇臂，那么你只需要两段5英尺部分和一个接口盒。

那首先就让我们开始制作接口盒吧。

接口盒使用的是1/4英寸（7mm）厚的铝材。接口盒总长12英寸（30cm），其中6英寸（15cm）固定在一段摇臂的一端，另外6英寸（15cm）留给连接进来的另一段摇臂的公头。

把组合角尺顶在一段5英尺摇臂顶端，再用它量出6英寸（15cm），在摇臂铝材上用记号冲做一条短标记。

用记号笔沿着刚才的短标记划一条离铝材端点6英寸（15cm）并穿过铝材的直线。

以刚划的直线作为参考，绕着铝材划一圈直线标记。

2 用60号砂纸打磨铝材上画线以外的部分。如果你没有打磨机，手动打磨也行，但磨砂机能非常迅速地完成这项工作。当你完成之后，把用来制作借口盒的4个铝条的一面也打磨一下。

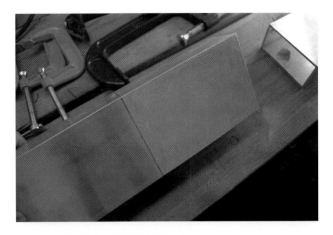

用丙酮和抹布仔细清洁铝材的表面。

别忘了还要清洁铝条。

3 在操作之前，给铝材下面垫几块废木料会省事不少。

将大量的A-B胶混合好。

在6英寸（15cm）范围内，给铝材的四面涂上薄薄的一层A-B胶。
警告：端线至少要留出1英尺（30cm），留2英尺最好。你可不希望A-B胶被挤到接口盒里待插入另一段摇臂的部分吧，这非常重要！

 小心翼翼地把铝条粘在方铝材上，一端与标记线对齐。然后备好夹子准备固定。

我用了一些废铝板垫在摇臂下面。你也可以使用木楔子或者差不多大小的废木料，也可以直接用手托着它。你还需要用一只手把铝材侧面的A-B胶抹在铝条侧边上，这样铝条们就可以粘成一个盒子了。涂的时候尽量避开铝条边的侧缘，否则A-B胶会被挤到盒子里待插入另一段摇臂的部位。

把四面都粘好后，先把用夹子夹紧一组小铝条，特别是两边对着大铝条的位置。

用夹子夹在大铝条对着方铝材的部位，再给末端小铝条夹着大铝条的部位加几个夹子。

现在看一看接口盒内部。如果有A-B胶溢到接口盒内部，在胶干之前，用毛巾蘸着丙酮把溢出的A-B胶清理干净。试着用长螺丝刀顶着毛巾去清洁，这样就不会够不到接口盒深处了。在你做这件事的同时，顺便检查一下接口盒的四面是否两两平行，接口盒的边边角角是否对齐，别等胶干了才发现盒子做歪了、母头做小了。

重复上面的步骤，给剩下的几根摇臂也做好接口盒。记住，只有摇臂的一端有接口盒，不是两端都有。

让A-B胶晾干一晚。

看到接口盒边缘的铝制固定带了吗？它能收紧接口盒，对接口盒的固定起了很大的作用。在接下来的步骤中，你可能会看见它。但我决定先做其他步骤，再做固定带。所以别慌，我会在晚些时候介绍固定带。

❺ 现在我们要接口盒上为那段6英寸（15cm）长的固定部分拧上永久性的螺栓。用记号笔在接口盒内侧6英寸（15cm）处画一条线，就是里面粘有方铝材的那段。你可能会问："嘿，既然要拧上螺栓为什么刚才还用A-B胶粘？"因为这部分需要的强度远比你想象的大，所以A-B胶和螺栓都要用。

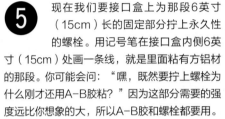

螺栓的位置并不重要，只有4个角上都有就行了。我的孔位设置在距离各边1英寸（25mm）的4个角上。我用记号笔标记了我的孔位，这样你就能看得更清楚了。而你则应该用记号冲或者中心冲标画。

用记号冲在每个孔位上砸出定位小坑。

❻ 在钻床上装一个直径$\frac{5}{16}$英寸（8mm）的钻头。我把方铝材的一端固定在一个轻型架子上，需要钻孔的另一端用一块2×4的木料垫好放在钻床平台上。这样一来钻头就不会钻过铝材直接钻到钻床平台了。

当你加工方铝材一端的时候，一定要保证另一端的稳固并且整段铝材水平。你可以在铝材上放一个水平仪，通过上下调节铝材的一端使它达到完美水平。这些孔千万不能钻歪，因此保证铝材的水平非常重要。

将4个孔都钻好。

7 现在我们还需要两个从上至下的固定螺栓。这次孔同样不需要钻在特定的位置上，只要不跟刚刚的4颗螺栓冲突就行，最好靠近中部。选好位置后，在铝材顶部划出标记。

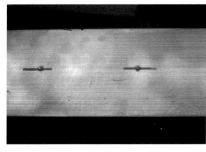

用记号冲在标记处砸两个定位小坑。

我没找到足够长、能从上到下贯穿方铝材的⁵⁄₁₆英寸（8mm）钻头。我的解决方案是用足够长的¼英寸（7mm）钻头先钻穿方铝材，再用⁵⁄₁₆英寸（8mm）钻头把上下两个¼英寸（7mm）孔扩大。

注意：基于不同的钻床，钻床钻头的活动范围也不一样，即使你的钻头够长，可能也无法一次钻穿铝材两面。解决方法是先钻好一面，然后关掉钻床，沿着刚钻的孔把钻头伸进去，把钻床平台调到最高，检查铝材是否水平，再钻穿另一面。

8 拧上螺栓，加上垫圈，用防松螺母固定。

一定要拧紧。

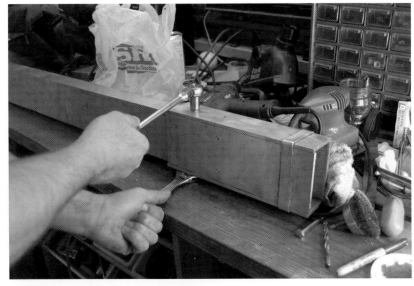

看上去不错。（没你想象中那么难吧。）

安装铝制固定带

9 拿来那块厚$\frac{1}{16}$英寸（1.5mm）、长约36英寸的铝条。把它放在方铝材下面，用记号冲沿着方铝材每条边标画出方铝材各条边的位置。

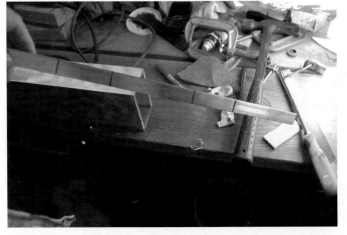

一旦把各条边都标记出来，你就可以用钢锯从最后一处标记切掉铝条多余的部分。

把铝条夹在台钳上，一条标记线与台钳边缘对齐，铝条的边线与台钳的顶端对齐。

用锤子从标记线处把铝条砸成直角弯。

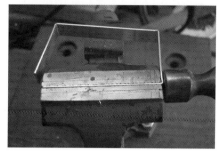

挪到下一条标记线，同样砸成直角弯。以此类推，直到你把铝条砸成矩形。

 用60号砂纸把铝条内壁打磨得粗糙一些，然后用丙酮清洁干净。把要安装加固铝条的铝材表面也打磨并清洁干净。

混合一些A-B胶并把它们涂在铝条内壁上。从铝材一端套上铝条。位置不必太挑剔，距铝材边缘 1/4 ~ 1英寸（7~25mm）都可以。先在铝材顶部夹几个夹子。然后再小心翼翼地在侧面夹上夹子。如果你不小心把接口盒的边推进接口盒里面，另一端摇臂就没法插入接口盒了。为了预防这种情况，先把一些垫片或者废木料撑在接口盒里，再夹夹子会是个不错的办法。这样做会预防夹子的压力使接口盒变形。尽管接口和已经十分坚固，但哪怕一丁点儿的变形都会为你后面的工作带来很多麻烦。最后，让A-B胶晾干一晚。

 现在我们该准备摇臂的公头了。

如果你还没在分段摇臂上标注"摄影机端"、"配重端"，现在去标上吧。（如果你还记得，并且是完全仿照我做的，配重端那部分摇臂上是没有接口盒的。）标记"摄影机端"和"配重端"会帮你很大的忙，你可不希望拍摄时某段摇臂意外滑落。

现在公头看起来能滑入接口盒中了。但实际它不能。当然你也许可以把它塞进去，但拔出来就更痛苦了。我们得想个办法，让它能轻松插入，也能轻松拔出。我们要做的就是把公头打薄一些。

像之前一样量出6英寸（15cm）并画出一条标记直线，只不过这次是在制作公头。然后把铝材夹在你的工作台上。

14 用金属锉打磨铝材上6英寸（15cm）标记线外的公头部分的边。你会对金属屑不断落下的速度感到惊喜，所以请保持耐心，没多一会你就完成了。

然后用金属锉打磨公头部分的平面，平面中心不用打磨太多，先从边缘开始。

这是公头部分边的特写。我的打磨工作截止在6英寸（15cm）标记线外，如果你打磨得稍微越界了一点，没什么大问题。

把钢丝刷装在手电钻上。稍微清理一下公头的表面。

把铝材翻过来，在另一面重复刚才的打磨工作。别忘了把铝材夹好！

15 最后再用60号砂纸和打磨机好好打磨一下。

试着把公头插入接口盒（最好先在接口里涂些WD-40润滑油）。如果你没费多大劲公头就插进去了，那么大功告成。如果还是插不进去，看看公头上是不是有些突起或者没打磨干净的地方。继续打磨，直到公头能顺利地进入接口盒。

如果公头插进接口盒之后拔不出来了，有一个小窍门：用夹子夹住相邻的两个接口盒，用脚把远处的夹子向外推，同时用手把近处的夹子向里拉。拆开后，回到工作台继续打磨那个坏事的公头。

让我们先看看成品，看见上图右边那些亮闪闪的部分了吗？那就是我们刚刚完成的公头部分。照片最上面的摇臂右端没有亮闪闪的公头，因为那端是用来安装摄影机的。

明白了吧。现在去把所有应该插入接口盒的公头都制作出来吧！

⓰ 接下来，我们需要一种装置来把两段摇臂固定在一起。这种装置就是螺栓和电木旋钮。每个接口盒需要两套，一套在顶部，一套在侧面。看见顶上的旋钮了吗？在旋钮的底部不会接触到铝制固定带的前提下，旋钮的安装位应该尽可能地靠近铝制固定带。侧面的旋钮需要安装在距离接口盒边缘端口4～5英寸（100～120mm）的地方。

我们已经知道了打孔安装旋钮的位置，接下来用记号冲分别在接口盒顶部和侧面需要打孔的位置砸出定位小坑。像我们之前制作接口盒时一样，这次我还是先用直径1/4英寸（7mm）的长钻头一次钻穿接口盒的两面，再用直径5/16英寸（8mm）的钻头分别扩大底面和顶面的孔。

在侧面，我们直接用$\frac{5}{16}$英寸（8mm）钻头就能一次钻穿接口盒的两面，这次它够长了。

⑰ 接口盒上的孔钻完之后，把一段摇臂的公头插入接口盒。然后考虑这样一个问题：你希望所有接口盒上的螺栓都指向同一个方向吗？这对整台摇臂的操作没什么影响，但确实更美观了。因此，看看你刚插入的那段摇臂的另一端，接口盒上的螺栓方向和眼前这个接口盒一致吗？如果不一致，把那段摇臂拔出来翻个身再插进来。接下来在每组公母头上画一对相同的符号、数字，什么都行。如此一来，你就知道哪一段公头插在哪一段母头里了，如你所见，这组接口我画的标记是一个小圆圈。

由于我的钻床平台没有足够的空间容纳这段10英尺（3m）长的部分，这次我使用手电钻来钻孔。接口盒上刚刚钻好的孔可以作为引导孔，因此这次钻孔将非常容易。为电钻装一个直径$\frac{5}{16}$英寸（8mm）的钻头，沿着接口盒上已经存在的孔为插在里面的公头部分钻孔。钻好后把整个部件翻过来，钻另一面。

在孔中安装螺栓和配套的电木旋钮，用以固定两段摇臂。然后在侧面做同样的操作。

看！它结实得像一头公牛！

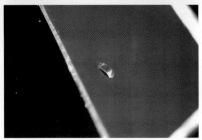

好了，现在把它们拆散，检查下刚钻的孔的内部，看看是不是有左图中这样的卷边。如果有，用金属锉去掉它们。

在每段摇臂的连接处重复这些操作。之后你就做完摇臂的动臂部分了。

配重部分

这段5英尺（1.5m）长的配重部分很复杂。它不仅固定着配重，上面还有一个可调配重杆，而且它也是摇臂支点所在。有很多工作要做，我们这就开始吧。

首先，为了插入接口盒，你可能已经把这段摇臂的一端打磨好了。如果你又累又饿，很可能晕晕乎乎地认为这一端就是摇臂的配重端。事实并非如此。好了，让我们先找到摇臂的支点吧。

支点的孔为整台摇臂提供上下运动。正如我之前提到的，我为我的摇臂钻了两个支点孔，以满足有一天我需要让摇臂伸得更远。说实话，至今我还没有用到过第二个支点，因此我不太确定这是不是个聪明的主意。如果你想给自己省点事，只做出一个支点孔也没问题。

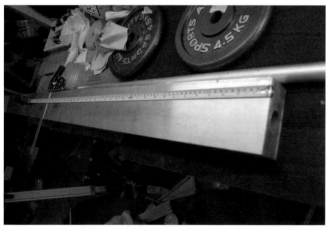

在刚画过的标记线中点画一条相交线。我的铝材宽4英寸（100mm），因此相交线在距离侧边2英寸（50mm）处。用记号冲在标记点砸出定位小坑，并用直径½英寸（14mm）的钻头钻穿铝材两面。千万确认要走钻笔直！这非常重要，你一定得保证钻孔时铝材的水平，并且小心翼翼地钻。

❶ 在哪钻支点？支点离配重端越近，你操作摇臂需要的力就越大。我知道在书中我已经说过很多次，但在拍摄的时候，它确实是一个大问题。你真的想只为把摇臂升高一英尺就使出上百磅的力量吗？考虑到这个因素，我们应该把支点设置在离铝材配重端至少40英寸（1m）的地方，测量并画出标记。如果你想设置两个支点，把第二个支点标记在离配重端30英寸（76cm）处。

有人可能会问，我不用在支点中安装轴承吗？不，你不用。我分别做了有轴承的版本和没有轴承的版本。但我在使用过程中没感觉它们有什么不同。此外，在此处加入轴承有弊无利。第二个问题，直径½英寸（14mm）的螺栓够粗吗？是的，够用了。大部分钢制螺栓能承受多达3 000磅（1.3t）的力量。但是½英寸（14mm）的小螺栓确实不好看，你要是想在底座和配重部分的支点位置钻直径1英寸（25mm）的孔，换上直径1英寸（25mm）的螺栓，我绝对不会拦着你。

❷ 接下来我们将要钻孔固定配重。如果你把两组配重固定孔钻得太近，配重块装上后会互相冲突。但你确实应该在两组配重互不影响的情况下，让它们尽可能地靠近。

你可以在体育用品商店找到我们所用的配重。这一部分至少需要两个10磅（4.5kg）的配重。在理想的情况下，你最好再有两个25磅（11kg）的配重。最终，我的20英尺（6m）长的摇臂在使用Panasonic HVX200时需要用到总共将近170磅（77kg）的配重。更大型的摄影机？当然用更多配重。注意，体育用品商店会有两类配重，一种是举重用的中间有大孔的配重，另一种就是我们需要的，中间孔稍小孔径约为1英寸（25mm）的哑铃配重。小孔类的配重更为常见。

好了，现在我们回到工作台。把两个10磅的配重摆在摇臂配重部分的末端。靠外的配重的边缘可以稍微超出铝材边缘一点。两个配重之间相距约3英寸（76mm）。把它们在水平方向错开一点儿，让靠外的配重中心接近铝材顶部、靠里的配重中心接近铝材底部。暂时不用在意安装孔的确切位置。

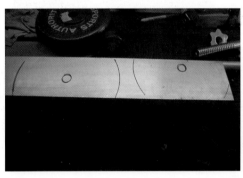

③ 用记号笔分别沿着两个配重的边缘和中心孔画出标记。

④ 看见右图中方铝材末端的短标记线了吗？我们的配重杆会穿进方铝材内部，因此需要在方铝材一半的位置画这样一条参考线。我的方铝材宽4英寸，所以标记线在2英寸处。

找来那段我们作为微调杆的直径1英寸（25mm）、长36英寸（91cm）的铝管。把它放在刚画的中线标记上，确保它和方铝材平行，并沿着平衡杆做一些标记。拿一个哑铃杆放在平衡杆上方，靠近刚才标记的靠外的配重中心标记。再拿一个哑铃杆放在平衡杆下方，靠近刚才标记的靠里的配重中心标记。这样做是为了让配重安装杆避开后面的平衡杆，同时为即将安装的加固钢索让出空间。如果你的摇臂不需要安装加固钢索，那么你也可以把靠里的配重中心也设置在平衡杆上方。

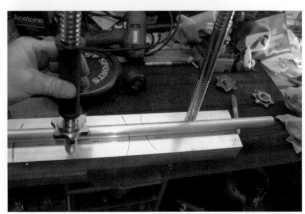

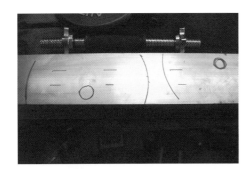

用记号笔沿着哑铃杆画出标记。竟然和刚才估画的完全吻合了！我向你保证，这只是一个巧合！

⑤ 用记号冲在你刚刚画的圆圈标记中心砸出定位小坑。

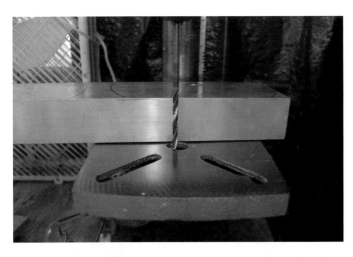

给钻床装上直径¼英寸（7mm）的长钻头，沿着刚砸出的定位小坑，笔直钻穿方铝材的两面。

以刚钻出的¼英寸（7mm）的孔作为引导孔，用一个直径1英寸（25mm）的孔锯钻两个孔。再把铝材翻过来，钻另一面（孔锯的长度不足以一次贯穿铝材两面）。

用丙酮仔细清洁金属屑和刚刚留下的记号。

安装可调配重杆

将哑铃杆上的橡胶套卸下, 我的扭一扭就能卸下来。如果你的橡胶套不好卸, 干脆用美工刀把它们切下来。然后把光秃秃的哑铃杆滑入刚钻过的孔中。它们可能很松, 但不要紧, 这样好拆卸。当你加上配重并拧紧哑铃螺母之后, 它们就会稳稳地待在摇臂上了。

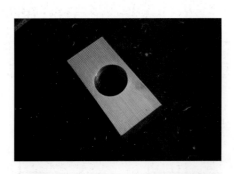

我在物料部分提到过这块厚1英寸（25mm）的铝块。它需要刚好能插进方铝材内。如果你还没有把它切割成合适的大小, 现在就去切吧。如果已经切好了, 在它的中心钻一个直径为1英寸（25mm）的孔。

7 用60号粗砂纸打磨方铝材口内壁约1英尺（30cm）的地方（是配重端, 不是公头那端）。然后用丙酮把它清洗干净。

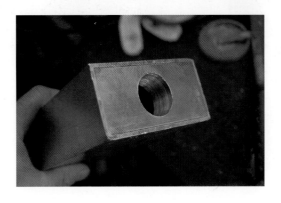

在方铝材内部刚打磨的地方涂些A-B胶, 再把厚铝块滑进去, 露在外面的面与方铝材边缘平齐。用丙酮清除被挤出来的多余A-B胶。完成后让它晾干一晚。

8 我们钻过那么多孔，你现在应该已经是个老手了。用一个与³⁄₈英寸（9.5mm）丝锥配套的钻头在配重部分顶端、刚刚粘进去的厚铝块处，钻一个从上到下深1英寸（25mm）孔的孔。厚铝块厚1英寸（25mm），在一半位置，也就是离边缘¹⁄₂英寸（14mm）处画一条短线。再在方铝材顶面一半宽度处画一条短线［我的案例中是1英寸（25mm）处］。两条短线的交点就是厚铝块顶面的中心，也就是我们的孔位。砸出定位小坑并钻孔。最后用³⁄₈英寸（9.5mm）丝锥在孔中攻出螺纹。

9 你可以通过滑动平衡杆调节平衡杆在方铝材中的位置，并通过拧紧电木旋钮固定平衡杆。

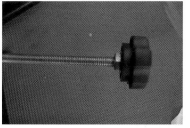

　找来一段直径³⁄₈英寸（9.5mm）的螺纹杆，拧上锁紧螺母，再拧上母头旋钮，把它们拧紧，一个电木螺栓就做好了。

　关于这段螺纹杆的长度，你有很多种选择。右图中是一根很长的螺纹杆。在摇臂组装完成之后，它可以不受附近配重的影响。我很喜欢这种长螺纹杆，因为要把我的大胖手塞进配重之间去调节旋钮实在是件苦差事。但使用较短的螺纹杆可以缩小摇臂解体后的尺寸。具体使用哪种方案，自己决定吧。

⑩ 我们将使用两个轴环固定微调用的配重，配重两边一边一个。你只需用它们夹住配重并用内六角扳手锁紧。

如果你的1英寸（25mm）的轴环和1英寸（25mm）的铝管不匹配（这种情况经常发生），你可以把轴环夹在台钳上，给电钻装一个金属圆锉或者圆磨刀石，稍稍打磨一下轴环内壁。确认你用的是直径小于1英寸（25mm）的磨刀石。

⑪ 关于调整杆，我们还有最后一件是要做。即使你已经用A-B胶把厚铝块粘在方铝材里面了，但还不够，为了确保它不会松动，我们还需要在每一面各加装两颗螺丝。攻直径$\frac{1}{4}$英寸（7mm）、深$\frac{1}{2}$英寸（14mm）的螺丝孔，并拧上$\frac{1}{4}$英寸（7mm）螺丝。

完成后它应该如左图所示。

安装加固钢索

 如果你做的是大型长摇臂，并且使用很多配重，则需要安装加固钢索。你需要一些那种能从上到下贯穿摇臂的长吊环螺栓。

测量并截取6英尺（1.8m）长的钢缆。要切断钢缆有很多种方法，其中最简单、最省钱的方法是使用凿子。把钢缆放在台钳上，用锤子和凿子截断钢缆。

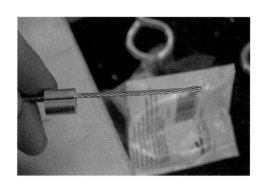

把钢缆穿过钢丝绳铝套。

然后穿过一个吊环螺栓，再穿回铝套的另一个孔。

最后用锤子把铝套砸扁，固定住里面的钢缆。

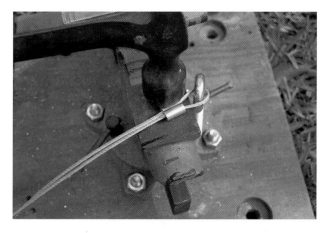

⑬ 把6英尺（1.8m）钢缆的另一端用同样的方法穿过花兰螺丝（钢丝绳收紧器）。

拿出剩下的长钢缆，像刚才一样把一端安装在另一个吊环螺栓上。

14 在摇臂配重端的铝材顶部、两个配重安装孔之间，钻一个直径$\frac{3}{8}$英寸（9.5mm）、贯穿铝材两面的孔。然后把一个连着钢缆的吊环螺栓拧进去，再在底部加上垫圈和螺母固定。

找来摇臂的摄影机端部分。从前端向后测量6英尺（15cm），并在那里钻一个$\frac{3}{8}$英寸（9.5mm）的孔。在孔中固定好另一个吊环螺栓，确定吊环的方向与上图中所示一致。

15 把动臂的所有部件组装起来。你不必像我一样把动臂安装在底座上，组装起来就行。现在，应该是一根钢缆的一端连接在配重端的吊环螺栓上，另一端连接在中间的花兰螺丝上。然后在摄影端是一根连接在吊环螺栓上的长钢缆。

把中间的花兰螺丝两端拧到最松。把摄影机端的长钢缆穿过花兰螺丝上靠前的吊环螺栓，并用鱼嘴钳尽可能地拉紧。

钢丝绳被拉紧时，用记号笔在钢丝绳上标记它通过中间花兰螺丝的点。标记完就可以放手了。

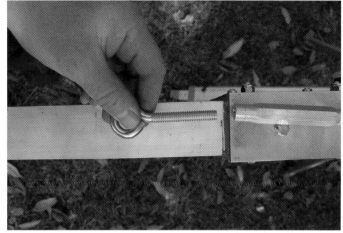

⑯ 把花兰螺丝上靠前的吊环螺栓拧下来。

找到钢缆上的标记，先把钢缆穿过另一个铝套，再穿过刚拧下的吊环螺栓，让吊环螺栓正好穿过标记处，最后把钢缆穿回铝套的另一个孔，砸扁铝套使其固定，切掉多余的钢缆。

现在你可以把钢缆部分卷起来用胶带粘在摇臂上备用了。卷的时候记得从固定在摇臂上的吊环螺栓处开始卷，如果从花兰螺丝卸下的吊环螺栓处开始卷，钢丝绳会把自己缠住。

从摇臂上卸下摄影机端部分

⑰ 从摄影机端测量1英寸（25mm）并用记号冲划出标记。然后在方铝材一半宽［对我而言是2英寸（50mm）］的地方，再做一条与第一条标记线相交的标记线。

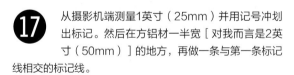

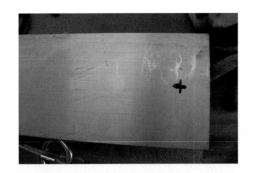

18 在标记处钻一个贯穿铝材两面的直径½英寸（14mm）的孔。千万要做到直上直下。

19 你想把它们组装在一起？这是个好主意，"因为我们有些事情要做"。在你把摇臂架到测绘用三脚架上之前，千万确认三脚架已经被强化过了！

将摇臂底座安装在三脚架上。

把三脚架架设在有足够空间容纳整台摇臂、后面配重部分的场地里。你必须使用三角撑和沙袋固定三脚架的每一条腿。否则的话……

测绘用三脚架有很长的尖脚。如果你能把三脚架尖脚插在地里，一直插到脚踏处，你就可以不用沙袋。如果你不能让三脚架插入那么深，就必须使用沙袋。讨论结束，我不是开玩笑。这很重要也很危险。

20 在摇臂底座上放一个多向水平仪。松开脚架腿上的固定卡子。

调整三脚架，直到多向水平仪完全水平。锁住脚架腿上的固定卡子。

㉑ 从配重段开始组装摇臂，把配重段放在U型底座中。把一根直径½英寸（14mm）的长螺栓穿过底座的一边，再穿过摇臂上的支点孔，最后从底座的另一边穿出。看见底座侧面和摇臂之间的大空隙了吗？我们一会儿再解决这个问题。

㉒ 用公头旋钮继续加装摇臂，就像刚才我们在地上做的一样。我衷心希望你能像我说的一样，把每组接口都用符号标记起来。

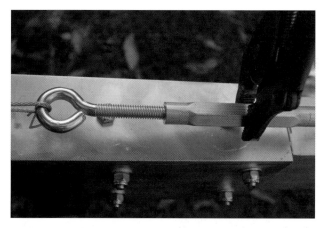

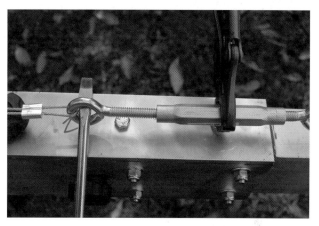

㉓ 把缠好的钢缆解开，将钢缆尽头的吊环螺栓拧回钢丝绳收紧器里。

用螺丝刀配合鱼嘴钳把钢丝绳收紧器收紧。

确认钢丝绳被彻底收紧。

 给配重端装上配重微调杆和哑铃杆。

㉕ 在配重微调杆上加上约20磅（9kg）的配重。

开始向哑铃杆上加配重。主配重应该加在靠后的哑铃杆上。一次加一块配重，先加一边，再加另一边。一直加到摄影机端开始上浮——缓慢上浮!

因为摇臂上既没有摄影机也没有仰俯控制杆，因此现在达到平衡所需的配重还不是最终需要的配重。

操作一下摇臂。让它升到最高。再左右转一转。感觉如何? 有什么可怕的事情发生吗?

把摄影机端降到地上。调整配重微调杆。现在知道在微调杆上把配重移动一两英尺（1英尺=0.304 8米）有多大区别了吧? 操作时千万小心。现在你是不是后悔没把支点孔钻得离摄影机端更近一点? 如果确实后悔了，你可以另钻一个新的支点孔。但这次别再搞砸了!

在摄影机端夹一个5磅（2kg）或者10磅（4kg）的配重用来模拟摄影机的重量。试着调整摇臂的平衡。现在你需要在配重端多加多少配重？很疯狂是吧？远你比想象得多！

接下来我们将制作摄影机仰俯控制杆和摄影机安装支架。就快结束了！

先别把摇臂拆散。

仰俯控制杆和摄影机支架部分

物料清单

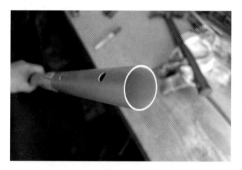

铝制加长杆。你能在多数大型建材商场的混凝土供应部门找到它们。它们的作用是接在"抹子"上抹平水泥。它们经常是5英尺（1.5m）和6英尺（1.8m）捆绑销售。我选用它们不光是因为它们要比原生铝材便宜，主要还是因为它们能够直接连接和拆解。同时我检索了欧洲和澳洲的相关网站，很显然，这种材料几乎在任何地方都能买到。那么到底需要多长呢？从你摇臂底座的前端沿着摇臂一直测量到摄影机端。多接几段加长杆，至少要覆盖刚刚测量的长度。作为替代，你也可以使用¾英寸（19mm）见方的方铝管。但你还得为方铝管制作"接口盒"用以连接它们。而使用加长杆就容易多了。

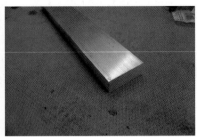

☐ 测量出摄影机底面的宽度，额外再加2英寸（50mm），你需要一段如此长度的厚铝条。铝条厚 $\frac{3}{4}$~1英寸（19~25mm）、宽2英寸（50mm）。

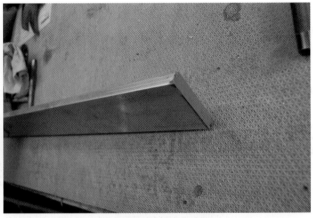

☐ 5个宽1$\frac{1}{2}$英寸（38mm）、长16英寸（40cm）、厚$\frac{1}{4}$英寸（7mm）的铝条

☐ 一个宽2英寸（50mm）、长26~36英寸（66~91cm）、厚$\frac{1}{4}$英寸（7mm）的铝条。［26英寸适用于大部分摄影机。我的供应商卖给我的是36英寸（91cm）长的，它的性价比更高。］

☐ 直径$\frac{3}{8}$英寸（9.5mm）的螺纹杆。如果上一小节你买的是36英寸（91cm）长的螺纹杆，那么现在应该还剩下不少。

☐ 6个$\frac{3}{8}$英寸（9.5mm）的螺帽。当然你也可以用普通螺母，但有螺帽看上去更漂亮。

☐ 一个内径$\frac{1}{2}$英寸（14mm）的螺母。上图所示是柳螺母，它的底面布满了螺纹。这里也可以用普通螺母代替。

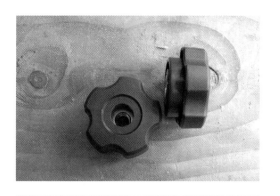

☐ 3个内径⅜英寸（9.5mm）的母电木旋钮。

☐ 一个直径¼英寸（7mm）的公头电木旋钮。它用来把摄影机固定在摄影机支架上。在美国，大多数摄影机的安装孔直径为¼英寸（7mm）。公头旋钮的螺纹部分必须足够长，它要先穿过¾~1英寸（19~25mm）厚的铝条，然后拧进摄影机安装孔中。如果公头旋钮过长，摄影机就无法被拧紧在支架上。如果你没法确定所需长度，直接用长的，再用钢锯去掉多余的部分。此处也可以用普通螺栓代替。

☐ 为仰俯控制杆加上把套。我用的是自行车把套。它们既酷又便宜。只要你觉得行得通，用什么制作把套都行，即便是中间打着孔的木楔子也没问题。我曾经在稳定器章节使用过这种把套。那是一个不大的工程，但做出的设备却很好用。

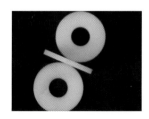

☐ 4个内径大于等于½英寸（14mm）的尼龙垫圈。你还得为直径⅜英寸（9.5mm）的螺纹杆准备垫圈或者垫片。现在很难确切地告诉你到底需要什么。你需要在安装倾斜支架时判断你需要的规格。

☐ 2个内径⅜英寸（9.5mm）的元宝螺母，或者两个内径¾英寸（9.5mm）的母头电木旋钮。电木旋钮看起来更美观一点，但并不是必需的。此外，你还需要一个内径½英寸（14mm）的元宝螺母。

你还需要一些类似垫圈的东西把摇臂限制在U型底座的中心。只要管用，用什么东西都行，如一摞垫圈、之前连接法兰轴承剩下的厚铝管等，随你喜欢。我使用的是一些制作稳定器时剩下薄铝管。

如果你想加固摇臂的支点部分，你还需要两块长12英寸（30cm）、厚⅛~¼英寸（3~7mm）、宽度与你的方形铝宽度一致的铝板。以我的摇臂为例，宽度应该是4英寸。我不想讨论这样做是否有意义，但在支点处做一些加固总不是什么坏事，因此我做了。当你测算U型铝内侧垫圈厚度的时候，别忘了算上摇臂支点加强板的厚度。

三四种不同颜色的绝缘胶带。我买到了一个彩色的套装。有了它们，你就可以给摇臂的每组公头母头贴上特定的颜色标记，这会让组装工作变得非常简单。你还可以用胶带把一摞垫圈缠在一起变成一个大垫圈，或者用胶带把钢缆裸露的接头包扎起来。总之，别受拘束，想怎么用就怎么用。

工具清单

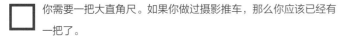

☐ 你需要一把大直角尺。如果你做过摄影推车，那么你应该已经有一把了。

☐ 直径$\frac{3}{8}$英寸（9.5mm）的钻头

开始动手吧

你的摇臂还组装在一起吗?如果还组装在一起，一会我们能省点儿事。如果已经拆散了，也没关系，你可以等后面的仰俯控制杆做好了再一起组装。

 让我们首先来制作这个小摄影机支架。

这是那块厚$\frac{3}{4}$~1英寸（19~25mm）、宽2英寸（50mm）、长度是你的摄影机底部宽度加上2英寸（50mm）的厚铝条。我们需要在它侧面攻一个直径$\frac{3}{8}$英寸（9.5mm）、深至少1英寸（25mm）的螺纹孔。

在铝条侧面画两条对角线，用它们的交点定位铝条侧面的中心，并砸出定位小坑。

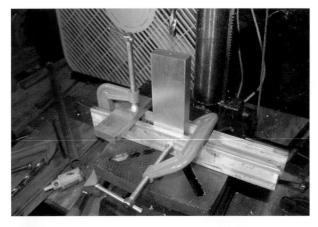 

2 为钻床装上与 $\frac{3}{8}$ 英寸（9.5mm）丝锥配套的钻头。为了让钻头笔直地钻下去，你需要把厚铝条牢牢地夹在钻床平台上。我用了几块废金属料和几个夹子固定厚铝条。

把你的多向水平仪或者气泡水平仪放在铝条上。调整铝条和夹具，直到多向水平仪完美水平。

在孔位钻孔，应该比计划的深度多钻 $\frac{1}{2}$ 英寸（14mm）。

3 在孔中攻出螺纹。

把铝条在板凳上磕一磕，尽可能地把金属屑磕出来。用水把它们冲出来也是个好办法。

4 先在铝条中间钻一个 $\frac{1}{4}$ 英寸（7mm）的孔。再在中心孔两边至少 $\frac{3}{4}$ 英寸（19mm）处分别钻另外两个孔。这样，就应该有足够的空间安装各种摄影机了。

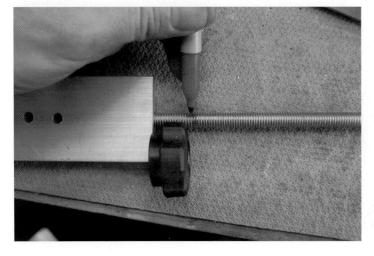

5 把螺纹杆拧进铝条侧面的孔中，拧到底。把电木旋钮拿来，再把底部贴着铝条的侧边摆好。用记号笔在螺纹杆上标记处电木旋钮的位置。然后取下螺纹杆，用钢锯去掉标记外的部分。

6 找来2英寸（50mm）宽、26~36英寸（66~91cm）长的长铝条。把摄影机安装在刚刚做好的底座上。再把长铝条垂直摆在底座的一边。最后用记号笔标记出你的摄影机在长铝条上的位置。

7 把长铝条平放在工作台上，在刚画的摄影机标记处上方至少3英寸（76mm）处做一个标记。

在标记的位置，取铝条宽度的一半并砸出定位小坑。

从长铝条的底边向上，测量出摄影机底座厚度的一半的长度并画出标记线。假设你的摄影机底座厚1英寸（25mm），那么就在长铝条底边向上测量出½英寸（14mm）。

然后从长铝条侧边量出1英寸（25mm，铝条宽度的一半）并画一条线与刚做的标记线相交的标记线，在交点砸出定位小坑。

8 为钻床装一个直径⅜英寸（9.5mm）的钻头，然后在铝条底部定位小坑处钻孔。

9 给钻床装上直径½英寸（14mm）的钻头，然后在长铝条靠上的另一个定位小坑处打孔。

10 这里请注意，如左图所示，不管长铝条底部有$\frac{3}{8}$英寸（9.5mm）的一端，向中间找到$\frac{1}{2}$英寸（14mm）孔，

在$\frac{1}{2}$英寸（14mm）的孔处画一条直线标记，然后向孔另一端量出12英寸，并用记号冲画一条直线标记。

在离$\frac{1}{2}$英寸（14mm）孔12英寸的标记线中心钻一个$\frac{3}{8}$英寸（9.5mm）的孔。

11 把5段1$\frac{1}{2}$英寸（38mm）宽的铝条都拿来。把它们摆在刚刚加工过的2英寸（50mm）宽铝条上方。与宽铝条带$\frac{3}{8}$英寸（9.5mm）孔那端对齐。

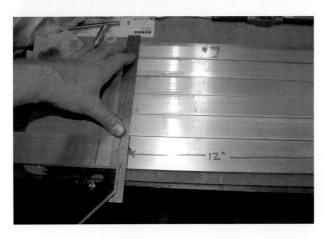

把组合角尺对着2英寸（50mm）宽铝条一边的$\frac{1}{2}$英寸（14mm）孔。用记号冲沿着组合角尺画一条穿过上方所有5条铝条的直线。

在2英寸（50mm）宽铝条另一边的$\frac{3}{8}$英寸（9.5mm）孔处做同样的操作。

12 将2英寸（50mm）宽铝条放在一边。在第一个1½英寸（38mm）铝条一半宽的位置画一条与刚画的线相交的线。

现在你需要钻一些孔。在第一根铝条上，左面的孔直径为½英寸（14mm），剩下所有的孔都是⅜英寸（95mm）的直径。现在先钻那个½英寸（14mm）孔，然后换上⅜英寸（9.5mm）钻头钻第一根铝条另一端的孔。

13 用记号冲在其他4根铝条中一根的孔位砸出定位小坑。把这4根铝条夹在一起，砸过定位小坑的在最上面。千万确认它们相互对齐！

把它们一起夹在钻床平台上，给一端一次钻出4个直径⅜英寸（9.5mm）的孔。然后把它整个翻过来夹好，钻另一端的4个孔。

14 给手电钻装上钢丝刷，仔细清理这些铝条。

找来我们仰俯控制杆用的铝制加长杆。你可能已经注意到了，这些加长杆通过互相插入固定来起到延长作用，端口附近都有一两个小孔。我真高兴，那些孔的直径竟然是 $\frac{3}{8}$ 英寸（9.5mm）。

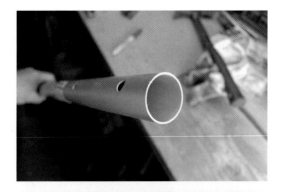

这样一来我们一半的工作就做完了。剩下我们需要做的就是让这个 $\frac{3}{8}$ 英寸（9.5mm）孔贯穿铝管两面。因此，用现有的 $\frac{3}{8}$ 英寸（9.5mm）孔作为引导孔，在铝管的另一面也钻一个 $\frac{3}{8}$ 英寸（9.5mm）的孔。一会儿我们还需要钻别的孔，但是现在就先钻这个。

把所有的铝条、包括安装摄影机底座的长铝条、铝制延长管、3个C型夹，以及摇臂头段都找出来。在摇臂前部，用一个 $\frac{1}{2}$ 英寸（14mm）螺栓和螺母安装长铝条，并在摇臂另一面加上那根有 $\frac{1}{2}$ 英寸（14mm）孔的铝条，拧紧螺母。先别管尼龙垫圈，先把它们组装在一起。

把大直尺架在摇臂顶部，同时顶在长铝条上。转动长铝条直到长铝条和摇臂完全垂直。再把大直尺挪到另一面确定对面铝条是否与摇臂垂直。我们将要安装的铝条都必须和摇臂垂直。

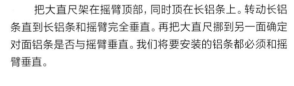

用一根螺栓把两根铝条和刚钻过孔的延长管固定好。先不用担心螺栓长度、螺母或者类似的问题，我们现在只需要把它们连接在一起。只要你的螺栓长度能跨越两个铝条间的距离就行。

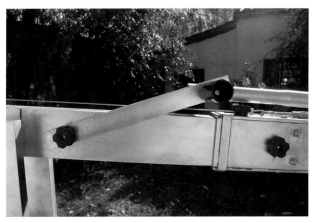

 把目光移到摇臂底座，这就是我们放另外两根控制杆、用来控制摄影机仰俯的地方。它必须位于摇臂支点孔和向前第一个接口盒之间。

在你把仰俯控制杆推到最前方时，必须有足够的空间让控制杆不与接口盒冲突。

而且在你把仰俯控制杆拉到最后面时，必须有足够的空间让控制杆不与中轴支点的大螺栓冲突。

因此，随便找一根铝条把一端按在接口盒与底座之间一半的高度，转动铝条测试。前后移动固定点，直到找到与接口盒和底座都不冲突的固定点。一旦你确定了固定点，用夹子把两侧的铝条都夹好，并用大角尺使它们与摇臂垂直。

18 现在把前方的延长管聚在两根铝条中间。延长管够不够长、延长管太长了，或者延长管过长很好解决。过短嘛……如果只是短了一点，我们还可以把铝条往前稍微旋转一点儿，这基本不会影响仰俯控制杆的运动。延长杆的中段也可能有些下垂，如果有位朋友或者C型夹、废木料能在中间帮你撑一下，可能延长杆就够长了。实在不行的话，你就得去买更多的延长杆。如果延长杆过长，那太好了，我们切断它。

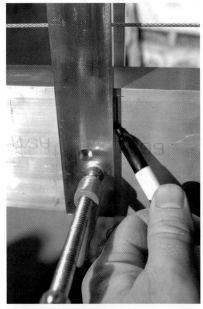

一旦铝条找到了正确的位置并与摇臂垂直，用记号笔在摇臂的一侧沿着铝条两边画出标记（不用在摇臂两侧都画）。

然后把延长管举在铝条上方打孔的高度，用记号笔透过孔在铝管上标记出铝条孔的位置。此时延长杆另一端还连着摇臂头段那组垂直的铝条呢，对吧？

你最好把那段延长管卸下来，再在标记处钻一个贯穿铝管的⅜英寸（9.5mm）孔。这样就能摆脱那一大堆摇臂了。但是请千万确认铝管上的标记在铝管的中心，太靠上或者太靠下都会让孔钻错地方。我知道这是个球面，但是它还连着摄影机端的那组铝条呢，所以它是固定的没法旋转调整，所以孔千万不能钻错地方。好了，闲聊到此为止。去钻这个铝管上的孔吧。我在这等着你。哦对了，再带一个螺栓回来。

19 把钻好孔的延长管重新连接回来。像摄影机端一样，再用一根螺栓把它和两根铝条安装在一起。

20 目前为止，延长管并不稳定，因此我们还需要在延长管中段加一组支撑杆。到摇臂中段，找到两个相邻接口盒中间部分的中点，并用记号笔标记。

把最后一组铝条夹在刚标记的中点处。确保它与摇臂垂直。

和刚才一样，在摇臂上沿着铝条的两边做出标记。

把延长杆举在铝条上方孔的高度，用记号笔穿过孔在延长杆上标记孔的位置。

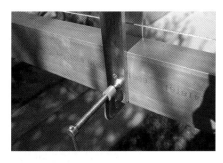

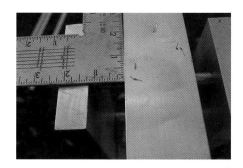

㉑ 把连接支点的动臂部分留下，其他动臂可以拆散了。现在是你搞清楚底座上垫圈尺寸的最佳时机。把动臂部分置于U型槽中间，用尺分别测量出动臂距离U型槽两侧的距离并记录下来。

现在你可以把动臂彻底拆卸下来了。

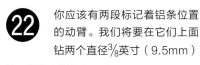

㉒ 你应该有两段标记着铝条位置的动臂。我们将要在它们上面钻两个直径$\frac{3}{8}$英寸（9.5mm）的、贯穿动臂的孔。

测量出动臂宽度的一半并画一条直线标记，再测量出两条铝条标记线距离的一半并画一条直线标记，两条标记线的交点就是我们的钻孔位置。

在标记点砸出定位小坑，然后钻一个直径$\frac{3}{8}$英寸（9.5mm）的贯穿动臂的孔。

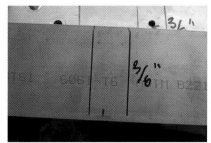
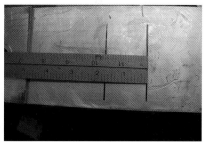

在另外一条有铝条位置标记线的动臂上重复刚才的操作。

23 把延长管的中段拿来，在最后标记的孔位钻一个直径$\frac{3}{8}$英寸（9.5mm）、贯穿延长杆的孔。

24 你是用自行车把套做手柄吗？我用的就是自行车把手，它的螺纹孔直径是$\frac{3}{8}$英寸（9.5mm）。但不幸的是，我的把手的螺纹孔螺纹跟螺纹杆不匹配。

我们简单地修改一下。用$\frac{3}{8}$英寸（9.5mm）的丝锥在原来的螺纹孔中直接攻出新的螺纹就行了，我们甚至不用重新钻孔。

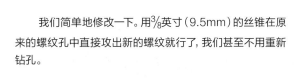

试着把螺纹杆拧进新的螺纹孔。我的螺纹杆工作良好。但如果你的螺纹杆遇到了麻烦，一旦你确定了螺纹杆的长度，随时可以用螺纹胶或者螺母固定螺纹杆和把套。

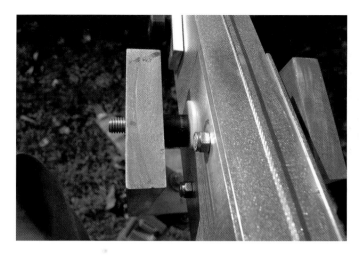

㉕ 裁好底座上摇臂支点处的垫圈。你的垫圈长度不能过长，必须给两侧各留出一个尼龙垫圈的空间。

㉖ 让我们再一次把摇臂组装起来。

先把中轴螺栓穿过U型底座的一侧，套上垫圈，再垫上尼龙垫圈。

然后穿过摇臂，在另一侧垫上第二个尼龙垫圈，最后把螺栓穿过U型底坐的另一侧。

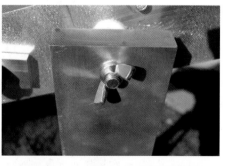

最后，在螺栓上拧上一个元宝螺母固定。这次你不用拧太紧，差不多就行了。就算没有这个元宝螺母，这根螺栓基本上也无处可去。

安装摇臂的其他部分。连接并拧紧加固钢缆。

㉗ 现在来到摇臂的摄影机端。在摄影机支架的长铝条中间的½英寸（14mm）孔中拧上一个螺栓，并穿上一个尼龙垫圈。

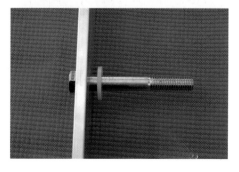

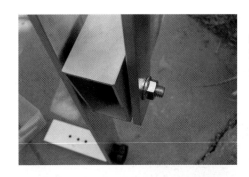

把螺栓穿过摇臂前端的孔，加一个尼龙垫圈。然后穿过铝条，再穿过一个垫圈，最后拧上螺母固定。为了操作摇臂时仰俯控制杆能自由移动，这里的螺母不需要拧太紧。但为了让铝条垂直于摇臂，方便接下来的安装工作，我们先把螺母拧紧。

28 现在我们需要搞清楚几件事情：仰俯控制杆上需要多长的螺栓？杆与铝条之间需要安装多厚的垫圈？

把延长杆放在一组铝条中间，用一根螺纹管穿过它们。

在两端拧上螺帽，它们很漂亮是吧。当然你也可以使用螺母。当你使用螺帽的时候，螺帽会拧到头，因此你需要先确定螺纹杆的长度。螺纹杆需要穿过两根铝条后刚好能拧上两个螺帽，不长不短。螺纹杆过短或者螺帽拧得过紧会挤压铝条，而我们希望铝条宽松不受力。因此在拧上螺帽后，最好能给螺帽和铝条之间留一丝缝隙。弄明白之后，用钢锯锯出你需要的螺纹杆长度。锯的时候多锯出另外2根相同长度的螺纹杆。

第二件事是明确延长杆和铝条之间所需尼龙垫圈的厚度。

你可以把几个尼龙垫片叠在一起，或者把厚尼龙垫圈切割成合适的厚度。

你还可以用绝缘胶带把一小撮金属垫片缠在一起代替尼龙垫圈。

一旦螺纹杆和垫圈都修改好，就可以把延长杆安装在铝条中间了。

 接下来让我们移步到摇臂中段。把刚才切割好的螺纹杆穿过铝条，穿上一个尼龙垫圈，然后穿过摇臂上的安装孔，再加上另一个尼龙垫圈，最后是另一段铝条。

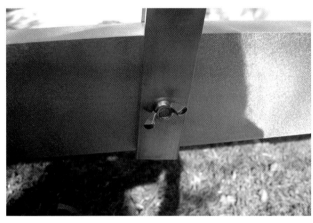

你可以给螺纹管两端都拧上元宝螺母，或者换成一对电木旋钮。因为摇臂拆卸时这部分需要卸下，所以这里用这类免工具的手拧紧固件会方便很多。当然，用普通螺母也没问题。

然后把延长管连接在这组铝条顶部，就像你刚刚在摄影机端做的那样。

30 我之所以没有让你把最后一组螺纹杆也切割成与前面两组相同的长度，是因为最后一组连接仰俯控制杆手柄的螺纹杆可能要比之前的都长一些。如左图所示，最后一组铝条向后运动时与摇臂上支点加强板的凸起冲突了，这可不行，但这很好调整，只需在铝条与摇臂之间垫上一两个尼龙垫圈就行了。

你可能也注意到了，在这里我使用了电木旋钮，一侧一个。它们用来调整仰俯控制杆的阻尼，这很重要。最好在在两侧的电木旋钮拧好后，螺纹杆两端在两个电木旋钮的顶部附近。让我们回顾一下，螺纹杆的长度等于两个垫片的厚度加上摇臂的宽度再加上两个旋钮的厚度，测量并切割出你的螺纹杆吧。

来到最后一对铝条顶端，把一个自行车把套拧在螺纹杆上，穿过一个铝条，再穿过一个垫圈（我用的是绝缘胶布缠好的一摞垫片），然后穿过延长管末端，再穿过另一个垫圈，穿过另一个铝条，最后拧进另一个自行车把套。（左图中，把套并没有完全拧到头。在你拧紧把套后，它应该是与铝条垂直的。）

31 先把摄影机摘下来，在配重端加些配重，直到摄影机端开始上浮。现在试一试先后推拉仰俯控制杆。调节旋钮，试一试不同阻尼下仰俯控制杆的操作感觉。

一切都很顺利是吗？很好！现在该把摄影机装上了。

请记住，摄影机是用公头旋钮安装的。

如果你想拍摄更大幅度倾斜的镜头，只需要把摄影机托板调整得更倾斜即可。

最后的一些润饰

最好在拧入摄影机托板的那部分螺纹杆上涂些螺纹胶用以固定螺纹杆。

在钢缆末端和钢丝绳铝套上缠些绝缘胶布。

如果你不准备给摇臂喷漆了，现在就去给螺帽里的螺纹涂些螺纹胶。

如果你准备给设备喷漆

参阅第26章"为设备喷漆"。对于这台设备，你尤其要记住以下几点。

保持动臂连接状态。你可不想一不小心把漆喷在那些动臂或者仰俯控制杆上本该插入母头的公头上吧。

等漆干了以后，分别在每一组公母头上贴上相同颜色的胶带。这样一来，就能轻松地判断哪一头接着哪一头了。

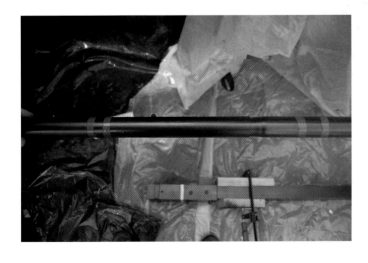

记得在仰俯控制杆上也用彩色胶带编号。

拆卸摇臂

拧开钢丝绳收紧器上的一个吊环螺栓，从螺栓连接的钢缆的另一端，也就是固定在摇臂上的一端开始把钢缆卷起来。再用胶带把钢缆圈粘在动臂上。

如果你固定微调配重微调杆用的是短螺纹杆，直接把螺纹杆拧到底收纳在动臂中就行了。如果你用的是长螺纹杆，把它拧下来放进微调杆的孔位并用胶带固定。

把U型底座上的垫圈和垫片都留在螺栓上。

拆卸仰俯控制杆时，把铝条都留在控制杆上。把螺栓和旋钮都留在铝条上。然后把每一段控制杆和铝条都折叠起来并用胶带固定。

把接口盒上的旋钮和螺栓留在接口盒上。

上图所示即为摇臂拆卸后的样子。

打造完美器材

在这一小节中，我们将给摇臂加装一个监视器支架。

其实很简单，就是把一个角铁安装在摇臂底座上。这是一种很好的方案，当你操作摇臂左右转动时，监视器也会跟着摇臂转动，始终在你的视线里。

需要的东西

我的监视器底部有一个直径为$\frac{3}{8}$英寸（9.5mm）的安装螺栓。大部分监视器都是这种配置。你还需要一个长度至少为10英寸（25mm）的角铁和一个直径为$\frac{1}{4}$英寸（7mm）的公头旋钮。另外还需要一个和监视器底座上安装螺栓尺寸匹配的电木旋钮或者元宝螺栓。至于工具，我想你已经都有了。

开始动手吧

在U型底座一侧找到合适的位置安装角铁。你需要使用角铁中间的孔安装角铁，同时要避开U型底座侧面顶部的支点孔和底部的螺栓。

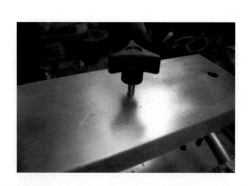

在选好的孔位砸出定位小坑。然后用与$\frac{1}{4}$英寸（7mm）丝锥配套的钻头在标记处钻一个贯穿U型底座侧面的孔。最后用丝锥在孔中攻出螺纹。

把角铁拧到摇臂底座上。在角铁上我监视器找到合适的安装位置。你需要在监视器边缘和角铁垂直臂之间留出足够的空间来调整固定角铁的旋钮。在角铁底部标记出监视器安装螺栓的位置。

在标记处钻一个直径为$\frac{3}{8}$英寸（9.5mm）的孔。把监视其底部的安装螺栓穿过刚钻的孔，最后用元宝螺母或者电木旋钮拧紧固定。

现在你可以把角铁调整到你喜欢的角度并拧紧上面的公头旋钮了。

如何使用《双重赔偿》式摇臂

请参阅第18章"如何用摇臂工作"中的使用方法。针对这台摇臂而言，你需要站在配重和摇臂底座之间，左手扶着配重，右手控制摇臂的仰俯或左右转动。右手操作仰俯控制杆时会改变摇臂的平衡，此时需要用左手在配重端施加压力以调整摇臂的平衡。

在拍摄前一定要多加练习。使用摇臂把演员框在画框内是很难的，尤其是加入摄影机仰俯运动后就更别提了。这就是摇臂操作员这份工作特殊而且高薪的原因。

第18章　如何用摇臂工作

《杀手之吻》式摇臂简介

我要告诉你的都是一些常识。但不幸的是，由于一些匪夷所思的原因，人们正失去他们的电影拍摄常识。我一次又一次地看到这种缺乏常识的情景，我只能理解为这是在进行某种实验，这似乎是唯一合理的解释。这里有些常识和规则分享给诸位。

1. 把三脚架架腿尽量张开呈最大角度，这会给你的拍摄带来加倍的平衡、安全和稳定。
2. 始终用重物压住三脚架腿——沙袋最好用。
3. 在安装摇臂前，确定三脚架是水平的。
4. 在增加或者减少配重之前（提别是减少配重），确认摄影机端加着重物稳稳地坐在地上或者平台上。
5. 在调度镜头的时候，小心缓慢地移动摇臂并注意一切潜在的危险。我见过摇臂的配重端打碎窗户，也见过摄影机端砸中了演员的头。
6. 操作摇臂需要练习。无论你操作得多么稳当，我还是建议在拍摄前一天多练一些动作。尤其仰俯动作要多加练习。试着仰拍并跟随演员拍摄，这真的不容易。这也就是为什么摇臂操作员的待遇都很高。

安装一个监视器

如果你想看到正在拍摄的内容，装一个小电视或者类似的小型液晶监视器即可，小菜一碟。你需要知道你摄影机的输出端口类型。如果是mini视频端口，你只需把摄影机附带的mini转RCA通过一根长的RCA视频延长线插到电视机或液晶监视器上，不需要插音频线。给摄影机端的线缆留出点余量，这样摄影机在运动时就不会被线缆拖后腿。将沿着摇臂的线缆用胶布粘在臂上。把监视器摆放在你平移摇臂时眼镜能照顾到的地方，把线缆插入到监视器的"Video In"上。简单吧！

我正在用一台高清摄影机，因此我找了一个复合输出转换器。

静态拍摄的时候，你不必过多担心视频线缆的松紧。只要留有余量给云台运动就可以了。

用胶带沿着摇臂把视频线缆固定好。这是中间的一个转接头，确保转接头的两端都接牢。

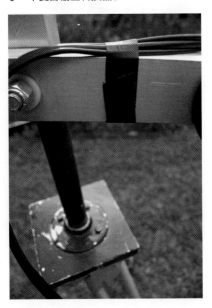

用胶带把线缆靠近中心柱的地方粘好，防止缠绕。

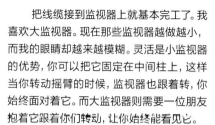

把线缆接到监视器上就基本完工了。我喜欢大监视器。现在那些监视器越做越小，而我的眼睛却越来越模糊。灵活是小监视器的优势，你可以把它固定在中间柱上，这样当你转动摇臂的时候，监视器也跟着转，你始终面对着它。而大监视器则需要一位朋友抱着它跟着你们转动，让你始终能看见它。

在有倾斜运动的仰俯拍摄中，确保摄影机端留有足够的视频线缆让摄影机尽情运动。

最后一句

我假设你克服了制作一个摇臂的所有困难，但它还是有一点摇晃。这是因为铝材不够重，或者支点太远了，或者摄影机太重了——或者以上3个原因都有。不要慌张，发E-mail给我: Dan@DVcameraRigs.com，我会教你一个简单的修补方案。

第19章 《T人》式摇臂配重架

这些"宝贝"带起来会是个累赘，但你还是需要带上它们。它们做起来非常简单，而且特别便宜。你甚至不需要使用任何工具。

物料清单

☐ 一段直径为½英寸14mm、长12英寸（30cm）、两端都带螺纹的水管

☐ 一个直径为½英寸（14mm）的地板法兰盘

☐ 一个直径为½英寸（14mm）的T型转接头

开始动手吧

把地板法兰盘紧紧地拧在水管的一端。

把它立起来，再把你的配重堆到管子上。

最后在顶端拧上T型转接头。

完工。是不是比你想象的还要简单？

第四部分 你会爱上的拍摄工具

第20章　《卡车斗士》式车载支架

《卡车斗士》式车载支架简介

这款车载支架工作得非常顺利。至少它没有飞过我的引擎盖！正如你所看到的，它用4个吸盘来固定，并使用两个关节球头来使摄影机能够达到几乎所有的角度。

请仔细阅读"《卡车斗士》式车载支架"这一章节。使用这台设备并不意味着你可以把车开上高速公路，它设计应用于慢速移动或者交通堵塞的情况。

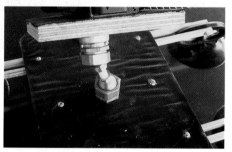

在买材料之前，我要告诉你在材料市场以外如何自己制作关节球头。你可以很轻易地买到重型关节球头，而不用自己做一个，它很好但也很昂贵。尽管如此，从我写本书的第一版到现在，价格一路下跌，所以去转转吧。你很可能买到一个又好又便宜的。如果是这样的话，你当然不会需要自己制作关节球头的材料。

在开始这个项目之前，请先参阅附录《金属加工》。

物料清单

☐ 4个4英寸（100mm）或者更大的吸盘。你可以在稍大一点的汽车用品商店的车身修理部找到它们。不需要买最贵的那种。这款大概5美元（约合人民币31元）一个，应该也是最好找、最常见的。

☐ 4个直径$\frac{5}{16}$英寸（4.7mm）、长$1\frac{1}{4}$英寸（32mm）或者相似的带螺母的螺栓

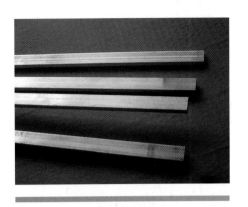

☐ 4根铝条。我用的是½英寸（14mm）宽、¼英寸（7mm）厚、18英寸（45cm）长的铝条。试着找类似这样的。不要用钢条代替，它们太重了！

☐ 一个夹纸板

注意：
如果你打算用现成的关节球头，把夹纸板换成一块¼~½英寸厚的胶合板。

关节球头的物料清单（如果你买现成的关节球头，请跳过）

☐ 4个½英寸（14mm）球头衬套。一套两个，但非常便宜，你应该买4个存起来，以免以后再跑一趟五金店。它们通常在电气部门。

☐ 2个抽屉把手。看一眼后文的"找到合适的抽屉把手"。

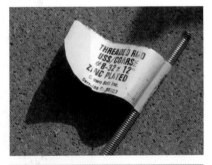

☐ 一个螺纹杆。它需要能拧进抽屉把手里。

☐ 一个尼龙垫圈。参阅本节后面部分来决定你需要的尺寸。

☐ 2个1英寸（25mm）的卡套自固式接头

☐ 一个1英寸（25mm）法兰盘。上面的接头需要能够拧进这个法兰盘。你会在水暖部门找到它。

☐ 4个法兰盘用的¾英寸（19mm）的长螺丝

接下来的万能胶、胶水刮板和工具箱衬垫是可选项目。它们是为在车况不好的车上使用车载支架而准备的。

☐ 一管5200硅胶密封剂

☐ 一个涂胶水用的刮板

☐ 一卷工具箱衬垫。这是一种用于摄影机托板和车载支架的胶状物质。最好能用它来代替软木垫，因为它能有效减少汽车的震动。即使用了这种材料，你还是需要给摄影机支架塞一些填充物。你可以用鼠标垫、软木、橡胶……很多材料都能用。如果这是你做的第一台设备，翻阅一下其他设备的衬垫部分。

☐ 一些黄色的木工胶水

☐ 2个¼英寸（7mm）螺纹的电木旋钮。电木旋钮不要太高，我的坐高被限制在约1英尺（30cm）。此外，如果你的电木旋钮能让整段螺纹穿过而不是拧到头就停住的话，能为你省去很多时间。

☐ 2个直径¼英寸（7mm）、长1½英寸（38mm）的螺栓。它们必须能够与电木旋钮的螺纹吻合。

☐ 2个加固支架，尺寸为1英寸×10英寸（25mm×250cm）。

☐ 一罐橡胶涂料。这家伙会给蘸在里面的东西涂上一层橡胶。它并不是必需的，但能减少汽车震动对车载支架的影响。

☐ 4 个 直 径 $\frac{5}{16}$ 英 寸（4.7mm）、长$\frac{1}{2}$英寸（14mm）、带螺母的小螺栓

☐ 4个尼龙垫圈。尺寸是外径$\frac{1}{2}$英寸（14mm）、长$\frac{1}{4}$英寸（7mm）。确保上面的螺栓能穿过它。

☐ 12个平板垫圈。外径为$1\frac{1}{4}$~$1\frac{1}{2}$英寸（32~38mm）。（平板垫圈中间的孔比普通垫圈要小。）

☐ 4 个 直 径 $\frac{1}{4}$ 英 寸（7mm）、长$\frac{3}{4}$英寸（19mm）的带螺母的螺栓。确认一下它们能顺利地穿过上面提到的平板垫圈。

☐ 一块厚$\frac{3}{4}$英寸（19mm）、宽$6\frac{1}{2}$英寸（165mm）、长9英寸（23cm）的胶合板。

☐ $\frac{1}{4}$英寸（7mm）厚的橡木。你可以在五金店找到它。也不是非要用橡木，但一定要用一块坚硬的木材。你需要两块$6\frac{1}{2}$英寸（165mm）长、3~$3\frac{1}{2}$英寸（76~89mm）宽的木材。我买了一块24英寸（61cm）长的然后锯开用。

工具清单

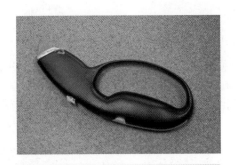

☐ 带锯的斜锯架。这是用来切割橡木用的。它不是必需的，但确实能帮你锯得干净、笔直。

☐ 类似美工刀或者刀片的刀，用来切割工具箱衬垫。

☐ 电钻

第四部分　你会爱上的拍摄工具

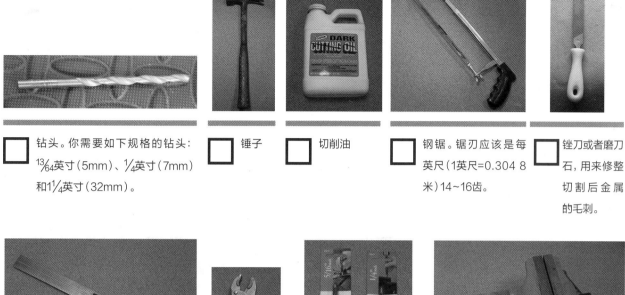

☐ 钻头。你需要如下规格的钻头：$^{13}\!/_{64}$英寸（5mm）、$^{1}\!/_{4}$英寸（7mm）和$1^{1}\!/_{4}$英寸（32mm）。

☐ 锤子

☐ 切削油

☐ 钢锯。锯刃应该是每英尺（1英尺=0.304 8米）14~16齿。

☐ 锉刀或者磨刀石，用来修整切割后金属的毛刺。

☐ 组合角尺

☐ 鱼嘴大力钳

☐ 记号冲和（或）中心冲。如果你已经做过摇臂，你知道是怎么回事。

☐ 台钳

开始动手吧

❶ 把两根铝条并排对齐放好，并用台钳夹紧。用组合角尺量出18英寸并用冲子做标记。

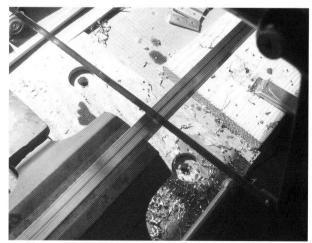

❷ 在标记处锯掉铝条。再把另一对铝条拿来做同样的处理。如果你喜欢冒险，也可以一次同时处理4条。用金属锉或磨刀石打磨金属切口的毛刺。

3 拿出其中的一根铝条, 从每一端起量出½英寸 (14mm) 并画一条线。然后在画过的线上量出中点, 并画一条与刚刚的线相交的线。用中心冲和锤子在交点处砸出小坑。记住, 在铝条的每一端都要做这个操作。

4 把做过记号的铝条放在其他3根铝条上面对齐, 并用台钳夹紧。你将要一次同时给这4根铝条钻孔。我们的思路就是用刚才砸过小坑的铝条作钻头的引导孔, 台钳夹紧固定、对齐。用组合角尺卡在边上来确保4根铝条整齐。

5 给电钻装上一个¹³⁄₆₄英寸 (5mm) 的钻头。把钻头在切削油里蘸一蘸。顺着冲出的小坑, 笔直走钻, 把4根铝条一起钻穿。

把一个螺栓穿过钢钻的孔, 拧上螺母。这将会让铝条们保持对齐。把它们翻过来, 在另一端也钻一个孔。最后打磨好毛刺, 把它们放在一边。

6 现在我们将要把夹纸板的夹子从板上取下, 把它翻过来。看到固定夹子的小铆钉了吗? 用钳子或者大力钳把铆钉挤扁。

看, 就是这样。把两颗铆钉都挤扁然后从前面取下夹子。

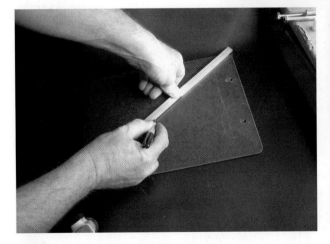
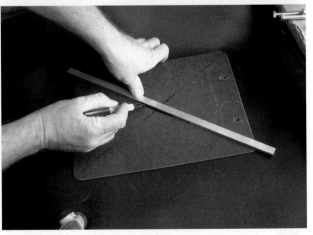

7 用直尺在对角线靠近中心的位置画一条短线。

在另一条对角线上也画出短线。

两条短线的交点就是夹纸板的中心。

8 接下来我们需要在夹纸板中心的"X"处钻孔，用来安装卡套自固式接头。我使用的是1¼英寸（32mm）的钻头。

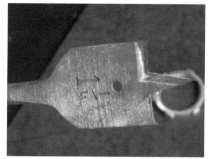

使用孔锯也可以。

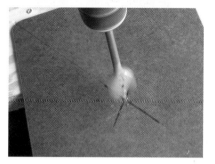

在板子中间钻一个孔。

9 把卡套自固式接头拆开，穿进刚钻过的孔中，应该会有点紧。

再把卡套自固接头的固定环拧在板的另一面。这样一来卡套自固接头就固定在孔中了。

一旦你确定卡套自固接头和它所在的孔都没有问题了，可以把它卸下来或者就把它留在上面，这无关紧要。

10 测量一下垫板的长度，在距长边约1½英寸（38mm）的地方画一条短线。如左图所示，我的垫板的一半长度是6¼英寸（158mm）。在另一边做同样的操作。

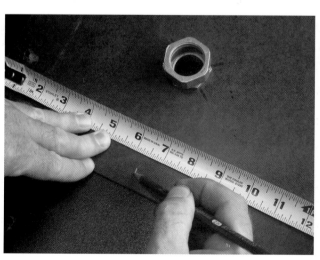

一旦你画好了中点标记，从长边向中间量出1½英寸（38mm）并画一条短线。现在你应该有了两次测量短线相交的一个十字线。在另一边也做同样的操作。我们一会儿就要在这两个地方钻孔安装电木旋钮。

你能画出这两组交叉短线吗？一组在接头上方，另一组在接头下方。

⑪ 钻一个足够穿过你的螺栓的孔。我用的是¼英寸（7mm）螺栓，所以我用了一个¼英寸（7mm）的钻头。孔可能有点紧，以至于你不得不把螺栓拧进去，不过这正是我们想要的效果。

看，这就是拧过来的螺栓。它们大约1½英寸（38mm）长。

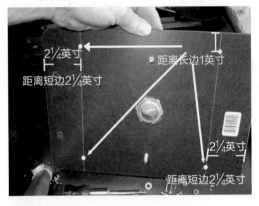

⑫ 接下来我们将会给垫板再多钻4个孔。仔细看这张照片，在距离短边2¼英寸（57mm）的位置画两条垂直于长边的直线。再在这两条新画的直线上，距长边1英寸（25mm）的位置上分别画4个标记。这就是我们钻孔的位置。（看到白了吗？）

⑬ 把做好标记的垫板放在一边，找出4个大吸盘。我们将通过给吸盘把手上钻孔的方式将铝条安装在吸盘上。

选择吸盘把手的中点并钻孔。我用的是¹³⁄₆₄英寸（5mm）的钻头。在4个吸盘的同样位置钻孔，钻头的尺寸和给铝条钻孔的尺寸一样。

⑭ 拿出吸盘、铝条、螺栓和螺母。我的螺栓长1¼英寸（32mm）。

螺栓长度取决于铝条的厚度，孔的尺寸取决于你螺栓的尺寸。

把吸盘和铝条对齐拿好，然后穿过螺栓并拧上螺母。

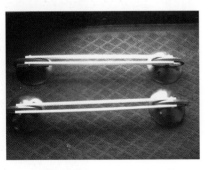

对剩下的吸盘做同样的操作。

15 让我们稍微往后面看一点。如右图所示，记得第13步我们做的那些标记吗？我们现在就准备在标记上钻孔并安装小尼龙垫圈了。

这些尼龙垫圈的种类繁多，我们选择的尼龙垫圈应该符合以下要求的：

垫圈的直径需要足够小，以适应两边安装吸盘的铝条。它们甚至可以碰到铝条，但不能太大从而导致铝条弯曲。垫圈至少要比固定它们的螺母大。

垫圈加上螺母不可以高出铝条顶端。如你所见，我找的这个垫圈才是铝条的一半高。当然，垫圈的内径要大到能容纳你所使用的螺栓。

因为总体来说，基于我所使用的铝条和吸盘，我的尼龙垫圈外径不能大于$\frac{1}{2}$英寸（14mm），高度不能超过$\frac{1}{2}$英寸（14mm），而且中间的孔要能穿过$\frac{3}{16}$英寸（4.7mm）的螺栓。你的具体情况可能会略有不同。

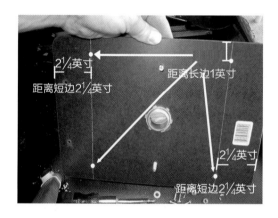

16 下一步，在第13步中画标记的地方打孔。我用的是$\frac{3}{16}$英寸（4.7mm）的钻头。

17 用螺栓穿过垫板和垫圈，最后拧上螺母。我用的是长$\frac{1}{2}$英寸（14mm）、直径$\frac{3}{16}$英寸（4.7mm）的螺栓。4个新钻的孔都要做。

18 现在给两个加固支架的中间钻孔。

加固支架长10英寸（25cm），所以它的中间是5英寸（12.5cm）处。我准备用我的记号冲给它砸出定位小坑。

加固支架很硬，你需要用记号冲和锤子好好敲打一番。

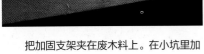

把加固支架夹在废木料上。在小坑里加一些切削油。

如果切削油在你钻孔的时候干了，就再加一点。
当你完成之后，用丙酮或者热水加肥皂把金属屑清理干净。
在另一根加固支架上如法炮制。

19 接下来的这一步并不是必需的，但我建议还是做一下好。我们要为加固支架涂上橡胶。它的好处是，有助于安装导轨，同时有助于减轻来自汽车的震动。

拿一根加固支架在橡胶涂料里蘸一下。

把它挂在橡胶涂料罐上面晾几分钟，让多余的涂料流下去。

靠近看看支架上的橡胶是否干了。如果干了，翻转支架为另一端重复做刚才的步骤。如果你想涂个两三层也没问题。在第二个支架上如法炮制。等橡胶涂料完全晾干我们才可以进行下一步。

到目前为止，我们就基本上完成了车载支架的基座部分。当你等橡胶晾干的时候，你可以把基座部分放在一边，跳过它去制作摄影机平台。坦白地说，我要休息了，明天再做。下一步你将需要把所有目前已经做好的部件装在一起，然后给它拧上电木旋钮。

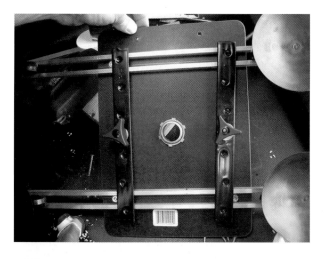

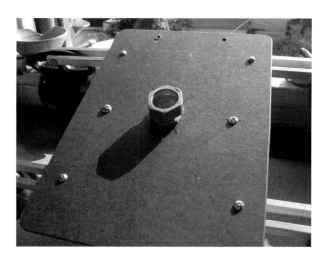

 正如我在上面说的，我们先把底座组装好。

把带着吸盘的铝条放置在照片中的位置。确认尼龙垫圈都在铝条之间。把加固支架拿来，用¼英寸（7mm）螺栓穿过垫板和你早些时候在支架上面钻的孔。把电木旋钮拧在¼英寸（7mm）螺栓上。

确认带着吸盘的铝条被加固支架固定在如图的位置。

这是关节球头的一部分。它们是两个简单的金属抽屉把手、一个1英寸（25mm）长的尼龙垫圈和一段抽屉拉手能用的螺纹杆。

实际上我们在基座部分还有一些工作没做，但前提是要先用胶水加固垫板。因为我决定把所有胶水工作一起做，包括基座部分和摄影机平台部分。所以让我们先来制作关节球头和摄影机托板吧。

找到合适的抽屉把手

首先，它们必须是圆的。其次，它们必须是金属的。此外，它们必须和卡套自固接头匹配。因此当你去五金店的时候，先去找1英寸（25mm）卡套自固接头。然后去抽屉把手部门寻觅，直到找到与卡套自固接头耦合的把手。

球头最大的部分需要大小正好，正好勉强进入接头，这样才能使卡套的压力最大化。因此试验不同尺寸的球头直至你找到一款一旦你拧紧卡套自固接头的制动环就纹丝不动的。确保球头的最大周长对应着压力环。

看到卡套自固接头里面上方的小金属环了吗？这就是拧紧球头的部分，相信我，一旦你用扳手拧紧压力环，球头哪也去不了。

看一眼前面的图片，在离开五金店前确认一下球头能完美耦合松开自固接头的压力环大螺母。

寻找一个在开启状态吻合的球头。我放得太靠里了。

这次进得不够深入。

这个正好。现在拧紧压力环的大螺母。

看，它哪也去不了了。

现在你有了合适的抽屉把手，在来到五金店卖螺纹杆的地方。

找到适合你抽屉把手的螺纹杆。

你只需要几英尺，但是你能买到的最短的可能就有12英寸（30cm）。

我为我的球头找到的是直径⁸⁄₃₂英寸（6.3mm）的螺纹杆。你的可能有所不同。

等等！先别离开五金店。还得去找螺纹杆外面的尼龙垫圈。你需要一个大约1英寸（25mm）长的尼龙垫圈。它中间的孔应该足够螺纹杆穿过。上面图片里的螺纹杆和尼龙垫圈已经被切割成了合适的长度。

制作关节球头

换句话说，你把螺纹杆拧进球头¼英尺，把它加倍，现在是½英寸了，再加上你尼龙垫圈的长度，这里是1英寸，所以总共是1½英寸（38mm）。从螺纹杆上量出1½英寸（38mm），切掉多余的部分。切除的螺纹杆比理论值短一点比长一点要好。因为一旦长了，球头就不能紧挨着垫圈了。

㉒ 明确你到底需要多长的螺纹杆。我们这样做：把螺纹杆的一端拧进球头里，拧到头。在螺纹杆与球头根部的交汇处给螺纹杆做标记，然后把球头拧下来。测量标记处到拧进球头那一端螺纹杆的长度，这很可能不到半英寸（1英尺=0.304 8米）。现在把这个长度加倍再加上尼龙垫圈的长度。

㉓ 用鱼嘴大力钳摧毁螺纹该中间部分的螺纹，然后用钳子把抽屉拉手里的螺纹杆拧紧。

把尼龙垫圈套上。

最后把另一个抽屉拉手拧在另一边，把两个抽屉拉手向相反方向拧紧。

制作摄影机平台

24 拿一块厚¾英寸（19mm）、宽6½英寸（165mm）、长9英寸（23cm）的胶合板。找到它的中心点，画两条对角线，交点"X"就是中心点。

把1英寸（25mm）法兰盘放在胶合板中心的"X"上。透过螺丝孔标记出4颗螺丝在胶合板上的位置。用电钻给螺丝钻引导孔，记得使用比所用螺丝更小的钻头。

用¾英寸（19mm）长的木螺丝安装法兰盘，要找胖一点、粗一点的螺丝。

当然，找的螺丝也不要过粗，它们终究还是得穿过法兰盘上的孔。

在胶合板上画一条中线，并沿着它钻五六个¼英寸（7mm）的孔。在中心法兰盘的位置钻孔毫无意义，向两边钻。你也可能慢慢发掘出车载支架许多怪异异给力的用法，所以其实可以在这平台托板上随意钻孔。你甚至可以等拍摄需要的时候再做这步。

25 拿来第二个卡套自固接头，把它死死地拧进法兰盘。你需要找一把大扳手并使出全力。

记得那几个你从电气部门买的½英寸（14mm）球头衬套吗? 该它们出场了。

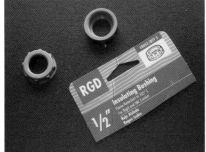

从自固接头较大开口的一端放一两个球头衬套进去。它们让球头处于适当的高度，以便你不用每次调整关节球头都不停忙活。你不用去"使用它们"，它们的存在会使一切变得更轻松。在平台上的自固接头里也放一两个球头衬套（具体放几个你需要尝试后得知）。

现在，把球头放进自固接头并拧紧。摆弄摆弄关节球头支架，感受一下。这个宝贝是不是能在任意角度倾斜？

 只需一点收尾工作，我们就几乎完成了。先把摄影机托板和球头关节卸下来放在一边。

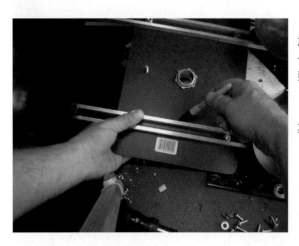

把底座反过来，卸下加固支架。沿着铝条内侧画一条直线，两根铝条内侧都要画。

现在，把夹纸板上的其他配件也卸下来。

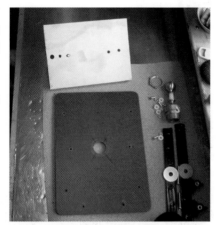

 测量你刚画过的两根直线间的距离。我的测量结果是6¾英寸（171mm）。如果你用的铝条比我的窄，你的测量结果可能更大些。

我们测量的目的是为了加固夹纸板。因为你如果把电木旋钮拧得太紧，夹纸板就可能会弯曲。因此，我准备在夹纸板底部加装一对厚¼英寸（7mm）的橡木板用以加固。

我用的橡木板宽3½英寸（89mm）。不要用比这更宽的了，除非你不想再把关节球头装回底座。事实上，我们一开始就选择用夹纸板的原因，就是它薄到能轻易地匹配卡套自固接头。所以我们不能一开始就选用厚木板，那会给安装自固接头带来无尽的麻烦。

把橡木板或者其他硬木板切割成适当的长度。再提醒一次，我的木板切成了6¾英寸（171mm）。你也可以尝试在这里用¼英寸（7mm）厚的胶合板，但橡木板显然更结实更有挑战。

如果你想现在钻电木旋钮用的孔，你可以把橡木板摆在夹纸板上并标记出电木旋钮螺栓的位置。坦白地说，我更愿意等到橡木板牢牢粘在夹纸板上之后再钻，那样能轻松一点儿。

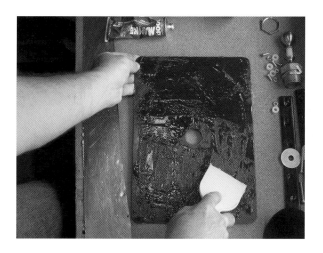

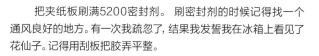
把夹纸板刷满5200密封剂。 刷密封剂的时候记得找一个通风良好的地方。有一次我疏忽了,结果我发誓我在冰箱上看见了花仙子。记得用刮板把胶弄平整。

28 找来所有你需要用到胶水的部件。我喜欢在垫板上用5200硅胶密封剂,给橡木板上用木工黄胶水。我非常喜欢5200硅胶密封剂,因为它可以微调并且能和橡胶配合得很好。

给摄影机平台的顶面也刷满密封剂。(如果你想给摄影机平板垫东西并使用不同类型的胶水,也行!)

铺开工具箱衬垫或者橡胶,裁剪出大于夹纸板和摄影机托板的两块,分别粘在摄影机平台顶面和夹纸板上。

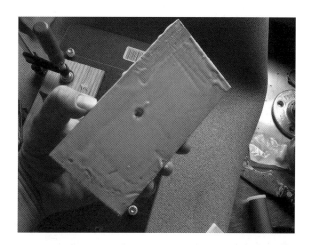

在橡木板上平整的刷一些木工胶水,并把它们粘在刚刚画线的位置上。

找一些重物把刚粘过的摄影机平台和底座部分分别压住,晾上一夜。

29 用美工刀或者其他工具裁掉工具箱衬垫多余的部分。别忘了还有中心的大洞。

用钻头把夹纸板上所有有螺丝孔的地方戳穿。

其中安装电木旋钮的大一点的¼英寸（7mm）孔需要透过垫板摸索着寻找。找到以后，给电钻装一个¼英寸（7mm）钻头，钻一个穿过垫板和橡木板的孔。

放上平板垫圈并拧上螺栓。

在底面也垫一个垫圈并拧上螺母。记住，如果螺栓长了就锯掉多余部分。

30 一旦垫板上所有的孔位都戳好了，就把它翻过来。在橡木板中线靠近两端的地方钻两个¼英寸（7mm）的孔，每块橡木板两个，一共4个新孔。

每个新孔需要2个平板垫圈、一个螺栓和一个螺母。螺栓的长度应当控制在拧到头后与螺母平齐。如果螺栓超出了螺母平面，则需要用钢锯锯掉多余部分。我用的是长¾英寸（19mm）的螺栓。

把所有的垫圈和螺母装回来，并把中心的自固接头装上。

再给安装电木旋钮的螺栓也垫上一个平板垫圈。

它看起来是不是已经有模有样了。

当你把加固支架装回来的时候，记得在装电木旋钮之前先垫上平板垫圈。

最后把整个东西翻过来，装上摄影机平台，完工！
一部汽车支架已经蓄势待发。

在你使用车载支架的过程中,可能会遇到需要把支架倒置、把摄影机安装在摄影机平台底部的情况。但因为平台底部有一个巨大的法兰盘,你肯本没有空间安装摄影机。因此在这个章节中,我们会为摄影机平台制作一个小小的扩展平台。你并不需要什么额外的工具,你只需要一块旧鼠标垫和一块1⁄4英寸(7mm)厚、宽6英寸(152mm)、长6½英寸(165mm)的胶合板。

把胶合板对齐放在摄影机托板的一端。

按住胶合板不动把整个平台翻过来。

用一个钉子或者类似的物体(我用的是记号冲)穿过摄影机托板上已经存在的孔,给下面的胶合板标记钻孔位。

我的摄影机托板上有3个孔,所以我会在扩展托板上也钻3个孔。用一个1⁄4英寸(7mm)或者稍大一点的钻头去钻。

把胶合板和摄影机托板上的孔对齐。然后沿着摄影机托板的边在扩展托板上画一条定位用的直线。

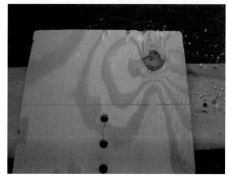

用¼英寸（7mm）钻头在画线到扩展板边缘之间打一堆孔。位置并不重要，但不要钻在画线的位置。这是给摄影机安装螺栓准备的。

我使用鼠标垫来衬垫。用其他类似的东西也行。

把扩展板放在鼠标垫上并裁掉多余的部分。然后裁掉画线一端的衬垫。

这是关键！

现在，我们需要给垫板挡住的安装孔打孔。我用的是打孔工具套装里的打孔冲，你也可以用美工刀或者类似的工具。

用婴儿粉给垫板上的孔定位是一种相当简单的方法。具体方法是把扩展板和垫板对齐放在一起，然后向扩展板上已存在的孔中撒婴儿粉。

当你移开扩展板时，婴儿粉就会留在需要打孔的位置上。

我使用打孔工具套装里的打孔冲来给垫板打孔。

成品如上图所示。

最后把婴儿粉清理干净并把垫板粘在扩展板上就完成了。

安装车载支架

请仔细阅读并严格遵守这些安装说明。我非常肯定你最不愿意看到的就是昂贵的摄影机飞到后面某辆大水泥卡车的轮子下面。

即使我测试了只用吸盘来安装车载支架没有问题（甚至几个小时之后它也牢固如初）。但是采取一定的安全防护措施也是非常有必要的。

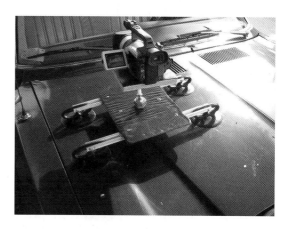

在把吸盘吸到汽车上之前，先松开吸盘顶部的固定螺母，让吸盘能自由移动。这将使吸盘能够更好地适应汽车表面的角度。

像你用过的其他吸盘一样，在吸盘内侧边缘涂一些口水能够让吸盘抓得更牢。千万记得把汽车擦干净。如果车很脏，吸盘是吸不住的。

把每个吸盘向下压牢，排除多余的空气能让它们吸得更牢固。

确认吸盘所吸的面是平面！

一旦每一个吸盘都抓牢了，就拧紧连接吸盘和铝条的固定螺丝。

用摄影机螺栓［通常是直径¼英寸（7mm）螺栓］把摄影机安装到平台上。螺栓需要足够长来穿过¾英寸（19mm）厚的胶合板，拧紧螺栓确保摄影机不会滑动。

松开卡套自固接头并把摄影机调整到你需要的角度，然后用扳手拧紧自固接头。不要在摄影机托板上使用气泡水平仪，因为被拍摄的车可能并不水平，如有需要，可以使用挡风玻璃的边缘作为水平参考。

观察支架的下面，你会发现电木旋钮和汽车之间只有一点空间，这就是为什么我要你购买尽可能矮的电木旋钮。你也可以把螺栓把螺栓和电木旋钮倒过来，这样电木旋钮就在上面了，这取决于你的需求。我的空间还是够用的。坦诚地讲，我也不知道为什么我把电木旋钮设计在了下面，通常我都是有些理由的。

虽然我从没遇到过车载支架吸盘松动的情况（这是运气么），但请至少用一条绑带。我使用的是一条两端带挂钩的可以调节松紧的绑带。在这个例子里，我把它们钩在了车轮上方的翼子板上。

我还使用了带挂钩的松紧尼龙绳固定摄影机，并把它们钩在了铝条上。

以上都是些基本安装。使用这台设备的时候一定要动脑，因为它真的非常危险。不要挡住驾驶员的视线，尽可能把它安装在侧面，并且慢点开车。

警告：车载支架安装在车外时千万不要开去街道上飞奔。最大时速35英里（56km），推荐时速25英里（40km）以下。

这里是另外几种我安装过的位置：

在引擎盖向前拍摄。

在尾箱盖向后拍摄。

透过后窗拍摄。

第四部分　你会爱上的拍摄工具

安装在驾驶室内

这次扩展平台就能发挥作用了，如上图所示，车载支架被安装在了前挡风玻璃上。

找来扩展板并用螺栓固定到摄影机平台上。使用元宝螺母能让你简单地装卸扩展板。

把摄影机安装在扩展板上并用关节球头调整摄影机的水平。

这次是安装在后挡风玻璃上向前拍摄。

不像本书中的其他设备，使用这台车载支架不需要什么专业技能，只需要一些常识。

现在就拿上它去拍一部公路电影吧！

第21章 《第三人》式三脚架

《第三人》式三角架简介

当然，它看起来像是一个轻量级的测绘用三脚架，但它可远不止如此。在这一章中，我将向你展示如何把它支起来，这样你就可以在上面安装摇臂。（如果你不会使用摇臂，这部三脚架也能和重型摄影机配合得很好。）

我在一家大型家居中心花80美元（约合人民币506元）买到了这部三脚架。它可以击败500美元（约合人民币3 162元）的"电影用"三脚架哦！在后面章节中，我们将会制作一种给这部三脚架或者其他电影用三脚架使用的三脚撑。

顺便说一下，当我提到"电影用三脚架"时，我指的是有两付架腿、能通过折叠撑开的方式让摄影机尽可能地降低，就像上面照片里一样。使用这类三脚架你必须使用三角撑！

与往常一样，先通读本章节，在前往五金店。因为你的三脚架可能会与我的不同，你必须调整相应的东西！

在工程开始之前，请先参阅附录中的"金属加工"！

物料清单

☐ 铝管。参阅第2步关于卸下测绘用三脚架架腿的内容。一旦从腿部单元卸下管子，带一个去五金店或者你的金属供应商处，然后找一种刚好能够滑进脚架管子的铝管，确保它们之间尽量贴合没有空隙。测量脚架管子的长度来确定你需要采购的铝管长度。此外，如果你的脚架像我的一样，你将会需要6根铝管。如上图所示，脚架的原装管子是左面带孔的那根，而你需要去买的是插在它里面的右面的那根。

☐ 直径¼英寸（7mm）的钢材。长度和脚架腿顶端活动部件的长度一致。我的脚架那部分长4英寸（100mm）。由于有3个活动部件，所以我们需要12英寸（30cm）长的钢材。

☐ 2套环氧树脂冷焊剂（A-B胶）。这个工程大概需要用掉两套。

工具清单

☐ 切管器。就像买台钳一样，我们应该为其他项目做到未雨绸缪。这个项目你只需要一个小号的切管器。但是如果你计划制作像稳定器一样的设备，确保你的切管器开口尺寸大到能够切割到1¼英寸（32mm）直径管。作为替代方案，你也可以用钢锯切割管材。

☐ 卷尺

☐ 锤子

☐ 台钳。在这个项目中，你可以用三四个好夹具来代替台钳。但如果这是你的第一个项目，而你还想制作本书中的其他设备，去弄一个台钳来。

☐ 螺丝刀。我的测绘用三脚架使用十字螺丝。你的可能也是。

☐ ¼英寸（7mm）钻头和⅛英寸（3mm）钻头。

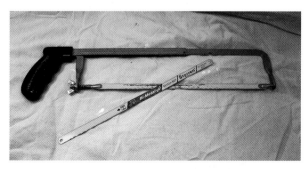

☐ 电钻

☐ 钢锯

☐ 切削油

☐ 中心冲或者记号冲。
它可以在金属上砸出
小坑，以便钻头沿着
小坑"笔直走钻"。
这非常重要！

☐ 钳子或者套筒扳
手

开始动手吧

1 首先，从三脚架上部卸下脚架腿部单元。把三脚
架翻过来，拧下最上面的旋钮。你会看到一个像
大回形针一样的东西——它可以用来固定小型的
摇臂。更佳的替代方案是使用一个大号的垫圈（参阅第17章
中将《双重赔偿》式摇臂安装到三脚架上的部分）。

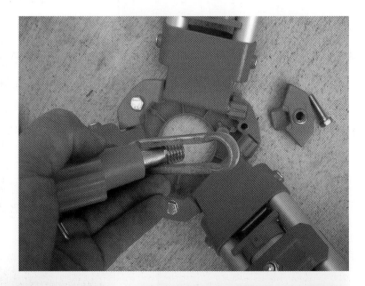

这是我卸掉两个腿部单元后
三脚架头的样子。（我把腿部单元
顶部活动部分漆成黑色，所以在你
起来可能不那么明显。）

一旦你把腿部单元从脚架头
上卸下来，腿部单元看起来可能就
如右图所示。

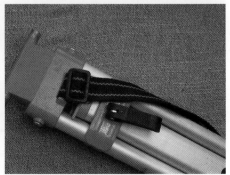

2 用螺丝刀拧下把腿固定在顶部活动部分的螺丝。

记住所有你卸下部分的位置并留好小部件。我把它们都扔在一个大碗里。

3 现在把腿部单元的垫脚卸下。重复这个步骤把其他两个腿的垫脚也卸下。

卸下腿部中心支柱两侧的管子。
这些就是你要拿去五金店寻找内管的管子。

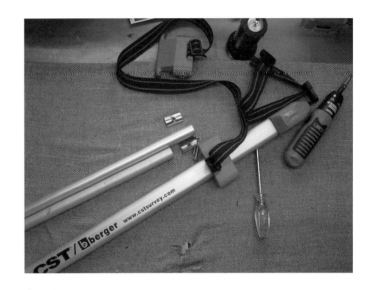

4 如右图所示把固定腿部的顶部活动部件夹到台钳上。确认它被垂直夹在台钳里。我还把一些废木料垫在它下面用来支撑它，这样它就不会晃动，因为我们就要给它钻孔了。

把中心冲放在如右图所示的位置，然后敲它一顿，砸出一个小坑。你必须做这步，它是钻孔时钻头不偏离中心的关键。我使用的是¼英寸（7mm）钻头，你的钻头尺寸取决于三脚架和钢材的尺寸。

在小坑里滴一些切削油，然后笔直走钻。确保钻头走的是直线。这也是为什么要你花那么长时间把它夹在台钳里并让它保持垂直。

这是它的一个内部视图。你可以看见我一路过关斩将钻到了中间的支撑结构。（看见那些金属碎屑了吗？）

再把它翻过来，钻通另一边。然后对其他两个两个活动部件做同样的事情。

最后仔细清理这些活动部件，把油和金属屑都清理干净。用洗洁精和热水就行。

5 测量你刚钻过孔的活动部件的长度。我的这个长4英寸。这就是你要去准备的每根钢材的长度。

把钢材夹在台钳里。用钢锯分成3段4英寸长的钢材。

第四部分 你会爱上的拍摄工具

再次强调，钢材必须跟活动部件一样长。

仔细清洁切割出来的钢材。

 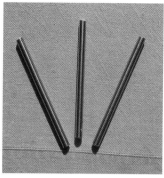

把整管A-B胶混合在一起。

6 选一段钢材把它裹满A-B胶。然后把它塞进你刚钻过的孔中。
你可能要用锤子把它敲进去。
给其他两份做同样的处理。

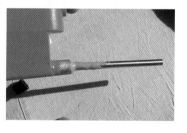 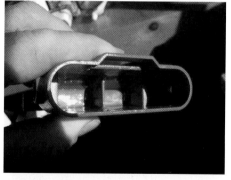

这就是为什么你需要用掉整管A-B胶：你需要完全包裹覆盖三脚架部件中的钢材。现在不是计算A-B胶成本的时候，如果你还需要再加一管A-B胶，加！给其他两份活动部件和钢材做同样的处理，然后把它们放在一边晾干至少24小时。

7 下一步，找来你从三脚架上卸下的管子，把你从五金店买来的铝管滑进去，使它的两端伸出管子。

在内管上标记出外管所处的位置。

然后用切管器或者钢锯切掉内管多余的部分。你需要6段这种铝管。

8 混合另一套A-B胶（不，卖A-B胶的人没有贿赂过我。至少目前还没有！）。用一个小棒从脚架腿管口向内6英尺（152mm）的范围涂抹A-B胶。尽你所能把内壁都涂上。给管的两端都做这个操作。

把你刚切下的铝管塞进去，旋转它让脚架腿管内壁的A-B胶尽可能地包裹住它。

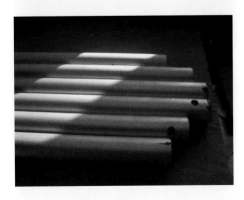

然后把这根腿管放在一边给另外5组做同样的操作。

最后让它们静置晾干至少24小时。

第四部分 你会爱上的拍摄工具

9 好了，这就是你昨天改造的脚架腿（你晾干24小时了对吧？）。螺丝通过上面的洞它把固定在脚架上。我们给它加了一个内胆在里面，所以现在要在内胆管上钻孔，用以匹配外管上已存在的孔。我无法告诉你你需要钻多大的孔，因为我并不知道你改造的是哪种三脚架。所以多拿几个钻头，把它们的末端放在外管的孔上试一试。稍小一点儿也可以，但不能比外管上的孔大。

一旦你确定了所需钻头的尺寸，滴上一些切削油就可以开始钻孔了。我外管上的孔并不是通的，所以我也只需要在内管的一侧钻孔即可。

在脚架外管的底部有两个小孔。接下来我需要找到相匹配的钻头并像刚才一样钻孔。给剩下的几根腿管也做同样的处理。

10 如果你想把你的脚架漆成黑色。你把所有零件组装回来之前就做，现在就是个好时候。

11 现在把脚架各个部分组装在一起。我希望你在拆的时候用心记了。

 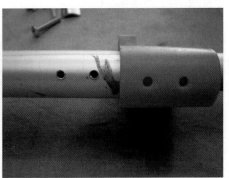

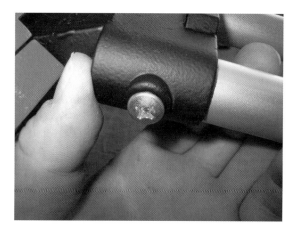

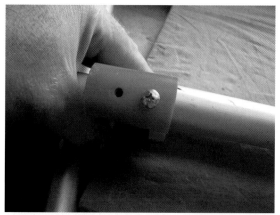

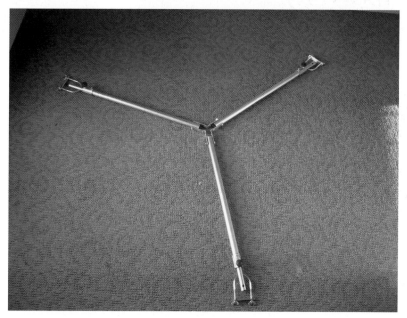

　　如果你想在它上面安装摄影机而不是摇臂，我们将在下一章《第三人式三脚架用有罪的傍观者式摄影机支架》中讲解。

　　你还需要一个三角撑。它在第23章中的"钢铁陷阱式三角撑"。该设备非常容易制作，也很实用。因为大多数情况下使用这台三脚架就必须用三角撑。所以在你做好三角撑之前，先不要往这台三脚架上安装摇臂。

第22章 《第三人》式三脚架配套的 《有罪的旁观者》式摄影机支架

《有罪的旁观者》式摄影机支架简介

这真的是一种在测绘用三脚架上安装云台的好办法。图中是好莱坞摄影师Mike Ferris在使用《第三人》式三脚架和《有罪的旁观者》式摄影机支架。这下你不用怀疑了，是的，我真的在实际拍摄中使用本书中介绍的设备。

其实就是一块简单的木板加上一块防滑的垫板。也有一些朋友用铝来制作它。但是在这里，铝材的优势并不能体现出来，除了看起来更有气势之外。

物料清单

☐ 一块¾英寸（19mm）厚，和测绘用三脚架安装平台一样大的胶合板。我把胶合板裁成了与三角架安装平台同样的形状，但你也可以不改变它的形状，方的也行。

☐ 你需要一些薄垫板，面积要足够覆盖胶合板的两面。我的这种是在模型店找到的，我很喜欢它，因为它有一面带胶，这样我们就不用涂胶水了！

一个螺栓和一两个垫圈。这是云台底部安装云台的螺栓。大部分云台用的是直径$\frac{3}{8}$英寸的粗牙螺纹。（如果你所在的城市使用公制，记住你需要的钻头尺寸必须大于等于螺栓的尺寸。）最好的办法是带着你的云台去五金店寻找合适的螺栓。至于螺栓的长度，它至少应该能穿过三脚架安装平台，再穿过你的木板或铝板，最后接入云台里面。如果螺栓太长，那么云台始终拧不紧。在你把螺栓拧紧在云台里之前，也可以尝试加一两个垫圈。在买螺栓之前仔细阅读这些信息，做到思路清晰。

工具清单

一个$\frac{3}{8}$英寸（9mm）钻头。稍微大一点的也可以。

切割垫板用的美工刀

电钻

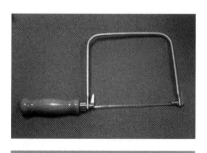 

如果你想把胶合板锯成与安装平台一样的形状，那么你还需要一把线锯或者弓锯。

一台磨砂机和一张好砂纸——120的就行。给设备打磨这步是可选的，完全是为了让它更美观。

开始动手吧

① 用线锯或者弓锯把胶合板切割成跟测绘用三脚架顶部安装平台一样的形状（如左图所示，为了方便操作，我已经把安装平台卸了下来）。

② 在木板中心钻一个³⁄₈英寸（9mm）的孔。如果你喜欢，你还可以打磨一下模板的边缘让它更美观。

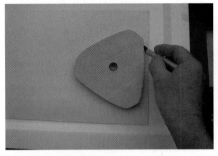 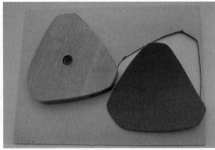

③ 把胶合板平放在垫板上，裁出形状一样的垫板。记住，你得这样做两次，所以你需要足够的垫板，一张垫在胶合板上面，另一张垫在胶合板下面。
切出第二张。

④ 把两片垫板分别粘在胶合板两面。当然，你也可以调换下第3步和第4步的顺序，先把垫板粘上再裁切它。

⑤ 安装方法：用螺栓依次穿过垫圈、"大回形针"三角架安装平台、胶合板，最后拧进云台底部。

替代方案：如果你为了在这台三脚架上安装大型摇臂（我就喜欢这样干），从而卸下了那个像大回形针一样的东西。

你需要用一个大号的垫圈来代替那个大回形针。我用的是一个大号的钢垫圈。它显然需要比三脚架下方开口的大洞大才能固定住。图所示即为我如何安装摇臂。你的螺栓应该跟安装云台时相反，这次是自上而下的。

无论如何，把螺栓紧紧拧在云台下面的螺栓孔中就是唯一的重点。看，简单吧！垫板的存在使一切部件都牢牢地待在它应该在的位置上。我的云台从来就没有滑动过哪怕一点。

嘿，Mike!谢谢你能做我电影的首席摄影师！够哥们儿！

接下来我们将会为这台三脚架制作三角撑。

第23章 《钢铁陷阱》式三脚撑

《钢铁陷阱》式三角撑简介

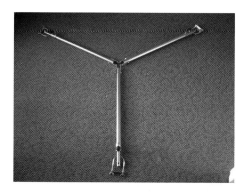

　　三角撑到底是什么? 基本上, 它的功能就是让三脚架的脚, 待在你想要它待的地方, 并加强三脚架。你至少得花50美元(约合人民币312元)买一个现成的三角撑才能让它跟着你走南闯北, 适应所有拍摄要求。(或者更贵的, 便宜的都没法用。)你也可以花25美元跟着我自己制作一个。它适用于所有使用尖脚的三脚架, 它可以很很完美的匹配《第三人》式三脚架。如有需要, 你还可以通过参阅"打造完美器材"一节来进一步强化它。

物料清单

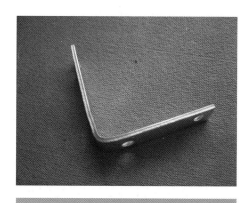

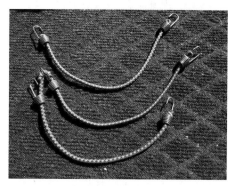

☐ 3个直径 $\frac{1}{4}$ 英寸
　（7mm）、长1 $\frac{1}{2}$
　英寸（38mm）的
　螺栓及配套的螺母

☐ 3个角铁。角边长为2 $\frac{1}{2}$ 英寸（63mm）。

☐ 3条迷你蹦极绳锁

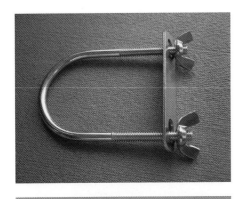

☐ 3套直径¼英寸（7mm）、长3英寸（76mm）的U型螺栓。如果你能找到直径¼英寸（7mm）、长6英寸（152mm）的U型螺栓，那就再好不过了（我没有找到）。此外，我把配套的螺母换成了元宝螺母。

☐ 6个内径¼英寸（7mm）的元宝螺母

☐ 3个公头螺纹旋钮。这并不是必需的，但它们能让你架设三角撑时更容易。旋钮的螺纹必须能拧紧管道接头（马上介绍）的孔中，并要足够长能到够到管道接头里面的½英寸（14mm）内管。如右上图所示，用½英寸（14mm）长的螺纹旋钮就可以。

☐ 3个内径¾英寸（19mm）的管道接头。再买公头旋钮之前，先去电气部门准备这些管道接头。因为旋钮需要拧在它上面。取下上面的螺栓用一个旋钮代替，直到找到合适尺寸的公头螺纹旋钮。

☐ 电气管道。尺寸为8英尺（2.4m）或者更长，8英尺最好。你分别需要一根直径¾英寸（19mm）和一根直径½英寸（14mm）的电气管道。

工具清单

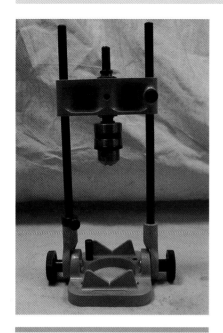

☐ 如果你还没有电钻架，我强烈建议你买一台。它是钻孔的好帮手，能让你走钻笔直扎实——这在钻孔工作中非常重要。在它的底座上有一个V型槽，能够帮助固定管材并能让钻孔部位保持在管材中心。我的钻床大概35美元（约合人民币221元）。如果你制作本书中的项目超过一个，这会是一笔很有价值的投资。

☐ 切管器。正如在上一章制作三脚架时提到的，在这一章中，你只需要一个小号的切管器就够用。但是如果你计划做稳定器或者其他项目，你最好能有一个最大开口能切割直径1$\frac{1}{4}$英寸（32mm）管材的切管器。

☐ 电钻

☐ 鱼嘴大力钳、钳子、扳手、螺丝刀等

☐ 中心冲或者记号冲。它们用来在材料上砸出小坑，来保证钻头不会乱跑。

☐ $\frac{1}{4}$英寸（7mm）和$\frac{5}{16}$英寸（8mm）的钻头

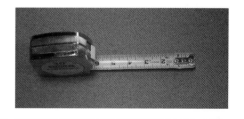

☐ 卷尺

☐ 记号笔

☐ 组合角尺

开始动手吧

1 拿出直径¾英寸（19mm）的电气管道并测量出22英寸（55cm）。

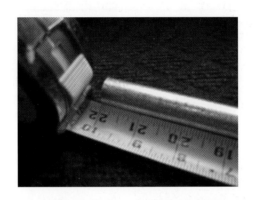

用切管器从标记处切下22英寸（55cm）管材。然后再切出其他两段22英寸（55cm）管材。

2 现在把你直径½英寸（14mm）的管材也切出3段22英寸（55cm）长的管材。

第四部分　你会爱上的拍摄工具

③ 从那3段½英寸（14mm）管材的一端量出½英寸（14mm），用笔做上记号。再用中心冲小心地在记号处砸出定位小坑。

④ 我真心希望你采纳我的建议买这样一个小电钻架。它让我的切削钻孔工作变得非常简单。给电钻装上一个⁵⁄₁₆英寸（8mm）钻头。把带定位小坑的管材放在电钻架的V型槽中。我还用一些废木料（在我手的下面）垫在管材下面来支撑它。当你钻像这样坚硬的金属时，记得把电钻的钻速减半。伴随着钻孔工作的进行，陆续加些切削油在小坑中，这样是为了做是为了保持钻头湿润。

当你完成后，去钻另外两根。

这个孔只许钻穿管材的一面即可，不要钻穿管材。

⑤ 接下来，注意看。把刚钻好孔的管材放在你的工作台上，孔向上放好。小心地转90°让孔朝向侧面。接下来用组合角尺从边缘测量2英寸，然后在顶部做标记并冲出定位小坑。我们将会在这个标记处钻穿管材，如左图所示。

为电钻装上一个¼英寸（7mm）钻头然后开始钻孔，如右图所示。看见侧面我们刚才钻的大一点的孔了吗？这次我们要在顶部钻孔，并且要钻穿棺材的两面。记得给剩下的两根管材做同样的处理。

6 先别换钻头。拿来¾英寸（19mm）管材。从一端量出1英寸（25mm）并做标记，然后在标记处冲出定位小坑。最后用¼英寸（7mm）钻头钻穿管材的两面。3根都要做。

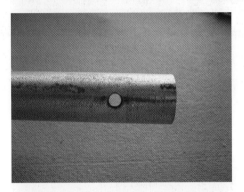

7 找来3套角铁、螺栓和螺母。用螺栓和螺母¾英寸（19mm）将管材安装在角铁上。用角铁靠外的孔来安装。把螺母和螺栓拧紧。

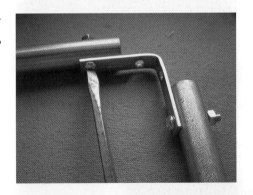

把三脚架架好，我们用它来做参考。现在我们准备通过弯曲角铁，使管材的夹角与三脚架腿的夹角吻合。左右手各拿一根安装在角铁上的管材。用其中一根对齐脚架的一条腿，把另一根向外侧用力，弯曲角铁，直到它们的夹角跟三脚架腿的夹角吻合。

因为管材给了你很大的力矩，所以角铁会像黄油一样轻易弯曲。

⑧ 把第一个弯曲的角铁和两根铝材放在工作台上，然后其中一根铝材上安装第二个角铁。接着在第二个没有弯曲的角铁上安装第三根铝材。困惑了？看看左图就明白了。

把之前的两根铝材在三脚架上对齐摆好。

向外掰第三根铝材使第二个角铁弯曲直到第三根铝材与三脚架的脚对齐。看吧，小菜一碟。

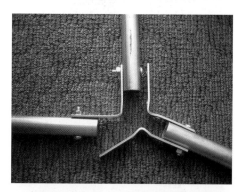

⑨ 接下来，从两个弯曲的角铁上卸下两根铝材。然后找来第三个没有被弯曲的角铁安装在刚卸下的铝材上。这是要干什么？看一看第8步的最后一张图片和第9步的图片你就明白了。我们要轻松的弯曲这最后一个角铁。

把没有被弯曲的第三部分拿来，像你弯曲前两个角铁一样弯曲第三个角铁。

⑩ 现在，用螺栓和螺母把所有零件安装在一起，如左图所示。

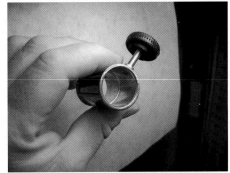

 11 找来3个管道接头并分别去掉上面的一个螺丝。

再用公头旋钮替换它们。

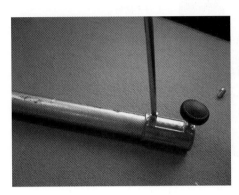

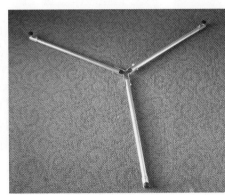 **12** 把新的接头分别套在三角撑的¾英寸（19mm）铝材末端，并用接头靠里的螺丝拧紧。

确保每个旋钮都冲上。

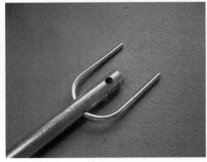

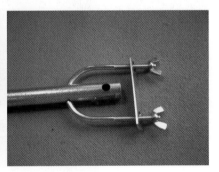

13 用U型螺栓分别穿过3根½英寸（14mm）铝材上的½英寸（7mm）孔，并用U型螺栓板和元宝螺母固定。

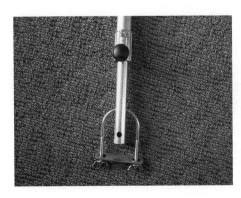

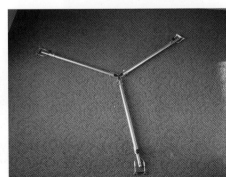 **14** 把刚制作的½英寸（14mm）铝材单元滑入¾英寸（19mm）管并用公头螺母拧紧。

它看起来已经有点样了，是吧？

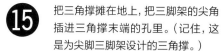
15 把三角撑摊在地上，把三脚架的尖角插进三角撑末端的孔里。（记住，这是为尖脚三脚架设计的三角撑。）

你需要给3根迷你蹦极绳索中间分别打一个小结，如左图所示。

把迷你蹦极绳锁带钩子的一端穿入U型螺栓板的孔中。

然后用鱼嘴大力钳把钩子挤扁。

16 在三脚架的脚上，你会发现一个小三角支架，它被设计成当你在松软的土地使用三脚架时，可以用脚踩踏板，把三脚架固定在土里。用蹦极绳绕过这个支架，然后拧紧元宝螺母。

这样一来，蹦极绳的弹性就会把三脚架腿固定在三角撑里，这非常重要！

我必须承认，我最初的想法是把U行螺栓的托板直接卡在三角支架上固定，根本不用什么蹦极绳。可问题是我拥有的能够得着三角支架的大U型螺栓的直径都太大了。所以如果你能找到一种直径1/4英寸（7mm），并且足够长，能到卡在三角支架上的U型螺栓，你就选它来做。但直接使用U型螺栓也有一个缺点，就是每次调整三脚架，你都不得不卸下U型螺栓托板再卡上去。

好了，三角撑做完了。它的使用非常简单。只要滑动1/2英寸（14mm）铝管到你想要的位置并拧紧旋钮就行了。记住，三脚架的腿撑得越宽，三脚架就越稳定。

不使用的它时候可以折叠起来。

使用这种三角撑还有一些你需要注意。管道接头里连接公头旋钮的螺纹最终会被磨损。这种接头非常便宜，你应该在你的摄影工具箱里多预备几个，拍摄时把它们带上。如果你无法拧紧公头旋钮，三脚架就无法稳稳地待着。一旦发生了这种情况，给三角撑换上新的管道接头它就又是一条"好汉"了。

第四部分　你会爱上的拍摄工具

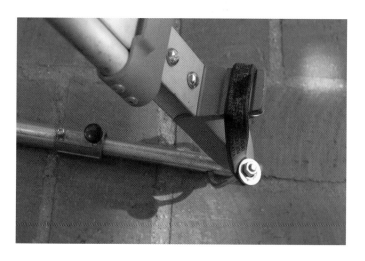

其实，我也不知道这么改装是不是更专业，但起码你多了一种选择。你可以用橡皮来替代蹦极绳。这样做有几个优势，它们不易磨损，而且它们像"魔鬼终结者"一样牢牢地把三脚架的脚固定在三角撑里。但它也有一个缺点，你必须用钳子把它卡在三角支架上。

如果你制作了摄影推车上的三脚架安装孔，你可能对这些橡胶绑带很熟悉。找长一点的，例如24英寸的，或者更长的。

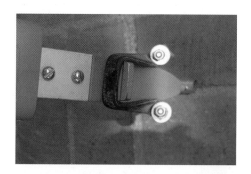

把两端钩在U型螺栓上，中间卡在三角支架上。通过测量这部分的长度来判断你需要多长的橡胶。用这个长度减去一些，为橡胶拉伸留出余量，就是你所需要的长度。

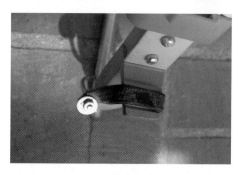

一旦你确定了长度，就把你的长橡胶绑带切成3条这个长度的橡胶带。

然后再两端分别钻一个$\frac{1}{4}$英寸的孔然后穿过U型螺栓，并加上垫圈，最后拧上螺母。

这就是全部了。有这些绑带加固，再没什么能让三脚架的腿离开三角撑。

你还需要数以吨计的各种沙袋。虽然有些夸张，但相信我，你真的很需要它们。

第24章 《无冕霸王》式沙袋

《无冕霸王》式沙袋简介

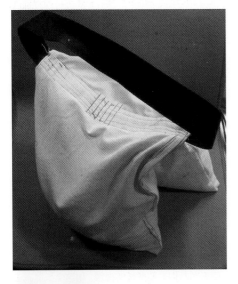

沙袋看起来不怎么起眼。但是如果你只准备做本书中的一种设备，我希望就是这个。我看见过太多因为没有在灯架、三脚架或者魔术腿等设备上放置足够的沙袋，从而导致人员受伤或者设备受损。沙袋有些时候还可以把摄影机支撑在三脚架无法达到的地方。下一章介绍的沙袋更容易制作。你想让PVC制作的摄影小车导轨稳稳当当地待在地上吗？给导轨的每一端都扔个沙袋就行了。沙袋，数以千计的沙袋，多做一些然后开始用吧！

我说了，多做一些！

即使一次小型的拍摄也要用到一吨的沙袋。设想一下——两台灯、3个魔术腿，再加一个架在三脚架上的摇臂……已经至少要8个沙袋了！开始忙活起来吧。

注：在材料部分，我使用的是帆布。几年前，我从一个买过本书的电影制片人那收到一封电子邮件。他的妻子说："我做的沙袋可以比这个更好。"

她用的材料是Cordura®尼龙帆布，一种全面超越的方案。即便她使用了相当昂贵的Cordura®材料，一个市售沙袋的开销也能让她作出七八个Cordura®沙袋了，而且Cordura®要好得多。特别是如果沙袋弄湿了，里面的沙子永远也不会干，最后帆布就会开始腐烂。即使我在我

的帆布沙袋的帆布层里又垫了一层塑料密封袋，它的主要目的也只是让我制作沙袋更轻松，对于保持里面沙子的干燥起不了多大作用。而Cordura®尼龙是一种既防水又结实的材料。如果我现在还能想起这对夫妻的名字，我一定给他们汇去稿费，但我在一次硬盘崩溃中损失了那封电子邮件。（是的，我以前备份我的东西，但后来懒了——就当给你个教训吧！）谢谢你们！无名夫妻！

还有一点，多年来，制造商们已经开始提供不同风格的沙袋。但多数只是在吊装带上提供不同的配置。如果你想让你的沙袋的吊装带与众不同，你可以参考一下商用沙袋。就个人而言，我很少关心吊装带，只要它们能吊着沙袋就行。因为一旦你把沙袋安置好，它们没什么区别。

你可能还会发现一种铅袋。它使用某种沉重的颗粒代替沙子，通常是铅！装在袋里它们可能无害（我也不确定），但是在你制作铅袋时触摸和吸入铅可不是一个好主意。如果你坚持把自己暴露在铅下，记得一定要带手套和口罩。我讲一个小故事，希望能阻止你。很多年前，那时候摇臂还使用铅块配重。（现在也有很多使用铅块，所以如果你找到一份剧组使用铅块配重的拍摄工作，你要小心点儿。）当我戴着手套给摇臂调整配重时，有个家伙总是嘲笑我。大约10年以后，我碰到他。他跟我说："Dan，关于那些铅块你是对的"我的血液里现在都是铅。现在我有20年没见过他了，希望他还好。没错，铅粒是比沙粒重得多，这样你就不用准备很多沙袋了。但是这真的值得吗？

物料清单

☐ 帆布。我剪裁的油漆罩单，这是最低要求。你的帆布越厚，它就能用的越久，因此不要吝啬。当然你也可以用牛仔布，Cordura®尼龙更好。

☐ 一个大漏斗。你也可以用一个漂白剂瓶的上半部来做一个。

☐ 1½~2英寸（38~50mm）宽的尼龙织带。每制作一个沙袋你需要大约2英寸（61cm）长。

☐ 沙子。一袋50磅（大约20公斤，对吧？）重的沙子能做两个多一点儿的大号沙袋。

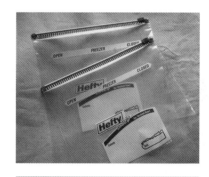

☐ 2个厚密封塑料袋，一加仑（3.78L）大。如果你塑封袋的拉链上是品牌货，你会给自己省很多事。

工具清单

☐ 剪刀

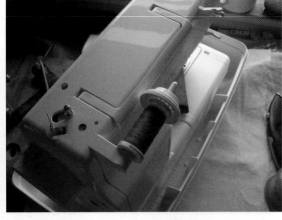

☐ 缝纫机

☐ 卷尺

☐ 大头针

☐ 铅笔或者记号粉笔

开始动手吧

1 裁出一块长48英寸（122cm）、宽11英寸（28cm）的帆布。

2 在帆布中心画一条纵向的标记线。把两边向中心线对折，让两条边在中心线汇合。现在它长24英寸（61cm）、宽11英寸（28mm）。

3 用大头针沿着开口的边别上。不要别得离边太近，会妨碍缝纫机的针脚。

4 把帆布别着的一条长边用缝纫机缝上。多走几遍针，至少两遍以上，我们需要让这条边更结实。

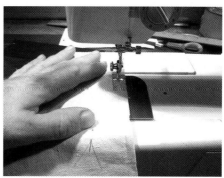

我知道这看起来不怎么漂亮，但我从没说过我擅长缝纫！

袋脚位置要来来回回多缝几次，以加强它的强度。

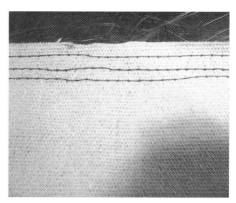

5 在袋子上对面的那条边上，刚刚对折的边相会的地方，画一条大约3英寸（76mm）长的线。在对折过来的两片帆布上都要画。

像刚才一样，把袋子这面的边也缝上，但只缝到你刚刚画线的3英寸线的地方就停止。我们需要把这个开口先留大一点。

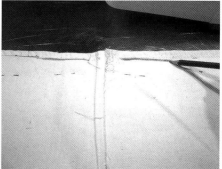

6 把整个袋子从里向外翻过来，这样一来缝纫线就隐藏在里面了。

拿来一个密封袋，拉上拉链，留出2~3英寸（50~76mm）的开口。

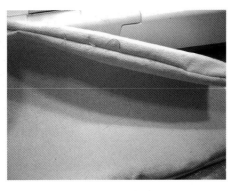
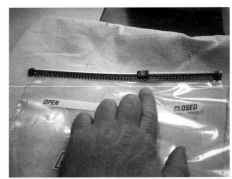

7 把密封袋放进帆布袋一侧的袋子中，3英寸开口对应袋子的3英寸开口。在帆布袋的另一个袋子中也放进密封袋。

注：即便不在帆布袋中套密封袋，帆布袋也能固定沙子，但把沙子放进密封袋能防止沙子从缝纫机缝出的来的小针孔中流走。

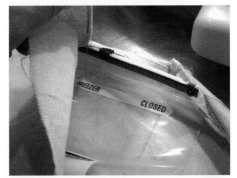

8 用缝纫机把中线附近的袋口缝上，从而确保里面密封袋的安全。先别把3英寸（76mm）开口缝上，还要注意缝纫机不要缝到密封袋。

这就是右边缝好了的样子，然后我们缝左边。

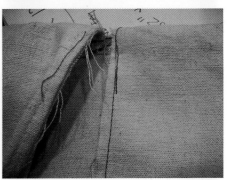

9 接下来，把一段尼龙织带放在你刚刚封口的中间缝线处。大约从在整个帆布袋的一半宽度开始。

然后把织带缝在帆布袋上，把织带的两边分别缝在两边的袋口上，也就是说织带的每条缝线下有两层帆布，一定要确认你的缝纫机能完成这个任务。

仔细看看这张照片。我们将要剪断多余的尼龙织带。记住, 尼龙织带是沙袋的提手, 所以在你剪断多余的织带之前(第10步), 要留出一定的长度。

⑩ 把尼龙织带绕过沙袋直到和职前锋在上面的一头汇合。从这里剪掉多余的织带。在尼龙织带的切口用火烧一下, 这能让切口的线头不再磨损。

⑪ 把尼龙织带绕过缝纫机头, 这样你就不会把下面的把手也缝上了。

让两头汇合, 然后按照刚才的方法把尼龙织带的另一头缝在帆布袋上。

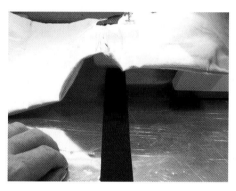

⑫ 一旦两端都缝在了帆布袋上。就分别在两个尼龙织带的接头处来来回回走三四遍针。

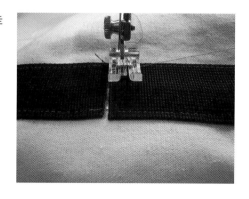

就是这样，虽然我缝得不太漂亮，但是它就像头公牛一样结实。

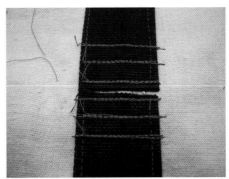

到目前为止，你的沙袋看起来应该是这样的。

 好了，现在我们从刚才预留的3英寸小开口往里装沙子了。

把漏斗插在密封袋的开口中，然后开始给这个宝贝灌沙子，很多很多的沙子。

一旦你把它灌满了，就拉上密封袋的拉链并用胶带固定拉链头。

⑭ 最后，用缝纫机缝上小开口。做完沙袋的一边后，做另一边。

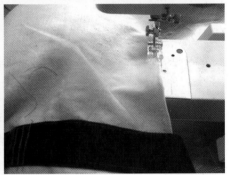

这样一来咱们就做完了。至少要做一对，光是固定装着摇臂的三脚架你就需要三个沙袋。

如果你是用帆布做的，最好在沙袋的每一面都喷上Scotch Guard™（思高洁）保护剂来增强防水性。

如果你的沙袋看起来有太多问题，试试下一章介绍的超级容易制作的沙袋。

第25章 《无冕霸王》式简易沙袋

《无冕霸王》式简易沙袋简介

再没有比这玩意更容易做的了。看到照片左下角摄影小车导轨上的沙袋了吗？那就是我们要做的东西。我总是一吨一吨地用这东西。

参阅上一章《无冕之王式沙袋》的工具清单，你需要除卷尺之外相同的工具。

物料方面，你将不再需要使用帆布。

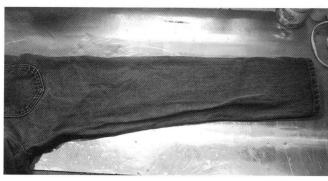

从你的衣柜或者旧货商店找来一条旧牛仔裤。如果你去旧货商店，你可以在童装部找到这种牛仔裤，童装牛仔裤更便宜，也足够大。如果你需要更重更大的沙袋，就买些成人牛仔裤。

开始动手吧

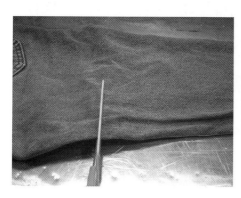
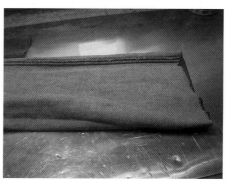

1 先把牛仔裤的裤腿剪下来。

然后把裤腿里外翻过来。

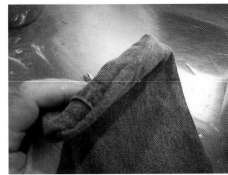

2 把刚才的切口用缝纫机缝合。作为一款专业沙袋，用缝纫机把切口至少缝3遍。

3 把刚缝的边卷起来，将缝纫线隐藏在里面。

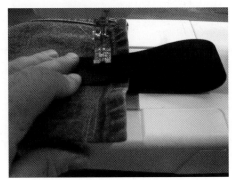

4 找来大约10英寸（25cm）长的尼龙织带。

把尼龙织带绕过裤脚，缝在裤脚上。缝的时候在裤脚的一边留个长约2英寸（50mm）的开口。

5 一旦你缝上了裤脚（留了小口），就沿着尼龙织带纵向缝五六条缝纫线，增加它的强度。

6 把漏斗插在刚刚留的小口里。用沙子灌满沙袋的¾。

7 最后把封口用缝纫机紧紧地缝上。记住，这次里面可没有塑封袋了。

这样一来我们就做好了这个《无冕之王》简易式沙袋。我相信你一定会发现它们的用途非常的广泛。你还可以通过喷Scotch Guard™（思高洁）保护剂来增强它的防水性。

第26章　为设备喷漆

设备喷漆概述

　　我该从哪开始讲呢？也许你认为用几个罐装喷漆就能轻易为你的设备喷漆。但是由于金属的特性，无论你怎么做，设备都很容易掉漆。更专业的一种方法能让设备具有永久的颜色，那就是烤漆。烤漆必须在"烤漆房"这种特定的设备中进行，它需要高温加固漆面，所以你无法独立完成烤漆工作。好消息是，大多数的城市都有这种可供你为设备烤漆的"烤漆房"。

　　我从来没为喷漆的事儿花过钱，都是找人帮忙。我的设备喷漆看上去有点儿劣质，但我从来不在意它们的外观。我们给像摇臂一类

的大型设备喷漆主要是出于现实原因：你不能让铝一类浅色金属的反光出现在画面中或者晃演员的眼睛。漆面上少量划痕产生的反光并不会造成类似困扰。

　　我想我已经努力尝试了油漆店所有种类的油漆。我试过金属漆、汽车漆、耐高温漆……凡是你能想到的各种漆。在本章中，你将会得到各种喷漆的实验结果和使用经验。当然你也可以自己去尝试，但真没什么必要再去冒险尝试，毕竟我已经替你交过一次学费了。

喷漆所需设备和材料

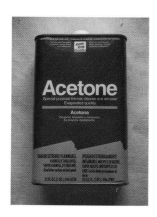

我们的老朋友——丙酮

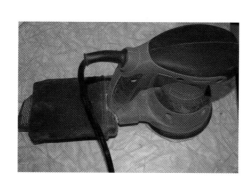

一台手持式打磨机和60号粗砂纸

车间抹布

　　引擎喷漆。是的，目前为止它的效果最理想。你可以在汽车保养用品店找到它。选半光或者哑光的黑色漆。我的《双重赔偿》式摇臂喷的就是半光黑漆，最终的效果非常好看。把你计划的油漆用量加倍。我的《双重赔偿》式摇臂用了将近5罐喷漆。

几副橡胶手套

开始动手吧

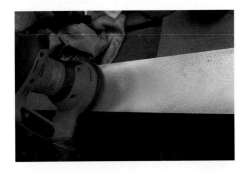

1 先从拆散待喷漆设备开始。(我向你保证,这是最后一次拆散!)然后用60号粗砂纸把你所有计划喷漆的部件打磨一遍,增加金属表面的粗糙程度,方便喷漆。如果你计划给《杀手之吻》式摇臂喷漆,你甚至都不用打磨和拆散它。只需用丙酮把它清洁干净,就可以整体进行喷漆。

2 把丙酮倒在车间抹布上,并用它仔细清洁设备的每个表面。

3 如果有条件,你最好能把拆下的部件吊起来喷漆,这样你就不用去旋转它们了。如果要漆的是摇臂一类的大型设备,把它拆散之后吊在锯木架上是不错的一招。照片中的部件是《双重赔偿》式摇臂上的。你可能已经注意到了摇臂部分仍还是一体的。但如果你要喷漆的部件一层套着另一层,不要给套在里面的那部分喷漆。另一个例子是《杀手之吻》式摇臂上用来旋转和连接的螺纹管和螺纹接头。

在这张照片中,我用一小段绳子把摇臂的斜梁全部吊了起来。

第四部分　你会爱上的拍摄工具

4 先从待喷漆的部件上的固定螺栓（不固定的螺栓你都拆散了对吧？）开始。薄薄地给螺栓的每一面喷一层底漆，非常非常薄的一层！你可不想一会儿漆淌下来。快到最后，千万别心急。你还要给隆起的边喷上薄薄一层，例如这台摇臂上的接线盒。

5 然后给各部件喷上第一层漆。别太厚了，漆不能淌下来！等第一层漆干了再喷第二层；第二层干了再喷第三层。仔细阅读漆罐上的说明书。有些漆说喷两层之间要隔一个小时；有些说等第一层摸上去干了之后再喷第二层，总之先看说明书！

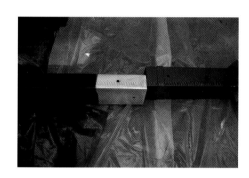

6 又如果你的漆灌上说漆要等24小时才能干，别听它的，没那么快！无论它上面说要晾多长时间，你都把时间加倍！晾干时间非常重要。相信我，我因为按照上面的推荐晾干时间喷漆吃过亏。总之晾干的时间越长越好。

7 我在第17章"双重赔偿式摇臂"中提到过：如果你的部件是用特殊方式连接起来的，就像这台摇臂的动臂。在底漆晾干之后、再次拆散准备喷漆之前，用彩色胶带或油漆给各连接部件——对应编上号。

8 好好欣赏自己的手艺吧！

附录　金属加工

金属加工工作并不难，尤其是铝材加工。但确实需要一点耐心。在铝材上钻孔和在木材上钻孔没有什么大的区别，只是需要多花点时间，同时更仔细一点儿。

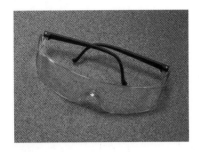

有一样东西是你在加工金属时必须具备的，这就是护目镜。关于护目镜我非常非常认真！在我加工金属时，我无数次听见金属屑飞溅在护目镜上的声音。每次我都想，真幸运，这次我的眼睛又相安无事了！你在任何五金商店都能买到护目镜，别在这上面犯傻，快买一个戴上！眼睛受伤了你就再也拍不了电影了！

金属钻孔所需工具

本书中的大部分设备是使用手持电钻制作的，而有一些则需要用钻床。我建议你买一台钻床，现在只要150美元（约合人民币948元）就能买到一台不错的钻床，它足够完成本书中的所有项目。考虑到自己制作设备省下的数千元，在设备上花几百元会是个不错的投资。本书第三版中$\frac{1}{3}$的设备只需要一台钻床就能制作，这大大扩大了这笔投资的价值。

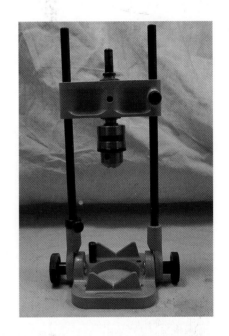

如果你坚持使用手持电钻，记得把它插在市电插座上，否则光靠电池肯本用不了多久。为数不多的手持电钻上带有水平仪，它能帮你钻出笔直的孔，真的非常方便。如果你有图中的这种电钻架，它也能给你的钻孔工作带来很大帮助。

你还离不开中心冲和（或）记号冲。记号冲的官方用法是给金属划标记（就像用铅笔给木头做标记），中心冲的官方用法是用来在金属表面冲出小坑。但我经常把它们换着用。所以如果你想省几块钱，只买一个$\frac{1}{4}$英寸（7mm）或者稍微大一点的记号冲或者中心冲即可。

台钳。它是无价的！买一个就是了。通常你会把它们固定在工作台上。如果你像我一样没有自己的工作间（本书前两版中的设备都是我在公寓厨房里做的），你可以把两块厚$\frac{3}{4}$英寸（19mm）、12英寸见方的胶合板粘在一起，并用螺栓把台钳固定在上面，再把它们夹在你的工作台上。

夹子，大量的夹子。你会发现在拍摄过程中也会需要很多夹子，所以不用担心是不是买多了。就像沙袋一样，夹子永远不嫌多。我最常用的是开口3英寸（76mm）的C型夹，但当你要夹更大的东西时，就需要用更大的夹子。在你去五金店之前，先通篇阅读你的设备制作流程。如果你的铝材厚4英寸（100mm），工作台厚1英寸（25mm），你就需要多个开口至少为5英寸（125mm）的夹子。当你给金属钻孔时，一定要把它们用夹子夹好！因为如果你的钻头卡住了，你待钻孔的金属可能会旋转起来伤到你，这一切只在转瞬之间。上一秒你还兴高采烈的，下一秒就可能"挂彩"。

切削油。必须使用切削油让钻头保持"湿润"。你可以使用的切削油分为几类，专门为金属钻孔设计的切削油异常的昂贵。其他类似三合一或者WD-40这样的润滑油可以很好地为链条润滑，但还不足以胜任为金属钻孔的工作。我使用一种折中的切削油。它多用于润滑在管材内部切割螺纹，但也能够很好地胜任钻孔工作，而且它非常经济实惠。你还要找一个有很长的壶嘴的油壶，以便把切削油滴在钻孔位。

钻头打磨机。这是一个可选的设备。给金属钻孔会使钻头磨损得相当快，这时你有两种选择，买一个新钻头或者把旧钻头重新打磨。在我制做这些设备的过程中，钻头打磨机为我节约了不少购买新钻头的开销。但如果你只做一两个项目，购买新的钻头显然更划算。

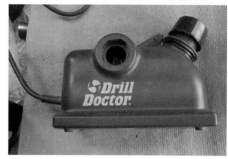

如何给金属钻孔

① 始终戴上护目镜。

② 用记号冲或者中心冲在金属上做标记。为什么不用记号笔呢？一是因为记号笔的标记容易被擦掉。你可能要测量多次后才在金属表面做标记。用记号冲刮出的划痕标记会永远存在。二是如果你想找到部件的中心，你会做两个标记——一个横向的和一个纵向的。当你准备给标记处砸出小坑的时候，记号冲划痕找出的中心点会很容易定位。

③ 在金属上砸出小坑。在你钻每一个孔之前，都需要先在钻孔位冲出一个定位小坑。很简单，把冲投放在你要钻孔的位置上，再用锤子砸出一个小坑。

很简单，把冲投放在你要钻孔的位置上，再用锤子砸出一个小坑。

4 把金属部件用夹子夹好。这非常重要。在钻孔之前一定要把金属部件夹好！

如果你使用手持式电钻并需要给金属钻穿。在钻孔之前你需要在金属下面再垫一块废木料。在钻头钻坏工作台之前，废木料将起到缓冲作用。

5 在小坑里加一些切削油。如果你要钻孔的材料比较厚，你需要一边钻一边把钻头从孔中拿出来继续往孔里加些切削油。这样为的是让你的钻头保持湿润。

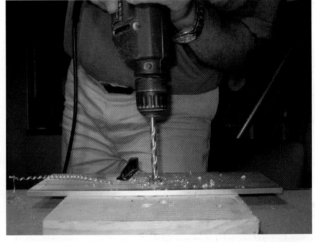

把钻头的尖放在小坑里，这很重要。小坑能帮助你的钻头笔直穿过下面的金属。

6 可以开始钻了。记住，钻金属的转速要比钻木料慢得多。如果你使用的是变速手电钻，你应从最慢速开始实验，直到找到合适的转速。如果你用的是钻床。它通常通过调整传动带来调速。查阅你说明书的调速部分。如果给1/2英寸（14mm）或者更厚的金属钻孔时，通常都需要把钻床调到最低速。

　　　　　　　　　　　　　　　　　　　　　　　　　　　附录　金属加工

使用电钻架

有时我们把电钻架定位并夹在一块胶合板上。先在¾英寸（19mm）厚的胶合板上钻一个大洞，再把电钻架的大洞跟它对齐，最后在电钻架的安装孔拧上螺栓固定。

使用钻床

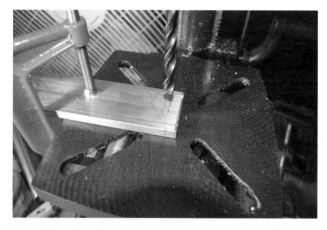

使用钻床几乎没什么不一样，包括先用夹子把部件固定。然后你可以直接把待钻孔部件夹在钻床的工作板上。

我在用一个特殊的钻床平口钳。它的平台比台钳要低。先把要钻孔的金属夹在它上面，再把它夹在钻床的工作平台上。

如果钻床工作平台足够低，你甚至可以用台钳来完成固定工作。

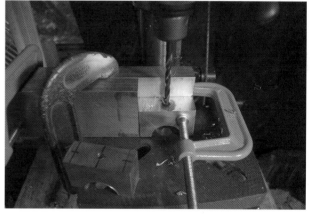

你还可以通过夹住一些废金属来定位固定待钻孔金属，使待钻孔材料平面低于钻头。这样做的好处是，如果你要给几个同规格的金属钻同样的孔，只需把钻过的金属换成相同规格的新金属就可以钻下一个了。

使用孔锯

我们有许多方法能在金属材料上钻出大洞（大于½英寸的洞），但它们的造价非常昂贵。本书中有几个项目中你都需要这样的大洞。有一种方法能在不花太多钱的情况下钻出这样一的洞，那就是使用孔锯和钻床。

孔锯其实就是一个大号的钻头。买的时候留意它的中心应该带有一个定位钻头，有些则只有边上较大的锯齿部分。你需要让中心的定位钻头沿着定位小坑去钻，这样才能让边上较大的锯齿部分完全居中。

在使用孔锯的时候，你需要用非常慢的转速去钻。如果转速太快，钻孔金属的切面会因高温与孔锯的锯齿焊接在一起，而且如果钻孔的是厚金属，它们将永远被焊在一起！所以请做好心理准备，有点耐心，霸王硬上弓是行不通的！每钻⅛英寸（3mm）左右深度，就停下来把钻头拿出来认真清理金属屑，包括锯齿缝中的。然后在孔中多加些切削油，再钻一个⅛英寸（3mm）深度。重复这个过程直到把金属钻穿。

在你接近钻穿的时候，也许会很想用尽全力给它个痛快，别这么干。继续保持节奏然后继续加切削油。理想的情况是孔锯中心的大金属圈自己掉出来。如果你太用力，大金属圈会卡在孔锯里，这样一来你就不得不用螺丝刀把它从孔锯里撬出来了。说实话，那可真不怎么好撬。

钻头卡在金属里怎么办

一旦你感觉钻头卡住了（你会感到电钻在转但钻头不转），立刻松开电钻的扳机。

向相反方向旋转，把钻头从孔中退出来。

把钻头重新调节成正向旋转，把钻头放在孔的上方。在重新把钻头放进孔里之前，先让钻头转起来。如果你先把钻头重新放进孔里再开动电钻，钻头多半还是会卡住。继续钻吧。

注意：如果钻头卡住时待钻金属并没有被夹子固定好，高速旋转的金属很可能会让你受伤。把它们都固定好！

如果钻床上的钻头卡住了（这相当罕见，但确实有可能发

生），关掉钻床，然后用手把钻头向相反方向拧，直到钻头从孔中退出来。

总结：
1. 始终戴着护目镜。只需一片金属碎屑就能毁了你的职业生涯。
2. 始终把钻孔对象牢牢地固定好。
3. 让钻头始终被切削油润湿。

附录　金属加工

如何切割金属

切割金属有很多方法，其中大部分方法都很费钱。效果最好的方案是使用金属带锯机。另一种方案是找你的金属供应商替你切割。我不喜欢第二种方案，一是因为找别人替你切割太容易出错，因为你要使用的材料尺寸和厚度都可能和本书中介绍的不一样，只有自己切割才能控制局面。二是因为金属供应商们收费并不便宜，我的供应商每帮我切割一次收费8美元（约合人民币50元）。按照这个标准，不等我做完本书中的所有项目，花掉的金属切割费就够买几套不错的电圆锯。相信我，一旦你开始做这些东西，你就会发现真的很简单，并大呼过瘾。你甚至很快就能设计出自己的设备。还是在自己的工作间切割金属舒服！

你几乎可以用钢锯完成本书中每块金属的切割。但当你遇到厚铝块时，你可能会诅咒我当初为什么要说得那么轻松。因为你可能得花至少15分钟才能锯断一块厚1英寸、宽4英寸的铝条。但这毕竟是铝材，很软的金属，只要你有耐心，你有很多钢锯条，它就一定吃不消。你还可以把健身卡退了，因为你加工金属的运动量已经足够了。切割金属时，记得戴着护目镜！

切割金属需要的工具

台钳。没得商量，你必须得有一个台钳。

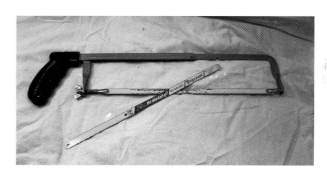

一个钢锯和一包锯条。选每英尺（1英寸=0.304 8米）14~20齿的锯条。锯条上可能会有"14T"这样的标记，意思就是每英尺14个齿。锯条的锯齿越多，你锯的速度就越慢。不管你有没有其他切割工具，钢锯都一定要有。

一台带金属锯条的线锯机。这是一个可选设备。我就从来没用过线锯机。线锯最适合用来切割薄于⅛英寸（3mm）的材料。但它不能切割厚材料。我知道有时候你会无视我的建议，因此在左图中我用¼英寸（7mm）厚的材料做了一个实验。结果我只切割了大约1英寸（25mm）长，锯条就报废了。像这种情况直接用钢锯切割就快多了。但如果你要切割1/16英寸厚的铝材，使用线锯机简直轻而易举。记住，不要为只做一个项目而投资昂贵的设备。

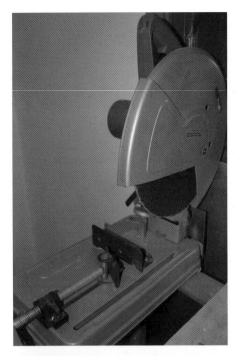

一台电圆锯。我先说清楚，理论上你不能用研磨锯片来切割金属，但我就这么干。真的，切割铝管、U型铝这种材料完全没有问题。用它切割厚铝条有点疯狂，但我也做到了。成本是我这样做的主要原因。用正确的方法切割成本很高［专门设计用来切割金属的锯片非常昂贵，一个12英寸（1英寸=0.025 4米）的锯片就可能卖到100美元（约合人民币632元）。如果你坚持要用正确的方法去切割，切割对象最少是厚1英寸以上的铝条。另外，用正确的切割方法你还需要一些昂贵的切割润滑油。我没有地方也没有钱购置这种专业台锯，所以一开始我就没把它列入我的计划］。

我们可以用电圆锯切割铝条，但铝条会因此变得非常烫（更专业的电锯会使用冷却液），并会产生大量金属碎屑，所以你要为此做好准备。换句话说，如果你要制作大量的摇臂或者肩部支架或者稳定器，只用一台电圆锯是不可能的。要想把本书中介绍的设备都制作出来，我能负担得起的似乎只有钢锯了。但如果你有500美元（约合人民币3 162元）的预算，Medford工具厂有一种能切割所有类型金属的电锯，叫作"Raptor"，它非常实用（www.Medfordtools.com）。一个过得去的电圆锯需要大概200美元（约合人民币1 265元）。这么看来，10美元的钢锯就非常抢眼了是不是。是的，我正在劝你不用研磨锯片的电圆锯这种"错误"的方法来切割金属，尽管我已经用它做完了。事实上，如果你买这么一个电圆锯只是用来做我介绍的设备，那确实是有点浪费了，你还是用钢锯吧，就是锯起来累点而已！

如何使用钢锯

给钢锯安装锯条有两种方法：锯齿向前或者锯齿向后。如果锯齿冲前，就是向前推着锯。如果锯齿冲后，就是向后拉着锯。我比较喜欢拉着锯，不过这完全这取决于你自己。有些锯齿被设计成拉着锯或者设计成推着锯，如果是这样的话，按照制造商要求的方向锯。由于铝是一种比较软的金属，锯铝材的时候可以比锯钢材速度快一点。但你仍然要把速度控制在一秒钟至多一下。如果你锯得太快，会产生高热并且锯条可能损坏。你可以时不时加些切削油上去，既能降温又能延长锯条的寿命。

在切割金属的时候同样要注意安全。首先必须要用台钳固定待切割金属，其次在切割之前一定要用记号冲或者中心冲在要切割的地方划出标记，划痕越深，钢锯越容易沿着标记去锯。先用锯条的一小段慢慢来锯，渐渐地就可以用整条锯条来锯了。

如何使用电圆锯

真的吗？你真买了一个电圆锯？好吧，首先我们聊聊研磨锯片。如果你用它切割厚金属，先确保它的锯刃对着你的切割线。如果你把锯片对准金属的平面去锯，你的锯片可能不够长。铝材必须平稳地放置在电圆锯的基座上，否则你可能锯不齐。电圆锯上都有一个非常实用的固定金属用的夹子，如果你的不好用，把它退了换一个更好的。切割厚铝材的时候，从铝材角上开始切会比从面上开始切割容易得多。

附录　金属加工

你不能用锯片霸王硬上弓！要想用研磨锯片锯断铝条需要花点时间。你的手压在上面的重量已经给电圆锯足够的压力了。使用电圆锯会产生大量的金属碎屑。再次提醒你，一定要戴护目镜。

当你完成了金属的切割，不要用手去拾取它。它非常烫，难以想象的烫。用花园的软管接一桶冷水，把金属扔进去降温。

最后你还需要用锉刀挫去金属切口的毛刺。既然说到这里，我们接下来就聊聊挫平金属。

关于挫平金属

锉刀的作用就是挫平多余金属，我们只是关心应该如何使用它。通常我们根据需求选择锉刀，我常用粗纹的锉刀。粗纹锉刀能在最短时间内挫掉大量多余的金属。菱形花纹的锉刀甚至挫得更快。锉刀有点像砂纸，粗砂纸适合去掉多余的木料，挫过的木料很粗糙，而使用细砂纸则会令木料更光滑。如果你愿意，你可以多弄些粗细不同的锉刀。你可以先用粗锉刀挫平，再用细锉刀把铝材打磨抛光得像镜子一样。对于我而言，我只是用粗锉刀，因为我只需要在最短时间内把金属切口挫平。你使用的锉刀越长越宽，工作效率就越高。如果你需要挫一个洞的边缘，你还得有一个圆锉。

如何使用电圆锯

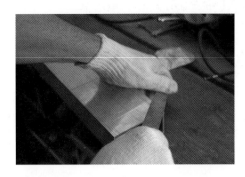

锉刀的工作方式是从近向远推，不要来回挫。我使用两只手，一只手握住手柄、另一只手握住刀头。向下向前推锉刀，然后松劲，把锉刀缩回来，再挫下一下。这就是所有的使用方法了。你最好再准备一把钢丝刷，时不时地清理一下锉刀里的金属屑。一定要把金属件用夹子固定好，切记！

每块切下待用的金属基本都需要用锉刀好好修整修整。

在金属上钻螺纹孔

在部件上钻一个螺纹孔之后你就可以在里面拧螺栓或者螺丝了。这很容易做到，而且使用的工具都非常便宜。很多设备上都需要这种螺纹孔。

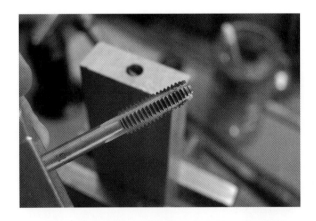

丝锥。有各种各样尺寸与螺栓相配的丝锥。例如你想钻一个¼英寸螺栓用的螺丝孔，你就需要一个¼英寸的丝锥。

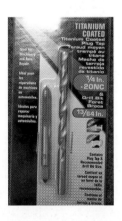

每一个钻头都匹配特定的丝锥。与丝锥相匹配的钻头通常都比丝锥小一点。丝锥也有与之匹配的钻头，或者在丝锥上都会有相关的说明，例如"使用24号钻头"。去五金店找负责人咨询，你一定可以找到所需编号的钻头。为丝锥找到合适的钻头是非常简单的事情。

丝锥扳手。它是用来连接丝锥并在钻孔中拧出螺纹的特殊工具。

切削油。

如何钻螺纹孔

先用与丝锥匹配的钻头在金属上钻孔，再把孔内的金属屑清理干净。如果是贯穿孔，那么清理工作就非常简单。如果不是贯穿孔，就用软管接上水龙头把它们冲出来。同时，至少要比丝锥需要的深度多钻$\frac{1}{2}$英寸。

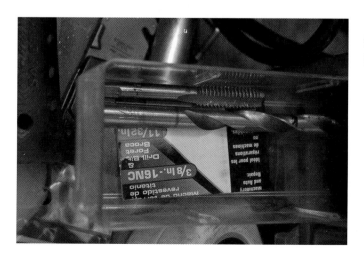

钻好孔后，立即从电钻上卸下钻头并把它和相匹配的丝锥放在一起。我把所有的丝锥和与之匹配的钻头都放在独立的盒子中。如果你拿错了钻头或者丝锥，那简直太扫兴了。

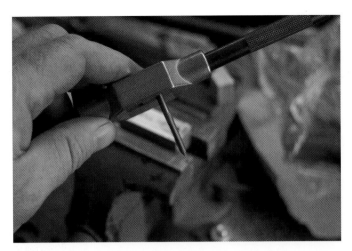

在丝锥上加些切削油。如果你钻的不是贯穿孔，则可以直接向孔里加切削油。

把丝锥插入丝锥扳手，然后把手柄拧紧，把丝锥固定在丝锥扳手里。

把要钻孔的金属夹在台钳上，然后把丝锥插在孔中。像拧螺丝一样拧丝锥，顺时针拧。每拧两三圈，就向回拧半圈，然后再拧两三圈，如此反复。如果你要攻螺纹的是个很深的孔，你需要时不时地把丝锥退出来，清洁丝锥和孔中的金属屑，然后再继续。

最后认真清洁刚刚钻的螺纹孔，会有很多的金属屑。再次使用连着软管的水龙头仔细清洁。

确认把丝锥放回有匹配钻头的小盒子。

看，这么多金属屑。

结束语

感谢购买本书的100多万名读者。自从第1版问世以来，已经有大量DIYer意识到，他们可以自己动手制作属于自己的电影制作设备。虽然这些项目的早期版本早已在互联网上传播开来，但你在其他任何地方都找不到这样一本书。我倾尽了全力，尽量让这些项目更容易制作，让这些零件更容易找到。我尽量让本书中的信息准确可靠，但书中可能还存在一些疏漏（尽管已经过了十几年，尽管我已经修订了3版）。基于这一点，如果你在设备制作或者材料购买过程中遇到任何麻烦或者有任何建议。我会时刻准备帮助你。只要给我发封电子邮件就行，邮箱地址是Dan@DVcameraRigs.com

此外，如果你用我教你的这些设备拍了电影，请让我看看。我不只爱拍电影，我也爱看电影！

献上最诚挚的祝福！

Dan Selakovich
于加州洛杉矶市

为设备命名的电影出处

我喜爱黑色电影。它里面有许多美式生活的软肋，我觉得非常有吸引力。虽然黑色电影这个词源于法语，但它却是美国人发明的。回想一下，在发明黑色电影之前，人们上一次发明一种叙事风格是什么时候的事？

黑色电影极富创意是我喜欢这种风格的另一个原因。这些电影通常都是由"B类"导演创作的"B类"影片——他们都想一鸣惊人拿到制片厂的"A类"合同。为了加入制片厂顶级导演的行列，没有什么比在故事、角色、照明和剪辑上进行大胆尝试更有效果了。有些时候这招很管用，有时候不怎么管用，但他们都鼓足勇气进行了尝试。

虽然这并不一定是我最喜欢的黑色电影列表（我挑了很多只是觉得以它们命名设备很好听），但这是些电影都很值得一看。

逃狱雪冤 *THE DARK PASSAGE*（1947）
导演: Delmar Daves
编剧: Delmar Daves
剪辑师: David Weisbart
摄影师: Sid Hickox
主演: Humphrey Bogart, Lauren Bacall

绣巾蒙面盗 *THE KILLERS*（1946）
导演: Robert Siodmak
编剧: Anthony Veiller
剪辑师: Arthur Hilton
摄影师: Woody Bredell
主演: Edmond O'Brien, Ava Gardner

枪疯 *GUN CRAZY*（1950）
导演: Joseph H. Lewis
编剧: MacKinlay Kantor and Millard Kaufman
剪辑师: Harry Gerstad
摄影师: Russell Harlan
主演: Peggy Cummins, John Dall

裸吻 *THE NAKED KISS*（1964）
导演: Samuel Fuller
编剧: Samuel Fuller
剪辑师: Jerome Thoms
摄影师: Stanley Cortez
主演: Constance Towers, Anthony Eisley

如果你一直想看一部"一个妓女拥有一颗金子般的心"这样的俗套电影, 它就是。

死角 *THE DARK CORNER*（1946）
导演: Henry Hathaway
编剧: Jay Dratler and Bernard Schoenfeld
剪辑师: J. Watson Webb
摄影师: Joe MacDonald
主演: Mark Stevens, Lucille Ball

复仇 *CRY VENGEANCE*（1954）
导演: Mark Stevens
编剧: Warren Douglas and George Bricker
剪辑师: Elmo Veron
摄影师: William Sickner
主演: Mark Stevens, Martha Hyer

盗贼公路 *THIEVES' HIGHWAY*（1949）
导演: Jules Dassin
编剧: A.I. Bezzerides
剪辑师: Nick De Maggio
摄影师: Norbert Brodine
主演: Richard Conte, Valentina Cortesa

玻璃钥匙 *THE GLASS KEY*（1942）
导演: Stuart Heisler
编剧: Jonathan Latimer
剪辑师: Archie Marshek
摄影师: Theodor Sparkuhl
主演: Brian Donlevy, Veronica Lake

恐怖走廊 *SHOCK CORRIDOR*（1963）
导演: Samuel Fuller
编剧: Samuel Fuller
剪辑师: Jerome Thoms
摄影师: Stanley Cortez
主演: Constance Towers, Peter Breck

成功的滋味 *THE SWEET SMELL OF SUCCESS*（1957）
导演: Alexander MacKendrick
编剧: Clifford Odets, Ernest Lehman
剪辑师: Alan Crosland, Jr.
摄影师: James Wong Howe
主演: Burt Lancaster, Tony Curtis

我刚才说这并不是我最喜欢的黑色电影列表，但《成功的滋味》真的是我最喜欢的电影之一。

城中街道 *THE CITY STREETS*（1931）
导演: Rouben Mamoulian
编剧: Dashiell Hammett, Max Marcin
剪辑师: William Shea

摄影师: Lee Garmes

主演: Gary Cooper, Sylvia Sidney

雪山红泪 *STORM FEAR*（1956）

导演: Cornel Wilde

编剧: Horton Foote

剪辑师: Otto Ludwig

摄影师: Joseph La Shelle

主演: Cornel Wilde, Jean Wallace

杀手之吻 *KILLER'S KISS*（1946）

导演: Stanley Kubrick

编剧: Stanley Kubrick

剪辑师: Stanley Kubrick

摄影师: Stanley Kubrick

主演: Frank Silvera, Jamie Smith

　　如果你想知道John Cassavetes的黑色电影是什么样的，就看这个《杀手之吻》吧。这根本不是你印象中的那个Stanley Kubrick！

大爵士乐队 *THE BIG COMBO*（1955）

导演: Joseph Lewis

编剧: Philip Yordan

剪辑师: Robert Eisen

摄影师: John Alton

主演: Cornel Wilde, Richard Conte

双重赔偿 *DOUBLE INDEMNITY*（1944）

导演: Billy Wilder

编剧: Raymond Chandler and Billy Wilder

剪辑师: Doane Harrison

摄影师: John F. Seitz

主演: Fred MacMurray, Barbara Stanwyck

　　《双重赔偿》被公认为有史以来最好的黑色电影之一。我认为它是有史以来最纯粹的黑色电影。（你会发现这部影片中丝毫没有什么感情因素！）

T型人 *T-MEN*（1948）

导演: Anthony Mann

编剧: John C. Higgins

剪辑师: Fred Allen

摄影师: John Alton

主演: Dennis O'Keefe, Alfred Ryder

　　《T型人》是一部小制片厂（Eagle-Lion Films）拍摄的小成本影片。影片问世后不久，导演和摄影师就双双签约了米高梅影业。

卡车斗士 *THEY DRIVE BY NIGHT*（1940）

导演: Raoul Walsh

编剧: Jerry Wald, Richard Macaulay

剪辑师: Thomas Richards

摄影师: Arthur Edeson

主演: George Raft, Humphrey Bogart, Ann Sheridan

第三人 *THE THIRD MAN*（1949）

导演: Carol Reed

编剧: Graham Greene

剪辑师: Thomas Richards

摄影师: Arthur Edeson

主演: Joseph Cotten, Anna Schmidt, Orson Welles

　　从技术上来讲，《第三人》并不算是黑色电影。但Orson Welles的演技：入术三分，这让我无法忽略它的黑色味道。

有罪的傍观者 *THE GUILTY BYSTANDER*（1950）

导演: Joseph Lerner

编剧: Don Ettlinger

剪辑师: Geraldine Lerner

摄影师: Gerald Hirschfeld

主演: Zachary Scott, Faye Emerson

　　这部电影肯定没什么名气，但如果你想了解如何去辩诉，这就是你的电影。里面的每个角色都是那么卑鄙，使这部电影很有看头。

钢铁陷阱 *THE STEEL TRAP*（1952）

导演: Andrew L. Stone

编剧: Andrew L. Stone

剪辑师: Otto Ludwig

摄影师: Ernest Laszlo

主演: Joseph Cotten, Teresa Wright

无冕霸王 *THE HARDER THEY FALL*（1956）

导演: Mark Robson

编剧: Philip Yordan

剪辑师: Jerome Thoms

摄影师: Burnett Guffey

主演: Humphrey Bogart, Rod Steiger, Jan Sterling

关于本书作者

Adam Reynolds 摄

　　在1986年之前，Dan Selakovich几乎在专业电影、电视摄制组的每一个岗位上工作过：摄影师、摄影助理、摄影掌机、装卸员、灯光、摄影组管理员，甚至还当过摇臂操作员。1986年，他把工作重心转移到后期制作，担当剪辑师。他通过对场景的重新安排和编辑，可以把没有拍好的电影"修好"，这可是在电影界失传已久的技能。这使Selakovich先生获得了"化腐朽为神奇"的赞誉。

　　不剪片子的时候，他写作、做手工，同时教授电影课程。他曾经在南加州大学夏季电影项目和拉斯维加斯、纽约的全美广播电视展研讨会上讲解电影设备制作技术。他也在广受欢迎的电影研讨会"Finding the Right Shot"上教授电影从业者如何捕捉演员的感情、如何设计摄影机位置、如何移动摄影机，并提供艺术指导和剪辑指导。他经常说："我在电影学校的4年里可没学过这些东西！"

　　他和他的狗Silvie一起住在洛杉矶。

倾听大师的声音

影视制作与导演制片

写给未来的电影人·编剧系列

网上购买

卓越亚马逊网上书店: http://www.amazon.cn

当当网上书店: http://book.dangdang.com

互动出版网: http://www.china-pub.com

 人民邮电出版社
POSTS & TELECOM PRESS

地址: 北京市崇文区夕照寺街 14 号 A 座

邮编: 100061

咨询电话: 010-67132837